Eric LOUEMBET

# LA BIBLE ÉLUCIDE LA MYTHOLOGIE GRECQUE

AF535605

Eric LOUEMBET

# LA BIBLE ÉLUCIDE LA MYTHOLOGIE GRECQUE

## DERRIÈRE LES PARABOLES INVERSÉES

Éditions Croix du Salut

**Imprint**
Any brand names and product names mentioned in this book are subject to trademark, brand or patent protection and are trademarks or registered trademarks of their respective holders. The use of brand names, product names, common names, trade names, product descriptions etc. even without a particular marking in this work is in no way to be construed to mean that such names may be regarded as unrestricted in respect of trademark and brand protection legislation and could thus be used by anyone.

Cover image: www.ingimage.com

Publisher:
Éditions Croix du Salut
is a trademark of
Dodo Books Indian Ocean Ltd. and OmniScriptum S.R.L publishing group

120 High Road, East Finchley, London, N2 9ED, United Kingdom
Str. Armeneasca 28/1, office 1, Chisinau MD-2012, Republic of Moldova, Europe
Printed at: see last page
**ISBN: 978-620-6-16789-1**

Copyright © Eric LOUEMBET
Copyright © 2023 Dodo Books Indian Ocean Ltd. and OmniScriptum S.R.L publishing group

# *La bible élucide la mythologie grecque*

**Ce que cachent les paraboles inversées**

*Eric Louembet*

# Table des matières

**Avant propos** . . . . . . . . . . 08
**1- Dieux : dans la mythologie grecque et dans la bible** . . . . . . . . . . 09
**2- Les deux premiers types de dieux grecs** . . . . . . . . . . 12
*** Les dieux impersonnels :** *forces et phénomènes de la nature* . . . . . . . . . . 12
*** Les dieux personnels :** *faits d'esprit et de chair.* . . . . . . . . . . 22
*- Les douze titans* . . . . . . . . . . 23
*- Les trois cyclopes* . . . . . . . . . . 23
*- Les trois hécatonchires* . . . . . . . . . . 23
*- Une quarantaine de géants* . . . . . . . . . . 24

**2- La trinité biblique chez les grecs: Ouranos, Chronos et Zeus** . . . . . . . . . . 25
*- La trinité de la bible : la formulation plurielle du nom Elohim* . . . . . . . . . . 25
*- Les trois dieux grecs du ciel : trois dieux suprêmes* . . . . . . . . . . 27
*- La clé d'inversion pour dévoiler la trinité des grecs.* . . . . . . . . . . 27
*- Autre implication de la trinité grecque : les trois cieux* . . . . . . . . . . 32

**3- Les 3 clés de décryptage : inversion, symbolisme, et à peu près** . . . . 36

**4- A lui seul, Lucifer a incarné 4 illustres dieux grecs** . . . . . . . . . . 38
- La mission confiée à l'ange Prométhée : partager le feu sur terre . . . . . . . . . . 38
- Le feu de Prométhée symbole de sagesse et de connaissance . . . . . . . . . . 38
- Prométhée et sa promesse à Dieu d'enseigner les anges sur la terre . . . . . . . . . . 39
- Pour être enseignés sur terre, les anges reçoivent des corps de chair. . . . . . . . . . . 40
- Comprendre la signification du nom de Prométhée. . . . . . . . . . . 42
- Sur terre, Prométhée enseignant et grand prêtre sacrificateur . . . . . . . . . . 43
**- 3 faits marquants de l'histoire de Prométhée décryptés . . . . . . . . . . 46**
- 1er fait marquant de Prométhée : un feu reçu et non volé . . . . . . . . . . 46
- Prométhée n'a pas volé le feu de Zeus, mais l'a reçu de Zeus . . . . . . . . . . 46
- Prométhée n'a pas fui sur la terre, mais fut envoyé . . . . . . . . . . 47
- Un partage du feu aux anges sur terre et non aux hommes . . . . . . . . . . 48
*** 2ème fait marquant de Prométhée :** il vola le feu symbole de la gloire de Dieu . . . . . 49
- Les 2 significations du feu ou reçu, ou volé, par Prométhée . . . . . . . . . . 50
- Ce feu de Zeus est-il produit par les cyclopes ? . . . . . . . . . . 51
*** 3ème fait marquant de Prométhée : neutre lors de la guerre des titans . . . . . . . . . 51**
- Prométhée s'est enfuit sur la terre . . . . . . . . . . 52
- Prométhée parvient à voler le feu de Zeus . . . . . . . . . . 53
- Prométhée partagea-t-il le feu volé aux hommes ou aux anges ? . . . . . . . . . . 54
- Comment Prométhée partagea le feu à notre humanité ? . . . . . . . . . . 54

*** Le 4ème fait marquant de Prométhée : un sacrifice trompeur à Zeus . . . . . . . . . . .55**
- Prométhée offre un sacrifice à Zeus . . . . . . . . . . . . . . . . . . . . . . . . . . . . . . . . . . . . . . .57
- Comment un dieu offrirait-il un sacrifice à un autre dieu ?. . . . . . . . . . . . . . . . . . . . . . . 58
- Pourquoi partager à l'homme un sacrifice du à Zeus seul ? . . . . . . . . . . . . . . . . . . . . . 58
- Le rocher sur lequel Prométhée est lié . . . . . . . . . . . . . . . . . . . . . . . . . . . . . . . . . . . . 59
- La chaine par laquelle Prométhée a été lié . . . . . . . . . . . . . . . . . . . . . . . . . . . . . . . . . 61
- Prométhée voit son foi dévoré par un aigle . . . . . . . . . . . . . . . . . . . . . . . . . . . . . . . . . 61
- Prométhée en 17 points comme le fondateur de la civilisation . . . . . . . . . . . . . . . . . . 62
- Prométhée fut un grand architecte, bâtisseur de temples . . . . . . . . . . . . . . . . . . . . . . 64
- Prométhée est le premier bâtisseur de ville . . . . . . . . . . . . . . . . . . . . . . . . . . . . . . . . .64
- Prométhée a -t-il vraiment créé l'homme et la femme ?. . . . . . . . . . . . . . . . . . . . . . . . 66
- Prométhée est-t-il vraiment le protecteur de l'homme ?. . . . . . . . . . . . . . . . . . . . . . . . 67
- Pourquoi le Prométhée enchainé, est-il libéré par Héraclès ? . . . . . . . . . . . . . . . . . . . 69
*** Sa mission achevée, Prométhée devint le dieu Poséidon . . . . . . . . . . . . . . . . . . .71**
- Signification du nom Poséidon . . . . . . . . . . . . . . . . . . . . . . . . . . . . . . . . . . . . . . . . . .71
- Prométhée rempli du sentiment de vouloir tout posséder . . . . . . . . . . . . . . . . . . . . . .72
- Poséidon bâtit une ville à laquelle il donna son nom . . . . . . . . . . . . . . . . . . . . . . . . . . 73
- Poséidon un dieu qui faisait trembler toute la terre . . . . . . . . . . . . . . . . . . . . . . . . . . . 73
- Poséidon et Prométhée, tous deux des prêtres sacrificateurs . . . . . . . . . . . . . . . . . . .74
- Poséidon et son 1er symbole : le trident du sacrificateur . . . . . . . . . . . . . . . . . . . . . . .74
- Poséidon et son 2ème symbole : le taureau . . . . . . . . . . . . . . . . . . . . . . . . . . . . . . . . . 75
- Poséidon et le taureau d'Hyppolite . . . . . . . . . . . . . . . . . . . . . . . . . . . . . . . . . . . . . . . 76
- Poséidon lié au taureau rouge du diable rouge . . . . . . . . . . . . . . . . . . . . . . . . . . . . . .77
- Poséidon véritable dieu de la transformation de la matière . . . . . . . . . . . . . . . . . . . . . 79
- En quoi le nom Poséidon révèle-t-il Lucifer ? . . . . . . . . . . . . . . . . . . . . . . . . . . . . . . . 79
- Poséidon : un dieu bâtisseur et civilisateur. . . . . . . . . . . . . . . . . . . . . . . . . . . . . . . . . .81
- Poséidon affirmant à Jésus, possèder les royaumes du monde . . . . . . . . . . . . . . . . . 81
- Autres symboles du dieu Poséidon . . . . . . . . . . . . . . . . . . . . . . . . . . . . . . . . . . . . . . .82
- Poséidon et son lien avec l'enfer . . . . . . . . . . . . . . . . . . . . . . . . . . . . . . . . . . . . . . . . .83
*** Quand Poséidon devint Hermès, le dieu maitre de l'air . . . . . . . . . . . . . . . . . . . . . 83**
- Toute la symbolique de Lucifer retrouvée chez Hermès . . . . . . . . . . . . . . . . . . . . . . . 85
- Hermès porteur des aileront qui révèlent l'ange chérubin . . . . . . . . . . . . . . . . . . . . . . 85
- Hermès est précoce et surdoué . . . . . . . . . . . . . . . . . . . . . . . . . . . . . . . . . . . . . . . . . .87
- Hermès est un musicien et un inventeur . . . . . . . . . . . . . . . . . . . . . . . . . . . . . . . . . . . 87
- Hermès est un dieu voleur . . . . . . . . . . . . . . . . . . . . . . . . . . . . . . . . . . . . . . . . . . . . . . 89
- Hermès est un dieu malin et menteur . . . . . . . . . . . . . . . . . . . . . . . . . . . . . . . . . . . . . 89
- Hermès fut aussi un sacrificateur . . . . . . . . . . . . . . . . . . . . . . . . . . . . . . . . . . . . . . . . 90
- Hermès-Lucifer, un dieu de la transformation, de l'alchimie, et la magie . . . . . . . . . 91
- Lien d'Hermès dieu de l'air, avec le dieu des eaux . . . . . . . . . . . . . . . . . . . . . . . . . . 92
- Hermès : grand père d'Atlas . . . . . . . . . . . . . . . . . . . . . . . . . . . . . . . . . . . . . . . . . . . . .93
- le bâton d'Hermès : le caducée . . . . . . . . . . . . . . . . . . . . . . . . . . . . . . . . . . . . . . . . . .94

- *Hermès et le serpent* . . . . . . . . . . . . . . . . . . . . . . . . . . . . . . . . . . . . . . . . . . . . . . . . . . . . . . . . 94
- *Hermès est aussi le dieu des voyageurs* . . . . . . . . . . . . . . . . . . . . . . . . . . . . . . . . . . . . . . . 95
- *Hermès débarrasse les pierres sur les chemins* . . . . . . . . . . . . . . . . . . . . . . . . . . . . . . . . 95
- *Hermès et sa bourse, fondateur du commerce* . . . . . . . . . . . . . . . . . . . . . . . . . . . . . . . . . 96
- *Lien d'Hermès avec Prométhée* . . . . . . . . . . . . . . . . . . . . . . . . . . . . . . . . . . . . . . . . . . . . . 97
- *Hermès est le conducteur des âmes en enfer* . . . . . . . . . . . . . . . . . . . . . . . . . . . . . . . . . . 98
-. *Hermès, Prométhée et l'apparition de la femme* . . . . . . . . . . . . . . . . . . . . . . . . . . . . . . . 98
- *Hermès Lucifer a-t-il connu une fin dans l'ancien monde ?* . . . . . . . . . . . . . . . . . . . . . . . 99
- *Tableau de comparaison, établissant la similitude des 3 dieux* . . . . . . . . . . . . . . . . . .101
*** L'incarnation par Lucifer d'un 4ème dieu grec : un faux Zeus** . . . . . . . . . . . . . . . . . **102**
- *Lucifer devenu maitre des 4 éléments : feu, eau, terre et air* . . . . . . . . . . . . . . . . . . . 105
- *Lucifer, dieu imitateur, de l'artifice, la magie, du déguisement.* . . . . . . . . . . . . . . . . .106
- *Un même prêtre sacrificateur caché derrière 4 illustres dieux grecs.* . . . . . . . . . . . . . 108

**5- Jésus Christ est le vrai Zeus de la mythologie grecque** . . . . . . . . . . . . **109**

- *Comparaison des attributs du Dieu suprême grec et judéo Chrétien* . . . . . . . . . . . . . 109
- *La foudre, l'éclairs et le tonnerre de Zeus* . . . . . . . . . . . . . . . . . . . . . . . . . . . . . . . . . . 109
- *Le Dieu de la bible lanceur de la foudre, de l'éclair, comme Zeus* . . . . . . . . . . . . . . .111
- *Jésus et ses attributs de lanceur de la foudre, de l'éclair et du tonnerre* . . . . . . . . . 115
- *Son animal emblématique est l'aigle, l'envoyé de Zeus* . . . . . . . . . . . . . . . . . . . . . . . 117
- *L'égide bouclier de Zeus, autre arme représentant.* . . . . . . . . . . . . . . . . . . . . . . . . . .118
- *Saint Paul reconnaissant une affirmation des poètes grecs* . . . . . . . . . . . . . . . . . . . . 119
- *Une montagne sur laquelle siège Zeus et l'Eternel* . . . . . . . . . . . . . . . . . . . . . . . . . . 119
- *L'Encodage du nom de Zeus dans le nom de Jésus.* . . . . . . . . . . . . . . . . . . . . . . . . . . 122
- *Les deux trinités grecque et judéo chrétienne sont établies dans les cieux* . . . . . . . .123
- *Les deux trinités grecque et judéo chrétienne créent tous les autres dieux* . . . . . . . .124

**6- Lucifer : le faux Zeus parfait imitateur du vrai** . . . . . . . . . . . . . . . . . . . 125

- *La foudre, arme de Zeus maitrisée par Lucifer.* . . . . . . . . . . . . . . . . . . . . . . . . . . . . . . . 125
- *L'immoralité sexuelle, signe du faux Zeus : Lucifer* . . . . . . . . . . . . . . . . . . . . . . . . . . . 129
- *Conquêtes amoureuses du faux Zeus et enfants* . . . . . . . . . . . . . . . . . . . . . . . . . . . . . 130
- *Apparition du vrai Zeus dans la mythologie grecque* . . . . . . . . . . . . . . . . . . . . . . . . . . 130
- *Vrai et faux Zeus dans les 3 grandes guerres de la mythologie* . . . . . . . . . . . . . . . . . 132

**7- 4 types de dieux grecs, 4 espèces d'arbres dans la bible** . . . . . . . . . . . . **133**

*** Titans, Cyclopes, Hécatonchires, Géants** *(12;3;3 ;22)* . . . . . . . . . . . . . . . . . . . . . . .133
*** Les 4 arbres d'Ezéchiel 31 symboles des 4 types de dieux grecs** . . . . . . . . . . . . . .136
*** Les chênes,** *arbres symbole des titans : les plus forts.* . . . . . . . . . . . . . . . . . . . . . . . . 138
*** Le cèdres,** *arbres symboles des cyclopes : bois de temple* . . . . . . . . . . . . . . . . . . . . 141

* **Les cyprès,** arbres symboles des armées d'hécatonchyres. . . . . . . . . . . . . . . . . . . . 146
* **Les platanes,** arbres symbole des géants ou des hybrides . . . . . . . . . . . . . . . . . . . .152

**8- Les 12 dieux de l'Olympe : le gouvernement des dieux sur terre . . . . . .160**

- Les 12 dieux de l'Olympe et leurs attributs . . . . . . . . . . . . . . . . . . . . . . . . . . . . . . . . . 160
- Origine des dieux de l'Olympe : avalés par Chronos . . . . . . . . . . . . . . . . . . . . . . . . . . . 167
- Evolution des dieux de l'Olympe : vomis du ventre de Chronos . . . . . . . . . . . . . . . . . . . 168
- Ces dieux détenteurs d'une force et d'un pouvoir surnaturel . . . . . . . . . . . . . . . . . . . . . .171

**9- Les 3 grandes guerres du temps des dieux sur la terre . . . . . . . . . . . . . .174**

* La guerre des titans ou la révolte de Lucifer et ses anges contre Dieu . . . . . . . . . . . . . . . 174
* La Gigantomachie : une guerre en deux périodes . . . . . . . . . . . . . . . . . . . . . . . . . . . . . 181
- La guerre de la Grèce des dieux contre l'Atlantide. . . . . . . . . . . . . . . . . . . . . . . . . . . . .181
- Revanche de Lucifer contre les vainqueur de l'ancienne Grèce . . . . . . . . . . . . . . . . . . . . 182
* La Guerre des dieux contre Typhon, ou la fin de l'Ancien monde. . . . . . . . . . . . . . . . . . . .185

**10- Les déesses : de simples personnifications . . . . . . . . . . . . . . . . . . . . . .189**

- Une parité dieux et déesses introduite par les grecs . . . . . . . . . . . . . . . . . . . . . . . . . . 189
- La déesse Aphrodite . . . . . . . . . . . . . . . . . . . . . . . . . . . . . . . . . . . . . . . . . . . . . . . . 190
- Pourquoi Aphrodite sort elle de l'écume d'une plage ? . . . . . . . . . . . . . . . . . . . . . . . . . . .192
- L'écume, une impureté dans la bible . . . . . . . . . . . . . . . . . . . . . . . . . . . . . . . . . . . . . . 183
- Métis, Athéna, Artémis, Déméter, Hestia, Rhéa , Héra . . . . . . . . . . . . . . . . . . . . 195-198
- Théa, Seléné, Perséphone, Mnémosine, Maia . . . . . . . . . . . . . . . . . . . . . . . . . . . . 198-200

**11- Les nymphes : êtres et non des personnifications . . . . . . . . . . . . . . ..201**

- Quelques célèbres nymphes de la mythologie grecque . . . . . . . . . . . . . . . . . . . . . . . . . 202
- Qui serait la mère de toutes les nymphes . . . . . . . . . . . . . . . . . . . . . . . . . . . . . . . . . . 203
- La naissance des nymphes . . . . . . . . . . . . . . . . . . . . . . . . . . . . . . . . . . . . . . . . . . . . 204
- Les nymphes détiennent des pouvoirs magiques . . . . . . . . . . . . . . . . . . . . . . . . . . .. . 205
- Les nymphes ont-elle existé dans l'humanité adamique . . . . . . . . . . . . . . . . . . . . . . . . .206
- Les muses . . . . . . . . . . . . . . . . . . . . . . . . . . . . . . . . . . . . . . . . . . . . . . . . . . . . . . . .208
- Les nymphes Hespérides gardiennent des pommes d'or . . . . . . . . . . . . . . . . . . . . . . . .209
- Autre évocation de l'or, rappelant la magie de l'Atlantide . . . . . . . . . . . . . . . . . . . . . . .. . 211
- La toison d'or dans l'histoire de Jason . . . . . . . . . . . . . . . . . . . . . . . . . . . . . . . . . . .. . 211
- La pomme d'or et Aphrodite et le choix du prince Paris . . . . . . . . . . . . . . . . . . . . . . . . . . 212
- L'introduction des déesses dans la mythologie grecque . . . . . . . . . . . . . . . . . . . . . . . . . 212

**12- Des demi-dieux dans l'ancien et le nouveau monde.** . . . . . . . . . . . . . . . . . 214

- Atlas, le porteur de la voute céleste, titans ou demi-dieu ?. . . . . . . . . . . . . . . . . . . . . . . . 215
- L'échos de la race atlante, dans le jardin au pommes d'or. . . . . . . . . . . . . . . . . . . . . . . . 223
- L'Atlantide et l'idée fausse d'un pays de la transformation en or . . . . . . . . . . . . . . . . . . . 225

**13- Les 5 âges de la mythologie grecque de l'ancien au nouveau monde. . .226**

- Le 1er âge : l'âge d'Or ..226
- Le 2ème âge : l'âge d'argent ..227
- Le 3ème âge : pourquoi l'âge d'airain ? ..229
*** Les 3 stratégies de Poséidon pour faire plier les peuples résistants** .230
- 1re stratégie : séduire les peuples d'anges par la beauté des nymphes. .231
- 2ème stratégie: infiltrer par un faux Zeus la Grèce pré adamique .233
- 3ème stratégie : dominer par la terreur des monstres, et du nucléaire . 237
*** Echec de Poséidon et victoire finale de anges de la Grèce pré adamique** . 240
*** Le 4ème âge : le nouveau monde adamique** .241
- Les 3 premiers héros grecs : L'antiquité lointaine : .242
- Persée et Héraclès et la transition entre ancien nouveau monde . 243
- Or et initiation des nouveaux fils du faux Zeus . 244
- l'Or et rituel d'initiation pour établir la nouvelle paternité. .246
- Persée, Heraclès et Thésée fils de Zeus par initiation .247
- Pommes d'or et chemin initiatique des 12 travaux d'Héraclès .249
- L'Argonaute et la toison d'Or : un autre chemin initiatique des héros . 253
- But de tout chemin initiation pour les héros et les dieux .254
- But de tout chemin initiation pour les héros et les dieux 254
- Les rennes d'Or et le chemin initiatique du héros Bellérophon . 255
- Les deux grands ordres initiatiques de la mythologie grecque . 256
- L'ordre initiatique de la pomme d'Or . 256
- L'ordre initiatique de la toison d'Or . 257
- Hermès Lucifer premier grand maitre d'initiation . 257
- Objectif de Zeus devenir le père des héros et maitre de l'histoire . 259
- Passer pour Zeus et rester au cœur de l'histoire grecque . 261
- Les héros de l'Argonaute .261
- Une antiquité plus récente : héros de l'Iliade et L'Odyssée . 263
- Le camp des héros de Spartes. .264
- Le camps des héros de Troie . 269
- D'autres intervenants peu après la guerre de Troie . 271
- Le faux Zeus usant de forces contradictoires et antagonistes . 273
- Au final, deux âges des demi-dieux chez les grecs . 274

**14- Homère : une antiquité plus récente de la mythologie grecque . 275**

**15- Le nouveau monde où Epiméthée est Adam et Pandore, Eve . 280**
- Contexte de l'apparition d'Epiméthée et d'Adam .280
- La tentation de Pandore identique à celle d'Eve . 284

**16- Les 2 déluges de la mythologie grecque confirment la bible .286**
- Premier déluge : le déluge d'Ogygès . 286
- 2ème déluge : le déluge de Deucalion . 287

**17- Gratos est Michael l'archange, jadis le héros des nations** . 288

***18- Tartare, fosse, abîme, et enfer*** . . . . . . . . . . . . . . . . . . . . . . . . . . . . . . . . . . . . . . . *291*
*-.Le tartare est la fosse de la bible* . . . . . . . . . . . . . . . . . . . . . . . . . . . . . . . . . . . . . . . . . . .*291*
*-.Le tartare est aussi l'abîme de la bible* . . . . . . . . . . . . . . . . . . . . . . . . . . . . . . . . . . . . . . *292*
*- L'enfer de la bible, est l'Hadès de la mythologie grecque*. . . . . . . . . . . . . . . . . . . . . . . . *293*
***19- Les champs Elysées ou le Paradis de la bible***. . . . . . . . . . . . . . . . . . . ***295***
***20- Autres créatures de la mythologie grecque*** . . . . . . . . . . . . . . . . . . . . . .***297***
*- Pan, satyres et faunes* . . . . . . . . . . . . . . . . . . . . . . . . . . . . . . . . . . . . . . . . . . . . . . . . . *298*
*- Pégase, le cheval ailé*. . . . . . . . . . . . . . . . . . . . . . . . . . . . . . . . . . . . . . . . . . . . . . . . . *299*
*- Griffon* . . . . . . . . . . . . . . . . . . . . . . . . . . . . . . . . . . . . . . . . . . . . . . . . . . . . . . . . . . . .*299*
*- Les centaures*. . . . . . . . . . . . . . . . . . . . . . . . . . . . . . . . . . . . . . . . . . . . . . . . . . . . . . . *300*
*- Les sirènes au corps d'oiseau* . . . . . . . . . . . . . . . . . . . . . . . . . . . . . . . . . . . . . . . . . . .*300*
*- Les sirènes à queue de poisson* . . . . . . . . . . . . . . . . . . . . . . . . . . . . . . . . . . . . . . . . . *302*
*- Les harpies* . . . . . . . . . . . . . . . . . . . . . . . . . . . . . . . . . . . . . . . . . . . . . . . . . . . . . . . . . *303*
*- Le sphinx de Thèbes*. . . . . . . . . . . . . . . . . . . . . . . . . . . . . . . . . . . . . . . . . . . . . . . . . *303*
*- Le renard de Teumesse*. . . . . . . . . . . . . . . . . . . . . . . . . . . . . . . . . . . . . . . . . . . . . . . .*304*
*- Le dragon de Colchide*. . . . . . . . . . . . . . . . . . . . . . . . . . . . . . . . . . . . . . . . . . . . . . . .. *305*

***21- Cultes rites et croyances des grecs*** . . . . . . . . . . . . . . . . . . . . . . . . . . . ***306***

***Bibliographie*** . . . . . . . . . . . . . . . . . . . . . . . . . . . . . . . . . . . . . . . . . . . . . . . ***309***

***Synopsis***. . . . . . . . . . . . . . . . . . . . . .. . . . . . . . . . . . . . . . . . . . . . . . . . . . . ***310***

## Avant-propos

*Le présent ouvrage vient donner une suite logique après les deux premiers qui ont traité de la civilisation pré adamique disparue, celle de l'Atlantide ; Civilisation, dont le philosophe grec Platon nous a décrit géographiquement l'emplacement, et dont le fondateur ne fut autre que le dieu Poséidon. Cette civilisation dont la bible parle dans un langage que nous avons su décrypter, connaitra une fin des plus tragiques par sa disparition dans un cataclysme marin qui a englouti tout son continent, et finit par submerger la terre entière.*

*Puis, un deuxième ouvrage a pu confirmer qu'un récit de l'Atlantide peut être décrypté de deux manières dans la bible, à travers les livres des prophètes Esaïe et Ezéchiel ; Deux ouvrages qui nous ont confortés dans notre affirmation que l'Atlantide est une histoire pleinement biblique et qu'elle a réellement existé.*

*A présent, puisque le dieu Poséidon a été au centre de ces deux ouvrages, il nous paraît cohérent de voir quels liens existent-il entre les autres dieux de la mythologie grecque et la bible ; Un livre qui pour nous, a cessé d'être un simple livre de religion.*

*L'auteur chrétien que le Seigneur Jésus Christ m'a permis d'être, vous invite à suivre une fois de plus cette vaste opération de décryptage à la fois de la mythologie grecque et de la bible, pour dévoiler la réalité de ce qu'a été l'histoire de notre monde, au-delà de toutes affirmations de la théologie classique.*

*Certes, dans cette quête de liens entre bible et mythologie grecque, nous n'aurons guère la prétention de citer tous les dieux qu'elle renferme, mais les plus illustres apparaitront, qui permettront de démontrer de manière frappante, que la mythologie grecque non seulement conforte la bible, et que toute l'histoire de ses dieux doit être tenue pour vraie. Néanmoins, nous essayerons de couvrir de façon la plus large possible, les périodes qu'a connues la mythologie grecque.*

*Disons que la mythologie grecque ne décrit pas toujours des faits, mais experte en paraboles, elle les insinue. Les symboles qu'elle emploie renvoient à des faits concrets qui ont eu lieu. Très souvent elle est dans l'à peu près, use de détours, de tournure de style car elle veut aussi dissimuler, alors elle dit à peine une vérité. C'est pourquoi il faut la confronter à elle-même, et retrouver sa propre harmonie avec elle-même.*

## *Chapitre 1*

## *Dieux : dans la mythologie grecque et dans la bible*

*D'entrée de jeu, il nous faut dire que l'appellation de dieux, que nous allons employer de manière considérable dans cet ouvrage, doit être clarifiée. Car, l'attribution du titre de dieu par les grecs, diffère de celle de la bible, et peut prêter à confusion. Il nous faut savoir à qui la mythologie grecque reconnait-t-elle la qualité de dieu, et à qui la bible la reconnait-t-elle. Cela va être notre point de départ.*

*D'une manière générale, l'appellation de dieu dans la mythologie grecque est très large, car elle est donnée* ***d'abord aux grands phénomènes naturels, et aux forces de la nature*** *ayant emmené à la formation de l'univers et du monde, ce qu'on appelle la* ***cosmogonie****. Ensuite, l'appellation de dieu chez les grecs est reconnue à* ***tous les êtres immortels, fait d'esprit,*** *mais aussi de* ***corps de chair****.*

*En revanche, la bible ne reconnait l'appellation de dieu qu'à* ***trois êtres suprêmes*** *parmi tous êtres immortels qui englobent des myriades d'anges créés par ces trois suprêmes, et qui sont à leur service. Elle ne reconnait donc pas la qualité de Dieu aux anges, bien qu'ils soient immortels, car pour elle, seuls parmi ces immortels, les* ***suprêmes*** *ayant* ***le pouvoir de créer, sont des Dieux.***

*Mais pour les grecs, il suffit d'être immortel, et d'avoir une origine céleste, pour se voir appeler dieu. Et les grecs ne distinguent pas fondamentalement* ***ceux qui ont le pouvoir de créer ou non****. En outre, les dieux pour les grecs ont des pouvoirs surnaturels, ils influencent et dominent sur les êtres mortels.*

*Si la mythologie grecque fait de tous les immortels des dieux, elle apporte toutefois une nuance, en mettant à l'honneur* ***trois êtres suprêmes****, desquels descendent tous les autres immortels. Il s'agit de Dieux* ***Ouranos, Kronos, et Zeus : ces trois Dieux,*** *nous le verrons, correspondent dans la bible* ***au Père, au Fils, et au Saint Esprit****, en considérant bien sûr l'interprétation chrétienne de la bible.*

*Bien sûr, les hébreux ne reconnaissent pas qu'il y'ait trois Dieux immortels suprêmes, mais* ***un Dieu unique****, alors que paradoxalement les Saintes Ecritures,* *désignent ce Dieu unique dans une forme plurielle (* ***Elohim*** *), signifiant que Celui-ci apparait aussi comme étant à plusieurs.*

*C'est pourquoi, lorsque nous parlerons de ces trois Dieux qui forment la trinité divine, nous emploierons le terme Dieu, écrit avec un* ***"D" en lettre capitale****, ( soit sans x à la fin, pour parler dans le sens du Dieu unique, soit avec un x à la fin pour parler du même Dieu dans le sens* ***des trois en un****, c'est-à-dire la trinité ).*

*Aussi, Les dieux, doivent être considérés de deux manières dans la bible :*

***- Comme les 3 immortels suprêmes formant une trinité divine****, seuls détenteurs du pouvoir de créer. Et dans ce cas, l'appellation de Dieux, s'écrira avec un D en lettre capitale ;*

***- Ensuite, les faux dieux pouvant être vus comme des anges,*** *immortels certes, mais n'ayant pas le pouvoir de créer, notamment de* ***créer à partir du néant****. Et lorsque qu'il s'agira de ces derniers, le nom de dieu qu'on leur prêtera s'écrira avec un* ***"d" minuscule, car il s'agit tout de même des*** *esprits hautement intelligents, détenant des pouvoirs surnaturels, qui à l'origine, furent au service des trois Dieux suprêmes, mais ont fini par se rebeller, et s'attribuer le statut de dieu.*

*Aussi, plusieurs des dieux de la mythologie grecque* ***sont les anges de la bible****. Mais la bible ne réserve une telle appellation qu'aux Créateurs. Et du reste, les autres esprits, elle les évoque tout au moins en parlant de* ***faux dieux****.*

*S'il existe une multitude de dieux dans la mythologie grecque par rapport à la bible, c'est parce que les grecs font des* ***myriades d'anges de la bible, de dieux*** *; Ces anges appelés à être au service des trois Dieux qui forment la trinité de la bible ; Ces anges placés comme des veilleurs sur toute la création, autour de l'univers, dans bien des domaines de la nature. Ainsi, nombreux parmi les dieux grecs sont ces anges rebelles contre l'autorité des trois suprêmes, et qui se sont érigés eux-mêmes, en dieux pour les hommes, mais auxquels la trinité des suprêmes ne reconnait nullement la qualité de dieu, pas même des dieux avec un petit "* ***d*** *".*

*En revanche, un seul ange parmi tous les autres, se verra accorder le titre de dieu avec un petit* ***" d "****, c'est l'ange connu comme étant Lucifer, le plus brillant de tous les anges, appelé "* ***le dieu de ce siècle"*** *en 2 Corinthiens 4:4.*

*De ce qui précède, on comprend que nombres des anges, êtres immortels, sont restés au service du Créateur, tandis que parmi eux, plusieurs sont sortis du rang de serviteurs pour oser prétendre au statut de dieu ; un statut qu'ils n'auront sans doute jamais, si ce n'est aux yeux des hommes voulant les considérer comme tels.*

*Puis, il convient de* ***clarifier aussi l'appellation d'immortels,*** *laquelle englobe deux réalités bien distinctes :*

- *Premièrement,* ***l'immortalité est celle de l'esprit,*** *une immortalité absolue ;*

- *Deuxièmement,* ***l'immortalité est aussi celle du corps physique des anges,*** *immortalité physique qui est conservée aussi longtemps que ces anges ne vont pas jusqu'à braver l'interdiction de s'unir sexuellement à des mortelles.*

*Ainsi, un corps de chair immortel, tel que celui qu'on reçut à l'origine tous les anges de la bible,* ***peut très bien finir par devenir mortel*** *: soit du fait d'une* ***union sexuelle d'un immortel et d'un mortel,*** *ou* ***par croisement génétique entre mortel et immortel.*** *Si le passage d'être mortel à immortel est possible dans la mythologie grecque tel que le héros Héraclès par exemple ( du moins c'est ce qu'on voudrait nous faire croire ), la bible, elle, promet au croyants qu'ils revêtiront l'immortalité de leur corps périssable, au jour de la résurrection.*

*Dans la mythologie grecque, c'est* ***en consommant une boisson appelée l'ambroisie****, qu'il est possible de passer d'une chair mortelle à immortelle, laquelle potion est détenue par les dieux, et qui donne l'immortalité. Mais si nous croyons qu'une telle boisson ait existé, et pouvait rallonger indéfiniment la vie des corps devenus mortels, elle ne lui confère pas une véritable immortalité,* ***sinon*** *les héros grecs devenus immortels, serraient physiquement vivants jusqu'à ce jour.*

# Chapitre 2
# Les deux premiers types de dieux grecs

*Il s'agit des d'abord des **dieux impersonnels**, puis des **dieux personnels**.*

## 1- Les dieux impersonnels : forces et phénomènes de la nature

*Lorsqu'on lit le récit de **la naissance des dieux grecs**, qu'on appelle aussi la **théogonie grecque**, et dont le récit nous vient essentiellement du poète grec **Hésiode**, il apparait que les premiers dieux sont d'abord assimilés à des **phénomènes naturels primordiaux**, ou des **forces de la nature ;** Phénomènes et forces de la nature apparus en premier lors de naissance de l'univers et du monde, et qui les ont formés.*

*Ces phénomènes naturels et forces de la nature, ne sont toutefois pas dotés d'une personnalité, et n'agissent pas par une volonté propre, ou une conscience, c'est pourquoi ils doivent être considérés comme **des dieux impersonnels, c'est-à-dire sans personnalité.***

*C'est ainsi que le récit de la mythologie grecque débute par une description de l'entrée en jeu, des grands phénomènes et forces naturelles, apparus à la formation de l'univers et du monde.*

*C'est ainsi, qu'exista le tout premier des phénomènes naturels, appelé **le dieu Chaos,** qui est le premier état de nature avant toute apparition de forme physique. Chaos qui signifie **le vide,** et qui a précédé tous les autres phénomènes de la nature.*

***Après Chaos** vient en deuxième position la déesse **Gaia** ( **la terre** ).Gaia est **le lieu qui va accueillir notre monde**. Et ici, Hésiode a placé l'apparition de la terre Gaia avant celle d'un troisième dieu, invisible **Eros ( le désir, ou la force d'attraction ).***

***Eros**, qui est une puissance qui amène au renouvellement des choses, est assimilé **au désir,** ou à **l'attraction** qui pousse à l'union entre différentes forces et phénomènes entre eux, **pour** en former de nouveaux. On peut dire qu'il s'agit de **la première intention** qui dans l'invisible, a agi afin de pousser au rapprochement des forces, phénomènes, et des éléments de la nature entre eux, afin que de nouvelles* choses apparaissent et se manifestent physiquement. On peut penser qu'à travers Eros, apparait une **dualité** entre l'invisible et le visible, la création immatérielle et matérielle, en donnant une primeur à l'invisible sur le visible.

Cependant, au sujet d'éros, nous avons cru devoir **opérer une inversion de l'ordre d'apparition** avec la déesse Gaia ( la terre), afin d'établir **une chronologie** qui soit logique et cohérente dans le récit de la formation de la matière dans l'univers et le monde. **Une inversion**, parce que nous croyons que la mythologie a crypté plusieurs éléments de son récit, en **inversant leur vrai ordre de priorité, leur vrai ordre chronologique, ou même leur vrai sens, afin de nous cacher le bon ordre des choses**, et de permettre juste à quelques initiés de son langage énigmatique, de retrouver l'agencement en phase avec la vérité qu'elle détient.

Ainsi, en **inversant l'ordre de priorité** ou **le sens qui nous est donné à première vue**, on peut retrouver le sens véritable, que la mythologie grecque souhaite cacher. C'est en ceci que nous croyons que **EROS** ( invisible) vient avant la terre, **GAIA** (visible). Cela est plus logique car Eros est connu pour être l'invisible, par opposition à la visible Gaia, **l'invisible naissant toujours avant le visible**.

Et, cette inversion, nous le verrons, est une clé de décryptage importante tout au long de la mythologie grecque.

**Apparition des dieux phénomènes naturels**

Inversion de l'ordre

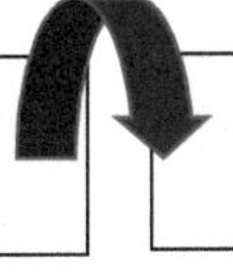

| Ordre du récit | Ordre inversé qu'on souhaite cacher |
|---|---|
| **Gaia** apparait **avant** **Eros** | **Gaia** apparait plutôt **après** **Eros** |

Ensuite, **GAIA** qui vient donc désormais en **troisième position** dans la formation de l'univers et du monde après **le Chaos** et **Eros**, va engendrer un troisième dieu grec qui est **OURANOS** ( le ciel étoilé) ; Bien entendu, le mot engendrer ici ne sert qu'à montrer quel phénomène vient à la suite d'un autre.

Ici également, l'apparition de **GAIA** ( la terre ), avant celle d'**OURANOS** ( le ciel étoilé), et donc de l'univers des étoiles et des galaxies , ne peut logiquement se faire, ne serait-ce que parce que les cieux regorgent d'astres et de planètes de *l'univers de très loin plus âgés que la terre. Alors, il faut décrypter le vrai ordre d'apparition des dieux phénomènes, par une* ***inversion de leur ordre*** *d'apparition tel que présenté par Hésiode, et de comprendre qu'en réalité* ***c'est Ouranos, le ciel étoilé,*** *qui donne plutôt naissance à* ***Gaia, la terre****.*

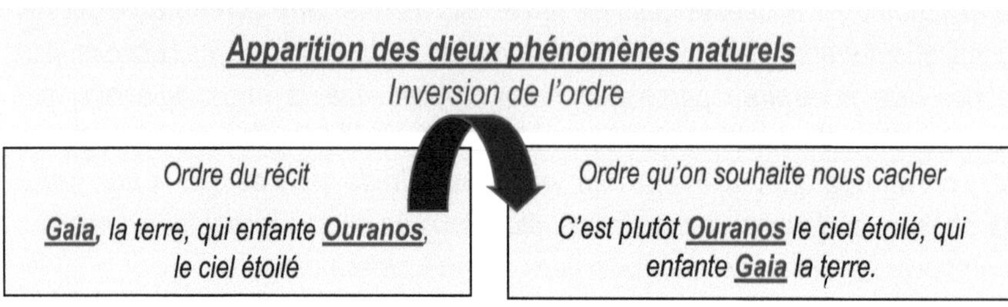


*Ainsi, pour obtenir le bon ordre chronologique, conforme à la vérité qu'on souhaite nous cacher, nous avons inverser l'apparition de* ***Eros ( l'invisible)*** *par rapport à* ***Gaia ( la terre )*** *, puis c'est* ***Ouranos ( le ciel étoilé )*** *qui va engendrer* ***Gaia ( la terre).*** *Ceci nous permet d'établir la chronologie suivante dans le processus de la formation de l'univers et du monde, nous amenant à reconsidérer l'ordre de la naissance des dieux phénomènes selon Hésiode :*

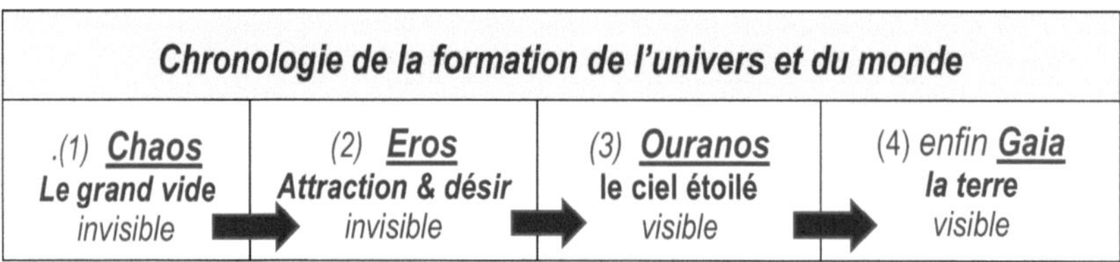


*Voici donc la chronologie de l'apparition des* ***4 premiers phénomènes dieux de la nature*** *dans la mythologie grecque, pour fonder l'univers et le monde. Et cet ordre n'est guère en contradiction avec la création du monde d'après la bible, car l'apparition des 3ème et 4ème dieux,* ***Ouranos et Gaia,*** *est celle que nous décrit la bible en premier, en Genèse 1:1, où les cieux furent créés d'abord, avant* ***la terre",***

***" Au commencement Dieu créa les cieux et la terre "*** *( Genèse 1 :1)*

**A l'origine, apparu** __Ouranos__ *( le ciel étoilé ),* **puis** __Gaia__ *(la terre) ( d'après Hésiode)*

*Par contre, ce processus de la naissance des deux premiers dieux- phénomènes ( **Chaos** suivi d'**Eros** ) on va les voir apparaitre dans la bible en Genèse 1:2, où l'on décrit d'abord la terre comme **" informe et vide ",** puis comme couverte d' **"obscurité" ;** ce qui signifie qu'elle est dans **un chaos (** ou en hébreu: tohu bohu **).** C'est donc là que nait chaos, qui va laisser place à **l'Esprit de l'Eternel,** qui viendra se mouvoir au-dessus des eaux. Et cet esprit n'est autre que l'invisible **Eros.***

*La question qu'on peut se poser à ce moment est de savoir, pourquoi la mythologie grecque semble présenter en premier, **Chaos et Eros**, alors que la bible fait apparaitre les deux après la création du ciel et la terre **( Ouranos et Gaia ).***

*En effet, la théogonie grecque présente d'abord Chaos au commencement de tout car elle met en premier l'état de destruction d'un ancien monde qui a amené ce chaos, après la première création où il y'avait antérieurement le ciel primordial ( **Ouranos**) et la première terre (**Gaia** )où les dieux ont vécu sur la terre, et ont fini par conduire ce premier monde vers une destruction totale par Zeus.*

*Puis, de ce chaos résultant de la destruction du premier monde, un autre monde a été restauré et donné à l'homme qui sera Adam. Ce qui explique donc que ce chaos soit placé dans la bible après les cieux primordiaux ( Ouranos ) et la terre primordiale ( Gaia ).*

*Ainsi, pour la bible, le chaos ne commence pas avec la première création du monde, mais plutôt la deuxième, qui est la restauration de l'ancien monde pré adamique et préhistorique détruit. Cet ancien monde dont nous avons déjà parlé dans nos deux précédents ouvrages, sera encore longuement abordé ici, dans cette étude comparative de la bible et de la mythologie grecque.*

*Et nous avons dit que cet ancien monde, où les dieux ont vécu sur la terre, donna naissance aux toutes les premières **civilisations de la terre, telles que l'Atlantide, l'empire de Mû** et **l'empire** d'**Hyperborée**, bien avant que n'arrivent à leur tour les humains adamiques. Cet ancien monde finira dévasté, totalement détruit, et désert. Et, tout ce qui avait été bâti par les anges avant les humains adamiques de la Genèse biblique, sera entièrement engloutis dans les grandes eaux déferlantes du cataclysme marin qui fut **le premier déluge pré adamique**, le tout plongé durant 5.000 ans dans les ténèbres et l'oubli.*

*Mais, quoique la bible, présente les détails d'une* ***nouvelle création*** *ou d'****une restauration*** *des cieux et de la terre à partir de Genèse 1:2, plutôt qu'une* ***création originelle****, c'est en Genèse 1:1 qu'on voit apparaître cette création originelle des cieux et de la terre (****Ouranos*** *suivit de* ***Gaia*** *). Mais, si l'on considère en premier* ***l'ordre de la restauration de Genèse 1:2****, on va penser que la terre a été faite avant* ***les luminaires du ciel****, donc* ***avant les étoiles de l'univers*** *qui,* ***eux*** *viendront en Genèse 14:18, chose qui sort du sens.*

| ***Deux chronologies bibliques de la formation du monde*** | | |
|---|---|---|
| ***Création***<br>*1er monde pré adamique* | ***1er commencement***<br>*( en Genèse 1:2 )* | *Création* ***<u>des cieux</u>****, avant* ***<u>la terre</u>***<br>*Ouranos avant Gaia* |
| ***La restauration***<br>*2ème monde Adamique* | ***2ème commencement***<br>*( en Genèse 1:1 )* | *Apparition d'abord de* ***<u>la terre</u>****, bien avant* ***<u>les luminaires</u>*** *(soleil, lune, étoiles, <u>cieux</u> )* |

*On peut dire que* ***par inversion*** *des deux premiers versets de la bible ( Genèse 1.1 & Genèse 1:2), on retrouve l'ordre de la formation du monde d'après la mythologie grecque, ou* ***soit par inversion*** *des deux premiers phénomènes - dieux,* ***Chaos & Eros,*** *ainsi que* ***Ouranos & Gaia*** *dans la mythologie grecque, on retrouve la chronologie de la naissance biblique du monde. Mais, en le faisant, il apparait de façon cohérente que c'est la bible qui fait jaillir le bon ordre logique de la formation de l'univers et du monde, que la mythologie grecque a savamment choisi de crypter par une inversion de l'ordre de la création.*

*Et, vice-versa, par* ***une inversion*** *des verset de Genèse 1:1 et Genèse 1:2 , on obtient d'abord l'arrivée d'une terre* ***informe et vide*** *( donc* ***le Chaos****), suivit de* ***l'Esprit ou souffle de l'Eternel*** *qui se meut, et qu'on peut logiquement assimiler à* ***l'invisible <u>Eros</u>****. Ainsi, Genèse 1:2 correspond donc à l'apparition des deux premiers dieux phénomènes naturels décrits dans la mythologie grecque.*

*Alors qu'en genèse 1:1, la bible décrit la création* ***<u>des cieux</u>*** *avant celle de* ***<u>la terre,</u>*** *la mythologie les voit comme l'apparition d'un second couple de dieux (* ***Ouranos*** *, le ciel étoilé, apparaissant avant* ***Gaia*** *( la terre.) ; Mais la mythologie grecque crypte l'apparition de ces deux autres dieux, qu'elle inverse en faisant que ce soit plutôt Gaia la terre qui enfante Ouranos.*

*Mais, il faut dire qu'il y'a d'après la bible,* ***deux commencements*** *dans la formation de l'univers et du monde : un commencement avec* ***la première création en Genèse 1:1****, et un second commencement (ou restauration )* ***en Genèse 1:2 .*** *C'est davantage la première création qui va nous intéresser par rapport à la mythologie grecque, car elle* ***va nous permettre de comprendre*** *tout ce qui arriva dans l'ancien monde qui finit par être détruit, conduisant ainsi au dieu Chaos. avant la nouvelle création du second monde adamique.*

**Chronologie de la naissance de l'univers et du monde**

*(Bible & Mythologie grecque)*

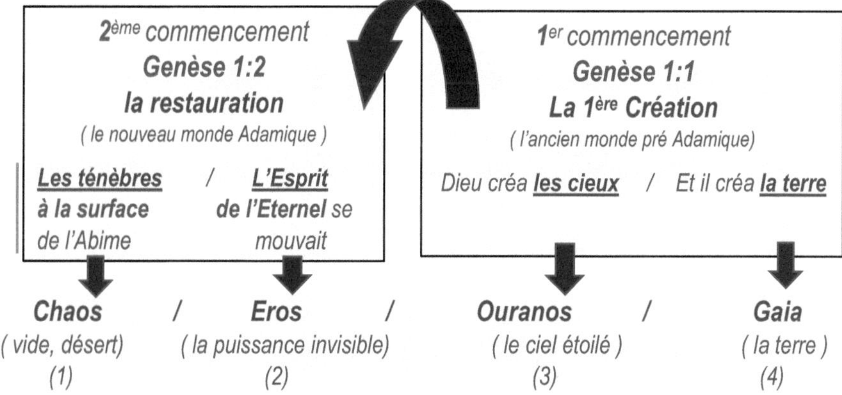


***Aussi, en inversant l'ordre de leur apparition,*** *et en positionnant d'abord* ***le ciel étoilé*** *( Ouranos ) avant* ***la terre*** *( Gaia ), on voit apparaitre les* ***4 premiers dieux de la mythologie grecque, ayant participé à la formation du monde :***

> *D'abord* ***Chaos et Eros,***
> *Suivit* ***d'Ouranos et Gaia****.*

*Car, logiquement c'est d'Ouranos (* ***le ciel étoilé*** *) que sortira Gaia (* ***la terre*** *). De cette manière, l'ordre de la formation de l'univers et du monde étant retrouvée, par simple* ***inversion de l'ordre*** *de leur apparition, telle que présentée dans la mythologie grecque, pour retrouver l'ordre de création biblique, qui est le plus cohérent.*

*Ainsi, **par l'inversion de l'ordre de priorité, ou du sens**, nous disposons d'une **clé de décryptage** permettant de comprendre ce qui se cache dans un langage de paraboles tel que celui de la mythologie grecque, mais aussi dans une moindre mesure, dans la bible, elle-même.*

*En appelant tous ces quatre phénomènes ou forces de la nature, **des dieux**, l'intention des grecs semble être celui de leur donner une grande importance, et les rendre semblables **aux dieux en personne** qui viendront par la suite, pour être les acteurs qui joueront dans cette immense scène, de l'univers et du monde.*

*Ainsi, dans cette naissance de l'univers et du monde, les éléments du décor étant plantés avec les **quatre premiers dieux phénomènes** ou **forces de la nature** ( **Chaos, Eros , Ouranos, Gaia ),** sortiront à présent **d'autres dieux**, qui seront eux aussi, d'autres phénomènes et forces naturels :*

*De **Chaos** ( le vide ) naitra **Érèbe** ( les Ténèbres), puis de **Chaos** naitra encore **Nyx** ( la Nuit noire ). Et de **Nyx** ( la nuit noire) naitra **Ether** ( le ciel supérieur ), puis de **Nyx** naitra encore **Héméra** ( le jour ) qu'elle conçut en s'étant unie d'amour à Érèbe.*

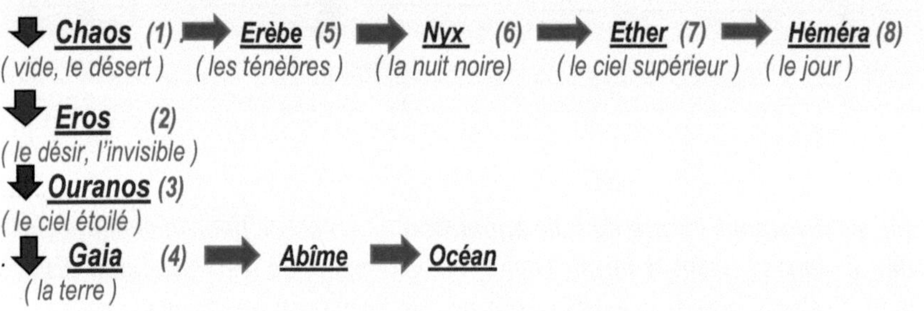


*Dans ces naissances de nouveaux dieux-phénomènes naturels, nous pouvons observer qu'il y'a eu **des séparations** au sein du chaos afin qu'en sortent d'abord **les ténèbres**, puis **une séparation** des ténèbres pour que sorte d'une part **la nuit ( Nyx),** et d'autre part **le jour ( Héméra )**. Et donc ces nouveaux dieux-phénomènes naturels, se produisent **par séparations successives**, ce qu'on retrouve dans la bible où le jour et la nuit apparaissent par **séparation** des ténèbres.*

***" Dieu vit que la lumière était bonne ; et Dieu sépara la lumière d'avec les ténèbres. Dieu appela la lumière jour, et il appela les ténèbres nuit. Ainsi, il y eut un soir, et il y eut un matin : ce fut le premier jour "*** *(Genèse 1:4-5).*

*D'autres naissances, venant de Gaia ( la terre ) toute seule cette fois-ci, sans aucune union, seront des* **dieux-phénomènes de la nature**, **espaces géographiques**, *ou* **des lieux,** *qui achèveront de* **planter l'immense décor** *dans lequel vont évoluer,* **ses autres enfants qu'elle aura plus tard avec Ouranos.** *Ainsi, de Gaia sortiront les dieux- phénomènes tels que :*

*(9)* **Abîme** *: les profondeurs des océans ; (10)* **Océan** *: qui donne son nom aux océans et mers. ; (11)* **Pontos** *: les flots de la mer bouillante et furieuse ; (12)* **Tartare** *: les profondeurs sous terraines ; (13)* **Les montagnes** *; (14)* **Les fleuves** *; (15)* **Les Rivières.**

*Nous le voyons bien, tous ces dieux, ne sont guère de véritables dieux, mais plutôt* **d'autres éléments de la nature** *venant compléter la mise en place du vaste décor constitué lors la formation du monde. Ces espaces et ces lieux,* **tous érigés en divinités**, *donnerons naissances à leur tour* **à des moments donnés du temps**, *sans doute parce que sans le temps, le récit des dieux grecs tel qu'on le connait, ne s'inscrirait pas dans une chronologie, dans l'histoire, et dans la mémoire.*

*Après qu'***Ouranos** *ait engendré* **Gaia,** *il lui fera la cour, et les deux s'uniront, devenant père et mère d'un* **second type de dieux**, *qui ne seront plus des phénomènes ou forces de la nature, mais cette fois* **des êtres dotés d'une conscience, et d'une volonté propre, des dieux véritables personnes.**

*Or, nous avons néanmoins pu voir que jusqu'ici, les phénomènes et forces de la nature* **appelés abusivement dieux**, *s'unissent comme le font hommes et femmes, mâles et femelles, pour engendrer* **d'autres phénomènes-dieux, et forces de la nature**. *Et, cela tient au fait que le récit des dieux est conté aux humains, employant un langage qui leur est accessible, et voulant ainsi que sa transmission soit plus aisée entre ces derniers, permettant qu'il soit fixé durablement dans la mémoire collective, afin qu'ils le chantent, et s'en inspire.*

*Et, quoiqu'on prête à ces phénomènes-dieux, quelques actions similaires à celle des hommes, qui semblent réfléchies, cela n'est* ***qu'une personnification****, et ne leur confère certainement pas la nature de véritables de dieux.*

*Cependant, il arrivera par la suite, que derrière chaque phénomène naturel, chaque force, chaque élément, qui ne sont guère des dieux à proprement parler,* ***un dieu en personne****, dotés de conscience, soit placé par le Dieu suprême, pour y veiller, et l'utiliser dans un cadre de nécessité, et de manière toujours bienveillante. C'est ainsi que derrière ces dieux-phénomènes naturels, seront placés des* ***veilleurs****, ou des* ***gardiens****, ou des* ***génies*** *selon l'appellation qu'on leurs donne dans certaines croyances populaires, religieuses, et qui vont conforter les* ***croyances animistes.***

*C'est ainsi que ces* ***veilleurs****,* ***gardiens****, ou* ***génies*** *vont présider à chaque phénomène de la nature, et veiller aux équilibres dans la nature, mais aussi aux actions des humains, à telle ou telle de leurs activités, afin de rapporter au Créateur maître de l'univers, l'état de leur fonctionnement, et pour que celui-ci autorise leur intervention, ou laisse libre cours à ce qui arrive.*

*Il est intéressant d'observer que la bible s'accorde avec l'idée que des anges soient affectés comme gardiens de certains* ***lieux bien précis****, tels que* ***l'abime ou la fosse qui a pour gardien Abbadon*** *( voir Apocalypse 9:11 ), laquelle fosse est appelé tartare par les grecs. De même aussi, l'enfer a pour gardien* ***le dieu Hadès.***

*Pour revenir à* ***Ouranos (*** *le ciel étoilé)* ***,*** *il peut être vu comme* ***l'univers entier*** *composé de ses étoiles, galaxies et constellations. Or, c'est à partir de* ***ce Dieu Ouranos****, que va jaillir* ***l'idée même de paternité****, car Hésiode rapporte qu'****Ouranos a un sexe****, et qu'il va* ***s'accoupler avec Gaia****, afin d'engendrer* ***une descendance*** *; et tenez-vous bien, la descendance qui ne sera plus cette fois-ci, de simples phénomènes de la nature, mais désormais* ***des dieux en personne.***

*Le sexe d'Ouranos,* ***revêt une signification grave,*** *car il fait de lui, en même temps un Dieu phénomène de la nature, mais aussi, et* ***pour la première fois un père.***

*De plus, l'ensemble des actions d'Ouranos témoigne qu'il est :*

**- <u>le premier Dieu doté d'une conscience</u>, car il est** *affectueux envers Gaia, puisque attiré irrésistiblement à elle, par Eros* ***( le désir),*** *et lui fait la cour.*

**- <u>le premier dieu agissant et prévoyant</u>,** *puisque conscient de son pouvoir et de* **sa position suprême,** *il* **va craindre de les perdre, et d'être renversé par un de**

***ses successeurs.*** *Autant d'agissements qui montrent qu'il est le premier des Dieux suprêmes, et nous fait dire qu'**il inaugure**, quoiqu'étant le plus vaste phénomène de la nature,* ***la génération des dieux en personne.***

***Ouranos,*** *est donc tout à la fois,* ***un dieu phénomène naturel,*** *puisqu'il est le ciel étoilé,* ***mais aussi et surtout, le premier Dieu qui devient un dieu personnel****, alors que jusqu'ici on avait vu que des dieux impersonnels, purs phénomènes de la nature. Et, c'est par lui, en s'unissant à Gaia ( la terre ) que sortiront* ***tous les dieux en personnes ( titans, cyclopes, hécatonchires et géants )*** *. Ainsi, Ouranos ouvre donc la lignée des véritables dieux,* ***les dieux personnels.*** *Et, de son union* ***avec Gaia,*** *naitra tous ceux qu'on peut considérer comme* ***la seconde génération des dieux.***

| ***Inversions de l'ordre et du sens dans le récit*** | | |
|---|---|---|
| | ***Ordre tiré du récit*** | ***Inversion*** |
| ***Kronos*** | Kronos est le dernier né des 12 Titans | Kronos devient le premier né des 12 des titans. |
| ***Eros*** | Eros, la force d'attraction apparait après Gaia | Gaia, la terre, apparait après Eros, la force d'attraction |
| ***Gaia*** | C'est Gaia, la terre, qui enfante Ouranos, le ciel étoilé | C'est plutôt Ouranos, le ciel étoilé qui enfante Gaia, la terre |

## *2- Des dieux personnels : faits d'esprit et de chair.*

*Ce deuxième type de dieux grecs représente ceux qu'il convient de considérer comme* ***de véritables dieux****, car il s'agit* ***de véritables personnes, des êtres pensants, dotés de conscience, d'une volonté propre, et moralement libres.***

*Mais une précisons doit être donnée, c'est que ces êtres de conscience, ont commencé en étant* ***purement spirituels : c'est-à-dire des esprits ;*** *Et par la suite, ils ont reçu du Créateur, d'Ouranos,* ***le pouvoir d'incarnation, c'est-à-dire d'entrer dans un corps de chair****, un corps qui sera semblable à celui de l'humain.*

*Pour les grecs, ces êtres de conscience, ont commencé comme pures esprits, au regard de l'appellation qu'on a donnée aux plus illustres d'entre eux :* ***les titans****. Car titans signifie "****qui vient du ciel*** *".*

*Et, le père Ouranos ( le ciel étoilé ) donne aux dieux en personne d'abord* ***une dimension spirituelle,*** *celle d'être des esprits,* ***alors que Gaia leur mère, ( la terre)*** *vient leur donner une dimension physique, c'est-à-dire matérielle, celle d'avoir un corps physique. L'union* ***d'Ouranos*** *et* ***Gaia*** *aboutit donc à l'entrée en scène des dieux en personne, créés dans une dualité* ***esprit et chair****, spirituelle et matérielle.*

*Cela nous amène à comprendre que c'est dès* ***cette seconde génération des dieux****, que les dieux grecs seront des êtres de conscience, dotés de corps de chair* ***tels des humains.***

*Ouranos ( le ciel étoilé ), va donc s'unir avec Gaia la terre, par une intervention du dieu* ***Eros*** *( l'attraction qui amène à la reproduction), laquelle va les pousser à s'accoupler, et engendrer des êtres de conscience, partie* ***invisible*** *comme* ***l'air et l'espace du ciel****, et partie visible comme la terre ; Et ils sont de quatre types, ces dieux personnels :* ***titans*** *(1),* ***cyclopes*** *(2),* ***hécatonchyres*** *(3), et* ***géants*** *(4). Mais, nous verrons que pour ce qui est des derniers,* ***les géants****, le 4ème type de ces dieux personnels, qu'ils ne sont en réalité que ceux des trois premiers groupes de dieux, qui ont perdu le privilège de l'immortalité de leur corps physique, en s'unissant aux mortelles, descendant du premier couple humain mortel crée sur l'île de l'Atlantide.*

## Les douze titans

*(1) **Okéanos** : un fleuve et dont les eaux entourent la terre et les mers ;*
*(2) **Téthys** : sœur et femme d'Okéanos avec qui ils ont de nombreux fils ( les fleuves) et filles ( les nymphes sources et eaux douces);*
*(3) **Koios** ;*
*(4) **Kréios** ;*
*(5) **Hypériôn** ;*
*(6) **Lapétos** ;*

*(7) **Théia** ;*
*(8) **Rhéia** ;*
*(9) **Thémis** ;*
*(10) **Mnèmosynè** ;*
*(11) **Phoibè**: l'aimable ;*
*(12) **Kronos**: le dernier.*

## Les trois cyclopes

*Puis, Gaia enfanta encore **3 fils appelés Cyclopes** au cœur violent,*

***(1) Brontès***
***(2) Stéropès,***
***(3) Argès,** le courageux*

*Les cyclopes remirent à Zeus le tonnerre et forgèrent la foudre. Ils avaient un œil unique au milieu du front.*

## Les trois hécatonchires

*Ensuite, de Gaia et d'Ouranos vont naître **trois** autres fils, appelés **Hécatonchyres,** grands, très-forts, horribles à nommer, qui sont :*

***(1) Kottos***
***(2) Briaréôs***
***(3) Gygès***

*Partant de tout ce qui précède, la frontière entre* **dieux-impersonnels** *et* **dieux personnels**, *n'est pas toujours claire, mais on aura compris que les premiers, les* **dieux impersonnels**, *mettent en place une vaste scène, et plantent tout le décor de la nature dans laquelle viendront jouer* **des acteurs** *qui sont les* **dieux personnels**, *lesquels seront au cœur des grands récits de la mythologie grecque.*

## Une quarantaine de géants

*(1)* **Agrios et** *(2)* **Thoas** *(3)* **Alcyonée** *(4)* **Alpos** *(5)* **Aristée** *(6)* **Astréos** *(7)* **Chthonios** *(8)* **Clytios** *(9)* **Céos** *(10)* **Damysos** *(11)* **Égéon** *(12)* **Emphytos** *(13)* **Encelade** *(14)* **Éphialtès** *(15)* **Euboée** *(16)* **Euphorbe** *(17)* **Eurymédon** *(18)* **Eurytos** *(19)* **Gration** *(20)* **Hippolytos** *(21)* **Hoplodamos** *(22)* **Hyperbios** *(23)* **Léon** *(24)* **Mélissée** *(25)* **Mimas** *(26)* **Mimon** *(27)* **Molios** *(28)* **Mylinos** *(29)* **Olympos** *(30)* **Otos** *(31)* **Ouranion** *(32)* **Pallas** *(33)* **Pancratès** *(34)* **Pélorée** *(35)* **Phœtios** *(36)* **Polybotès** *(37)* **Porphyrion** *(38)* **Rhœtos** *(39)* **Sycée** *(40)* **Theodamas** *(41)* **Théomisès.**

# <u>Chapitre</u> 2
## *La trinité biblique chez les grecs :*
## *Ouranos, Chronos, Zeus*

*Découvrons à présent de quelle manière la trinité biblique existe dans la mythologie grecque, lorsqu'on effectue un décryptage de son récit.*

- ***La trinité de la bible : la formulation plurielle du nom Élohim***

*Il faut rappeler qu'à l'origine, la croyance en une trinité biblique repose premièrement sur le nom donné par le peuple d'Israël à leur Dieu dans l'ancien testament, lorsque ce Dieu n'avait pas encore révélé son nom à ce peuple. Car alors, Israël appelait Dieu du nom d'**Élohim** : un nom emprunté il faut dire aux divinités babyloniennes, mais qui déjà s'emploie dans **une formulation plurielle**, et sous-entend, qu'en ce Dieu, il y'avait **la présence de plusieurs divinités** à la fois.*

*En effet, l'hébreux forme le pluriel des noms, en ajoutant **( im)** à la fin du nom, tel qu'**Elohim** ( dieux ) **malachim** ( messagers ), **cohanim** ( prêtres ). Ainsi, le nom d'Elohim désignait plusieurs Dieux à la fois, dans la personne du Dieu des hébreux, et ce, quoique paradoxalement Israël ne voyait **qu'un seul et unique Dieu dans cette appellation :** ce qui inspira la croyance monothéiste du Judaïsme, qu'héritera plus tard le Christianisme, en apportant une nuance, avec la trinité.*

*Ainsi **ce nom d'Elohim, dans sa formulation donne aux chrétiens un élément** fondateur de l'idée de plusieurs divinités formant une unité, **c'est-à-dire plusieurs Dieux en un**. C'est donc cette croyance en l'existence de plusieurs Dieux formant un Dieu unique, qu'on appellera **trinité**, laquelle explique pourquoi le Créateur, s'exprima plusieurs fois comme étant à plusieurs, tandis qu'il a proclamé être un Dieu unique :*

***" Puis Dieu dit : <u>Faisons</u> l'homme à <u>notre</u> image, selon <u>notre</u> ressemblance "*** *( Génèse 1:15 )*

*Dans un autre passage, le Dieu unique des hébreux parlera encore comme étant à plusieurs :*

***" Et l'Eternel dit : Voici, ils forment un seul peuple et ont tous une même langue, et c'est là ce qu'ils ont entrepris ; maintenant rien ne les empêcherait de faire tout ce qu'ils auraient projeté. Allons ! Descendons, et là confondons leur langage, afin qu'ils n'entendent plus la langue, les uns des autres. Et l'Eternel les dispersa loin de là sur la face de toute la terre ; et ils cessèrent de bâtir la ville"*** *(Genèse 11:5-8 ).*

*Un autre passage où l'Eternel apparait comme étant seul, tandis que son action montre qu'il y'a plusieurs Dieux à la fois :*

**" Pourquoi ce tumulte Parmi les nations, Ces vaines pensées parmi les peuples ? Pourquoi les rois de la terre se soulèvent-ils Et les princes se liguent-ils avec eux Contre l'Eternel et contre son oint ? Brisons leurs liens, Délivrons-nous de leurs chaînes ! Celui qui siège dans les cieux rit, Le Seigneur se moque d'eux. Puis il leur parle dans sa colère, Il les épouvante dans sa fureur " ( Psaume 2:3) .**

*Une profonde méditation de ces trois passages, montre que c'est l'Eternel seul qui parle, mais qu'en même temps plusieurs Dieux agissent, qui vont se révéler par la suite être les trois personnes de la trinité :* ***Dieu le père :*** *qui est Yahvé et que les chrétiens appellent notre Père,,* ***Dieu le fils :*** *la parole de Dieu venu en chair en Jésus Christ, le Messie* ***;*** *Et* ***Dieu le Saint Esprit :*** *l'Esprit et puissance de Dieu, ou Roach Hakodesh; Ces trois Dieux forment donc une trinité parfaitement unie dans l'être du Créateur.*

*D'autres textes donnent* ***des indices*** *de l'existence de plusieurs Dieux en un, soit par la mention récurrente à trois fois des attributs de Dieu, soit par sa triple appellation.*

*"* ***Saint*** *(1),* ***saint*** *(2),* ***saint*** *(3)* ***est le Seigneur*** *" (Esaïe 6:3)*

***" Le Dieu d'Abraham*** *(1),* ***Le Dieu*** *d'****Isaac*** *(2),* ***Le Dieu de Jacob*** *(3)****" (Matthieu 22:31)"***

***" Au nom du Père*** *(1),* ***du fils*** *(2),* ***et du Saint Esprit*** *(3) " (Matthieu 28:19)*

*Dans la Bible hébraïque, le nom de Dieu "Eloha" apparaît une* ***soixantaine de fois,*** *généralement dans ses textes poétiques, la plupart des références apparaissant* *dans le livre de Job. Elohim est au contraire l'un des noms divins les plus courants, apparaissant plus de* ***deux milles fois*** *dans la bible.*

*Voyons à présent comment, de même que la bible présente un dieu parlant et agissant comme étant à plusieurs, l'****Elohim*** *( Le Père, le fils, le Saint Esprit ), celui que nous disons être un Dieu existant en trois, de même aussi la mythologie grecque révèle l'existence de* ***trois Dieux suprêmes****, qui vont se succéder afin de régner dans le ciel, et qui sont les Dieux :* ***Ouranos, Kronos et Zeus.***

## • Les trois Dieux grecs du ciel : trois Dieux suprêmes

*Ainsi que le rapporte le poète grec Hésiode, trois Dieux grecs se succèdent pour* ***régner dans les cieux****. Cela signifie déjà qu'****ils vont dominer dans le même espace, puisque*** *le 3ème Dieu du ciel, Zeus, arrachera le pouvoir au 2ème Dieu du ciel, Chonos, qui lui-même arrachera sa place à son père, le premier Dieu du ciel, Ouranos.*

| Les 3 Dieux du ciel : 3 Dieux suprêmes | |
|---|---|
| ***OURANOS :*** *1er Dieu du ciel,* | ***Un 1er Dieu suprême,*** *qui sera remplacé par :* |
| ***KRONOS :*** *2ème Dieu du ciel,* | ***Un 2ème Dieu suprême,*** *qui sera remplacé par :* |
| ***ZEUS:*** *3ème Dieu du ciel,* | ***Un 3ème Dieu suprême*** *qui le restera.* |

## • La clé d'inversion pour dévoiler la trinité des grecs

***Les rapports présentés comme étant conflictuels entre ces 3 Dieux du ciel*** *que nous venons de voir,* ***Ouranos, Chronos et Zeus****, ne servent qu'à* ***voiler*** *exactement* ***l'idée inverse,*** *celle, non pas d'une* ***rivalité*** *entre eux, mais plutôt* ***d'une unité et d'une entente parfaite*** *entre ces trois Dieux suprêmes.*

*En réalité, les trois Dieux sont* ***bien au contraire parfaitement unis.*** *Mais cette union, contée par les esprits des Muses à Hésiode au sujet des 3 Dieux grecs, visent à cacher dans une* ***inversion du sens de leur rivalité, la trinité.*** *Ainsi,* ***du désir du***

***fils de renverser à chaque fois son père,** il faut comprendre que c'est plutôt **l'unité des trois Dieux au lieu de leur rivalité** telle qu'on nous la présente à première vue.*

| **Inversion du sens** | |
|---|---|
| **Ordre présenté entre les 3 Dieux du ciel** **Rivalité** | **Ordre inversé entre les 3 dieux du ciel** **Unit** |
| **Rivalité entre père et fils** | **Unité entre père et Fils** |
| **Rivalité Ouranos & Kronos** | **Unité Ouranos & Kronos** |
| **Rivalité Kronos & Zeus** | **Unité Kronos & Zeus** |

*Ainsi, **la rivalité** père et fils, et **l'antagonisme** qu'on prête à ces 3 Dieux, cache une autre réalité, **celle qu'au contraire une parfaite entente existe entre ces trois**.*

*De plus, il y'a une autre inversion, si l'on dit qu'ils se succèdent afin de régner chacun à son tour à la suite du précédent, cela cache qu'**inversement**, ces trois Dieux **règnent ensemble, et dans le même temps,** mais aussi **dans le même espace, ou la même sphère**. Voici donc liés nos trois Dieux suprêmes grecs, quand on opère des inversions dans ce qu'on nous présente. **Nous sommes là donc dans une série de cryptages par inversion de l'ordre présenté.***

*Ici, **l'inversion de l'ordre ou du sens** présenté à première vue, apparait comme **notre première clé de décryptage de la mythologie grecque**, et qu'on retrouve dans **le langage des énigmes**, ainsi que **le langage ésotérique** : cela signifie que là où il nous est relaté une opposition ou une rivalité, ou même une guerre, il peut être sage d'inverser le sens apparent, et voir si une logique ou une harmonie du récit s'en dégage, permettant à ce moment, un rapprochement avec la bible.*

*C'est donc en réalité **une trinité céleste** qui apparait ici avec les 3 Dieux du ciel **OURANOS, KRONOS** et **ZEUS**, entre lesquels on trouve des points communs :*

**- chacun de ces 3 Dieux grecs, est** un Dieu suprême.
**- chacun de ces 3 Dieux grecs est** un Dieu du ciel.
**- Ils sont tous les trois** d'une même lignée, **et sont donc alignés**.

***Et, les esprits des muses qui livrèrent le récit sur les dieux, à Hésiode,** se sont servis du conflit apparent entre ces 3 Dieux, pour nous voiler la vraie situation qui les lient ; Mais aussi, parce que rivalité et opposition entre ces 3 Dieux, **est de***

*__nature__ à __fasciner d'avantage__ et créer __de l'intrigue__ chez tous ceux qui écoutent ce récit, plutôt qu'une entente parfaite entre les trois. C'est très important de comprendre __ces deux buts de l'inversion__ : premièrement cacher la vérité en la retournant, et intriguer davantage par le conflictuel.*

*D'ailleurs, ces esprits des Muses déclarèrent à Hésiode __leur habilité à voiler les choses__, sans doute parce que voulant qu'elles ne soient __comprises que de quelques initiés du langage ésotérique, du langage__ des __symboles, des énigmes, des paraboles et allégories__, lesquels sont le langage des sages, prisé des dieux, des rois, d'après la bible ( voir proverbes 1:6 ).*

*Mais, l'inversion du sens ou de l'ordre, n'est pas la seule clé permettant de crypter le récit de l'histoire des dieux. Le symbolisme occupe aussi une place primordiale, nous le verrons tout au long nos décryptages.*

*Ainsi, ceux qui entendent le récit des Dieux grecs peuvent être continuellement intrigués et fascinés, sans en comprendre la véritable profondeur, encore moins les liens pertinents avec la bible ;*

*Un autre exemple ce cette d'inversion, apparait encore dans la seconde génération des dieux. Et cette fois-ci, c'est lors de la naissance des titans. Hésiode rapporte que __Chronos__ fut __le dernier né des douze titans__, alors curieusement, __il finira le chef d'eux tous,__ c'est-à-dire __le premier en autorité.__ Un dernier né devenu donc un premier, et finalement le __Dieu suprême__. Ce renversement de l'ordre, vient révéler le __caractère triomphateur__ de Cronos au milieu de ses frères.*

*__L'inversion de l'ordre__ fait que le Dieu Kronos, __né en dernier__, fini plutôt __en premier__ : d'abord le plus jeune de sa génération, il va s'avérer être au contraire, le plus ancien ; Et pour cause, __au regard de ses attributs, il est Cronos, le père du temps, l'incarnation du temps,__ éléments primordial à l'existence de la matière, et de la vie. Le temps qui implique en même temps __l'espace auquel il est lié__, et sans lesquels les titans ne peuvent exister eux-mêmes. Tous les autres dieux qui naitront d'Ouranos ne peuvent donc logiquement exister sans Cronos, ou avant Cronos, car tous apparaissent d'une manière ou d'une autre par un effet du temps et de l'espace.*

*De plus, il est intéressant de constater que c'est du nom de Cronos qu'on tire le mot __chronologie__ : la science des temps et dates des événements historiques, qui montre que __Cronos incarne le temps__, et tout s'effectue dans le temps, et sans lui, il n'y aurait aucun repère dans l'histoire. Cela permet d'établir un rapprochement* *entre **Kronos** et **l'Eternel**, le dieu de la bible, puisque **les deux sont nommés par le temps** qu'ils incarnent. Aussi, est-il logique de penser qu'ils désignent tous deux **le même Dieu.***

*Plus tard, une autre **inversion dans l'ordre**, apparaitra encore dans **la 3èmegénération des dieux,** cette fois-ci avec **la naissance des 12 dieux de l'Olympe**, génération qui verra **Zeus naitre en dernier**, mais qui très vite, à l'instar de **Cronos** son père, deviendra le chef de tous ses frères, c'est-à-dire un premier dans sa génération, et **un Dieu suprême,** car il renversera Cronos son père.*

*Au final, **en inversant successivement l'ordre de naissance** de chacun des trois Dieux ( **Ouranos, Kronos et Zeus** ), nés chacun le dernier de sa génération, mais devenus après le premier, on voit que l'inversion est un important moyen de cryptage dans la mythologie grecque.*

**L'inversion de l'ordre**
***dans chacune des 3 générations des dieux :***

| | Ordre | Inversion |
|---|---|---|
| **Ouranos** | **Apparu le dernier de la 1èregénération après Gaïa** | **Devenu un Dieu suprême, Dieu du ciel étoilé, donc Dieu de l'univers, le premier dans l'ordre d'apparition avant Gaia, la terre.** |
| **Kronos** | **Apparu le dernier de la 2ème génération après les 11 Titans** | **Devenu le premier dans l'ordre hiérarchique des titans.** |
| **Zeus** | **Apparu le dernier de la 3ème génération, après 11 Olympiens** | **Devenu le premier dans l'ordre hiérarchique des dieux de l'Olympe** |

*En outre, on peut encore appliquer **une inversion** dans le fait que ces 3 Dieux ( Ouranos, Chronos et Zeus ) **se succèdent** pour devenir **chacun un Dieu suprême,** dans la **logique d'une trilogie ;** Et, inverser cette logique pour voir au contraire une **logique de triarchie** où les 3 Dieux suprêmes **agissent plutôt ensemble**, de façon **collégiale**, et qui renforce **l'idée d'une trinité des 3 Dieux grecs du ciel,** comme la trinité biblique.*

| L'inversion du sens | | | |
|---|---|---|---|
| *Ordre de succession présenté* ***en une trilogie*** | *Ordre inversé des 3 Dieux,* ***en ne triarchie*** | | |
| ***(1) Ouranos*** | ***(1) Ouranos*** | ***(2) Chronos*** | ***(3) Zeus*** |
| ***(2) Chronos*** | | | |
| ***(3) Zeus*** | | | |

*Au final, la mythologie grecque nous présente les 3 Dieux suprêmes dans une opposition de façade, en rapportant qu'ils se succèdent à chaque fois par un renversement du père par le fils : Ouranos d'abord renversé par Cronos son fils, qui lui-même sera renversé par ZEUS son fils. Mais, ce qu'il faut comprendre est tout l'inverse, c'est les trois Dieux sont unis, et ce qui est présenté comme un ordre de succession, des règnes en* ***trilogie****, est plutôt des règnes en* ***triarchie.***

| ***Trinité*** *de la Bible* | ***Trinité*** *de la Mythologie grecque* |
|---|---|
| ***(1) Yahvé ( le père )*** | ***(1) Ouranos*** |
| ***(2) Roach Hakodesh ( Saint Esprit )*** | ***(2) Cronos*** |
| ***(3) Yeshua ( Jésus )*** | ***(3) Zeus*** |

***La trinité des 3 dieux suprêmes,*** *qui sont* ***les trois êtres créateurs,*** *doit être nécessairement dissociée des autres dieux inférieurs, lesquels bien qu'étant immortels, ne sont guère des créateurs, mais des anges qui président à certaines actions ou activités sur la terre, afin d'honorer ceux qui les font, ou de les faire suivre de conséquences, pour ceux qui ne les font pas. Cela signifie qu'ils ont un mandat des trois Dieux suprême,* ***pour observer et gérer les activités, et les actions sur la terre,*** *d'abord s'agissant* ***des dieux envoyés sur la terre*** *afin d'apprendre la sagesse, et plus tard s'agissant des hommes sensés habiter la terre après eux. Ces anges-dieux qui président à ces actions* ***ont reçu cette charge notamment en devenant des méritants****, et en étant placés comme vigilants dans plusieurs lieux de l'univers, et autour de la terre.*

*Dans nos lignes, on pourra employer de manière interchangeable le nom de Zeus pour désigner l'Eternel ou Jésus Christ avec qui il constitue une unité dans ce que nous avons appelé la trinité.*

## • Autre implication de la trinité grecque : les trois cieux

*C'est tout un enjeu de comprendre au travers de la trinité des 3 Dieux suprêmes grecs, la représentation qu'elle veut faire apparaitre* ***dans l'espace des cieux****, qui est structurée en* ***trois domaines****. A travers Ouranos, Chronos, Zeus, que nous avons appelés les Elohim de la bible, les cieux se divisent en* ***trois niveaux distincts.***

*Cette représentation en* ***trois domaines des cieux*** *est clé pour comprendre où et comment va se dérouler toute l'histoire de dieux de la mythologie grecque, et l'ensemble du récit de la mythologie.*

*La mythologie grecque présente d'abord* ***les étapes de la formation de l'univers et du monde*** *( la cosmogonie), avant de présenter* ***la naissance des dieux,*** *( le théogonie) en faisant apparaitre* ***3 dieux du ciel*** *que sont* ***Ouranos, Chronos,*** *et* ***Zeus****. Mais, ces 3 Dieux, dont on a vu qu'il n'y a en réalité* ***aucune rivalité entre eux****, mais qui forment à vrai dire une* ***tri-unité céleste,*** *et révèlent en même temps, dans leur ordre,* ***une structure globale des cieux****, dans une* ***échelle à trois niveaux : les trois cieux :***

| **Les 3 Dieux des cieux révèlent 3 cieux** | | |
|---|---|---|
| **Ouranos** | **Le 3ème ciel** | ***Ciel du Dieu OURANOS*** *premier Dieu du ciel. Ce domaine des cieux se trouve au-delà des étoiles et des galaxies de l'univers et au bout duquel commence le domaine céleste du Créateur.* |
| **Chronos** | **Le 2ème ciel** | ***Ciel du Dieu CHRONOS symbolisant l'espace et le temps.*** *Ce domaine des cieux, au-delà de notre atmosphère, couvre l'espace des planètes, des étoiles et galaxies de l'Univers.* |
| **Zeus** | **Le 1er ciel** | ***Ciel du dieu Zeus****, où il siège juste au-dessus des nuages, au sommet de la montagne de l'Olympe localisée au Nord de la Grèce actuelle. C'est le ciel le plus bas, ou le ciel atmosphérique, qui est juste au-dessus de la terre.* |

*Il nous faut comprendre que* ***la succession de père en fils*** *dans laquelle on présente nos trois Dieux, n'est pas à prendre qu'au sens d'une hiérarchie entre les trois Dieux suprêmes, mais sert bien plus à donner* ***une structuration des cieux en trois niveaux****. A ce moment, apparait un point de convergence majeur entre bible et mythologie grecque, puisque la bible structure des cieux en* ***trois niveaux,*** *en 2 Corinthiens 12 :2-4.*

***" Je connais un homme en Christ, qui fut, il y a quatorze ans, ravi jusqu'au troisième ciel (si ce fut dans son corps je ne sais, si ce fut hors de son corps je ne sais, Dieu le sait). Et je sais que cet homme ( si ce fut dans son corps ou sans son corps je ne sais, Dieu le sait ) fut enlevé jusque dans le troisième ciel, et qu'il entendit des paroles ineffables qu'il n'est pas permis à un homme d'exprimer "*** *( 2 Corinthiens 12 : 2-4 ).*

*Certes il n'existe pas d'autres passages de la bible où* ***le ciel apparait structuré en échelle à trois niveaux****, mais les deux mentions par l'apôtre Paul du 3ème ciel, suffisent pour nous faire comprendre cette réalité, qui n'est guère fantaisiste, mais très déterminante dans notre lecture de l'histoire des Dieux.*

*Dans la bible c'est dès le premier verset de la genèse, qu'on voit l'appellation de* ***cieux****, et qui revient abondamment tout au long des Ecritures Saintes ; et si cela contribue à montrer* ***une véritable immensité du ciel,*** *cela sous-entend aussi qu'il existe plusieurs* ***niveaux des cieux****, sans qu'on ne sache exactement combien, jusqu'à ce que l'apôtre Paul nous en apporte la précision.*

***" Au commencement Dieu créa les cieux et la terre"*** *(Genèse 1:2) ;*

*De nombreux passages de la bible qui évoquent les cieux, dans une formulation plurielle, sous-entendent l'existence* ***de plusieurs niveaux du ciel****, et non pas plusieurs régions du ciel comme on pourrait le penser à juste titre, et comme l'apôtre Paul va l'insinuer dans un autre passage par le terme* ***" lieux célestes"*** *:*

***" Car nous n'avons pas à lutter contre la chair et le sang, mais contre les dominations, contre les autorités, contre les princes de ce monde de ténèbres, contre les esprits méchants dans les lieux célestes"*** *( Ephésiens 6:12 ).*

| Plusieurs cieux dans la bible impliquant les 3 cieux | Lieux |
|---|---|
| Apocalypse 19:14<br>" Les armées qui sont dans le ciel le suivaient sur des chevaux blancs, revêtues d'un fin lin, blanc, pur " | 2ème ciel |
| Esaïe 14:13" Je monterai au ciel, J'élèverai mon trône au-dessus des étoiles de Dieu, | 3ème ciel |
| Esaïe 24:21 " En ce temps-là, l'Eternel châtiera dans le ciel l'armée d'en haut, Et sur la terre les rois de la terre " | 2ème ciel |
| Apocalypse 12:7-9 " Et il y eut guerre dans le ciel. Michel et ses anges combattirent contre le dragon. Et le dragon et ses anges combattirent, mais ils ne furent pas les plus forts, et leur place ne fut plus trouvée dans le ciel. Et il fut précipité, le grand dragon, le serpent ancien, appelé le diable et Satan, celui qui séduit toute la terre, il fut précipité sur la terre, et ses anges furent précipités avec lui " | 2ème ciel |
| Luc 2:15 " Lorsque les anges les eurent quittés pour retourner au ciel, les bergers se dirent les uns aux autres " | 3ème ciel |
| Deutéronome 10:14 Voici, à l'Eternel, ton Dieu, appartiennent les cieux et les cieux des cieux, la terre et tout ce qu'elle renferme | |
| 1 Rois 8:27 Mais quoi! Dieu habiterait-il véritablement sur la terre ? Voici, les cieux et les cieux des cieux ne peuvent te contenir : combien moins cette maison que je t'ai bâtie ! | |
| Néhémie 9:6 C'est toi, Eternel, toi seul, qui as fait les cieux, les cieux des cieux et toute leur armée, la terre et tout ce qui est sur elle, les mers et tout ce qu'elles renferment. Tu donnes la vie à toutes ces choses, et l'armée des cieux se prosterne devant toi. | |
| Psaumes 68:34 Chantez à celui qui s'avance dans les cieux, les cieux éternels ! Voici, il fait entendre sa voix, sa voix puissante | |
| Jérémie 10:11<br>Vous leur parlerez ainsi : Les dieux qui n'ont point fait les cieux et la terre Disparaîtront de la terre et de dessous les cieux. | |
| Esaïe 50:3<br>Je revêts les cieux d'obscurité, Et je fais d'un sac leur couverture. | |
| Psaumes 78:23 | |

| ***Il commanda aux nuages d'en haut, Et il ouvrit les portes des cieux** ;* | |
|---|---|

*C'est l'apôtre Paul qui finit par nous faire comprendre que* **" les cieux"** *dont parle la Genèse sont divisés e***n trois niveaux ou domaines***, dont le troisième est le ciel où se trouve le royaume céleste du Créateur, là où Paul s'est rendu en esprit, et a entendu des choses extraordinaires, inexprimables d'après lui par le langage humain.*

***" Et je sais que cet homme ( si ce fut dans son corps ou sans son corps je ne sais, Dieu le sait ) fut enlevé jusque dans le troisième ciel, et qu'il entendit des paroles ineffables qu'il n'est pas permis à un homme d'exprimer "*** *( 2 Corinthiens 12 :2-4 ).*

***En définitive, ces trois cieux de la mythologie grecque,*** *Ouranos Chronos et le ciel de Zeus, nous parlent en aussi* ***des trois cieux bibliques,*** *et ont une importance dans le récit des dieux, car ils vont nous montrent comment vont évoluer les* ***anges après leur introduction sur la terre, lorsqu'ils seront devenus méritants après les épreuves surmontées sur la terre****.*

*Ces anges remontés de la terre vers le troisième ciel, sont honorés par le Créateur, et placés à des positons élevées dans l'espace du 2ème ciel ( des étoiles et galaxies de l'univers) en tant que* ***des veilleurs, c'est-à-dire de gardiens****. Voilà la plus grande conséquence de cette division des cieux en trois cieux.*

*Dans ce sens, dans la mythologie grecque, montre des anges-dieux, devenant méritants, et se voyant établis comme* ***des constellations*** *dans* ***l'univers, c'est le cas du Géant chasseur Orion fils de Poséidon et d'une mortelle du nom d'Euryale, transformé en constellation par la déesse Artémis****.* ***Orion*** *fut donc un mortel, reconnu pour son mérite de grand chasseur sur la terre. Mais cela est d'avantage une image pour montrer* ***ce que devinrent nombre des anges****, après leur passage sur la terre, durant l'époque des dieux-anges sur la terre. En réalité, les dieux ne furent guère transformés en constellation, mais devinrent tout simplement des* ***gardiens de ces constellations*** *créées par la trinité des Dieux.*

*Une autre image* ***de l'entrée des anges méritants dans le deuxième ciel****, apparait à la naissance des douze (12) dieux de l'Olympe, lorsqu'ils sont tous avalés par Chronos leur père. Ils entrèrent dans le ventre de Chronos, qui représente le 2ème Dieu du ciel, puisqu'il craindra d'être renversé par l'un de ses enfants. En voyant les* *douze dieux Olympiens, enfermés dans son ventre, cela signifie simplement qu'ils remonteront* ***dans le 2ème ciel*** *(Chronos), autour des étoiles et constellations, après être remontés de leur séjour sur la terre, par le biais de leur mère, Gaia la terre.*

*Ensuite, ces douze (12) dieux olympiens, en réussissant à ressortir du ventre de Chronos, en étant vomis par lui, vont nous amener à comprendre qu'****ils quitteront leur position élevée, confiée par la trinité,*** *pour revenir sur la terre et conquérir le statut de maitres du monde ( maître de l'ancien monde pré adamique ).*

*Toutefois, après les 3 guerres des dieux que nous verrons, ( la guerre des titans, la guerre des géants, et la guerre contre typhon ), on aura l'impression de revenir* ***à une totale unicité des 3 cieux, comme s'il n'y avait qu'un seul ciel, face à la terre sous le contrôle de Zeus,*** *qui règne en seul Dieu. Mais, Cela tient du fait qu'il s'agira plutôt de l'ange Lucifer, se faisant passer pour le dieu unique des trois cieux, et le seul maitre suprême des 3 cieux, nous y reviendrons.*

- ***Trois clés de décryptage : inversion, symbolisme, et à peu près.***

*La première clé de décryptage du récit caché de la mythologie grecque est* ***l'inversion du sens ou de l'ordre,*** *et que nous avons déjà montré précédemment.*

***Ce premier moyen de cryptage*** *par* ***l'inversion de l'ordre ou du sens****, sert à* ***cacher le vrai sens du récit****, permettant notamment d'entretenir* ***une rivalité*** *entre différents Dieux alors qu'ils sont en* ***parfaite entente****. Nous l'avons dit, parce que la* ***tension permanente*** *entre les dieux est de nature à rendre le récit toujours plus intriguant et captivant.*

***L'inversion de l'ordre ou du sens présenté dans le récit,*** *permet une fois opérée, de comparer ce qui en ressort avec la bible, et à retrouver une concordance et une cohérence entre des deux récits : entre bible et mythologie grecque.*

*Mais, il ne faut pas croire que partout dans le récit de la mythologie grecque,* ***il y'a lieu de tout inverser****. Car, il faut en même temps être guidé par* ***le bon sens,*** *en ayant en vue* ***l'ensemble de aspects symboliques*** *qui ressortent tant du récit de la mythologie grecque, que de la bible. Et lorsqu'une certaine cohérence et une confirmation est retrouvée entre les deux, c'est une assurance d'être dans la bonne voie, celle d'avoir compris la vérité cachée derrière ce qui est présenté.*

*Et, nous allons voir combien le cryptage par inversion est très présent dans la mythologie grecque, lorsqu'on ne se limite pas* **à de simples concordances symboliques. La compréhension des symboles**, *elle tout aussi importante dans le cryptage de la mythologie grecque, mais qui n'est pas une vraie découverte en soit, telle que l'inversion du sens, ou de l'ordre.*

**La représentation symbolique, est la seconde clé de décryptage** *du récit caché de la mythologie grecque, aussi importante que l'inversion,* **consistant à retrouver une concordance dans les symboles, qui sont véritables indices ramenant à des réalités de ce qui a existé jadis, et qu'on veut nous cacher.** *Donc il y'a lieu de mettre en comparaison les représentions symboliques autant dans la mythologie grecque, que dans la bible, et faire ressortir l'histoire commune aux deux domaines.*

**Et, notre troisième clé de décryptage**, *par ordre d'importance, du récit caché de la mythologie grecque, est la clé de* **l'à peu près,** *laquelle consiste à garder* **une forme approximative du vrai message caché**, *en entretenant* **un certain flou**, *pour ne pas le rendre accessible. Ce moyen de cryptage peut avoir plusieurs formes, comme le nombre 50 qui peux vouloir cacher en réalité le nombre d'années de 5000 ans, que passa le dieu Hermès enfermé dans les cavernes sous terraines, après la grande inondation qui marqua la fin de l'ancien âge, et la destruction de tout ce qu'il avait bâti jadis comme civilisations sur la terre.*

## Chapitre 3
## A lui seul, Lucifer a incarné 4 illustres dieux grecs

*D'abord, il nous faut comprendre le contexte de l'arrivée des* ***dieux en personne*** *sur la terre,* ***en être de chair*** *: des anges sont descendus des cieux, sur la terre, rendus en tous points semblables aux humains immortels, inaugurant ainsi l'âge des dieux sur la terre, aux temps pré adamiques.*

### 1- La mission confiée à l'ange Prométhée : partager le feu sur terre.

*C'est durant la préhistoire des dinosaures que le plus sage de tous les anges, Lucifer, descendit du ciel, et vint sur la terre. Il reçut alors un corps physique, afin qu'il enseigna aux anges envoyés à sa suite, la sagesse du Créateur, et que ceux-ci deviennent des adorateurs des Dieux de la trinité (Ouranos-Kronos- Zeus).*

- **Le feu de Prométhée symbole de sagesse et de connaissance**

*Le feu dont Prométhée est détenteur n'est pas définit ici premièrement comme une arme permettant de lancer du feu, mais comme la sagesse et la connaissance pouvant illuminer les anges de Dieu. Et à ce titre, la bible ne tarit point d'éloges cet ange qui fut plein de sagesse et de connaissance.*

***" Voici, tu es plus sage que Daniel, Rien de secret n'est caché pour toi ; Par ta sagesse et par ton intelligence Tu t'es acquis des richesses,*** *(Ezéchiel 28:3-4 )*

***" Tu mettais le sceau à la perfection, Tu étais plein de sagesse, parfait en beauté. Tu étais en Eden, le jardin de Dieu; Tu étais couvert de toute espèce de pierres précieuses "*** *( Ezéchiel 28:12-13 ).*

***" Tu as corrompu ta sagesse par ton éclat "*** *( Ezéchiel 28:17 ).*

*Au début, le feu reçu par Prométhée Lucifer est encore employé à des buts très utilitaires, permettant de répondre à des besoins de début de civilisation, et qui amènent des anges venus sur terre, à une profonde reconnaissance envers le Créateur ; Reconnaissance qu'ils exprimaient en brûlant des parfums sacrés et des sacrifices en son honneur. Mais plus tard, Prométhée n'allait pas tarder à se livrer à des recherches en vue de percer les grands mystères de l'énergie, lui permettant de maitriser la puissance du feu, bien au-delà de toutes nécessités, dans le but de dominer, de soumettre les communautés d'anges, d'obtenir toute l'attention sur lui, et même la crainte de ses compagnons anges incarnés comme lui.*

- ***Prométhée et sa promesse à Dieu d'enseigner les anges sur la terre.***

*Bien avant l'arrivée des anges sur la terre, ceux-ci vivaient dans une dimension purement spirituelle, au 3ème ciel, auprès du Créateur de gloire, en étant spectateurs de la création matérielle de très loin, notamment en contemplant les astres et les planètes de l'univers, sans toutefois y poser leurs pieds.*

*Puis, allait arriver le temps où le Créateur voudrait les faire évoluer vers, une nouvelle connaissance de qui il est,* ***à travers l'expérience de la vie matérielle ;*** *Expérience qui leur permettrait d'apprendre des choses nouvelles au sujet de la toute-puissance du Créateur. C'est pourquoi, ils furent envoyés sur la terre, recevant des corps physiques afin d'entrer dans la vie matérielle, devenant donc à la fois esprit, et chair. Les anges furent envoyés sur la terre, à l'école du plus sage parmi* *eux tous, qui fut doté du feu, c'est-à-dire la puissante lumière de la sagesse et de la connaissance de Dieu.*

*En effet, d'après la mythologie grecque,* ***Prométhée est un titan****, et le nom* ***titan*** *signifie,* ***" qui vient du ciel ".*** *Cette origine céleste de l'ange-Prométhée et de tous ses confrères anges, confirme bien qu'il a quitté les hauteurs des cieux, pour descendre et venir sur la terre. La signification du nom titan n'est donc pas à prendre à la légère, car elle permet de comprendre le contexte dans lequel débute l'histoire des dieux de la mythologie grecque, et nous éclairera notre lecture de la bible.*

*Ce Prométhée, que nous assimilons à Lucifer dans la bible, bien que ce nom n'apparaisse pas dans les Saintes Ecritures, mais plutôt celui de* ***l'Astre brillant****, qui lui est très semblable, allait alors jouer son tout premier rôle mentionné dans la mythologie grecque : celui de descendre sur terre, doté du feu du Créateur, pour le partager à tous les autres anges, ses collègues.*

***Prométhée sera*** *doté du feu symbole d'une haute sagesse divine, et d'une connaissance inouïe, pour remplir* ***cette mission d'enseigner à tous les autres anges du ciel, les profondeurs de la sagesse et la connaissance de Dieu****, en leur apprenant les lois de la nature, et celles de l'univers.*

*Ainsi, tout ce dont les anges disposent comme savoir jusqu'à présent, ils le tiennent de celui qui allait être* ***leur premier enseignant sur la terre****, et qui allait les initier aux profondeurs de la science, l'ange Prométhée-Lucifer.*

- ***Pour être enseignés sur terre, les anges reçoivent des corps de chair***

*Il convient de revenir à une réalité bien antérieure à celle de l'arrivée des anges sur le terre, et même l'arrivée de l'ange Prométhée.*

*En effet, bien avant qu'arrivent les anges sur la terre, c'est d'abord* ***les dieux suprêmes qui descendirent les premiers sur la terre****, c'est à dire la trinité céleste que nous avons vu ( Ouranos, Kronos, et Zeus ), les trois Dieux créateurs que la bible appelle Elohim.*

***Yahvé Dieu le Père*** *( Le Père de gloire) . . . . . . . . . . . . . . . .* ***Ouranos***
***Roach Hakodesh*** *( Dieu le Saint Esprit, la puissance ) . . . . . .****Cronos***
***Yeshoua*** *( Dieu le fils, la parole) . . .. . . . . . . . . . . . . . . . . . . .* ***Zeus***

*Dans le récit de la mythologie grecque la venue des trois Dieux suprêmes sur terre, apparait avec* ***la descente d'Ouranos (Dieu du ciel) vers Gaia ( la terre),*** *afin de lui faire la cour et s'accoupler avec elle ( d'après la théogonie d'Hésiode ). Mais dans la bible, cette descente des trois Dieux suprêmes sur la terre est moins évidente à établir, si ce n'est dans l'appellation du* ***" jardin d'Eden ", " jardin de Dieu ",*** *d'Ezéchiel 31:7,* *et qui signifie que le Créateur lui-même visitait en personne son jardin sur la terre, quoiqu'il soit omniprésent.*

***" Tu étais en Eden, <u>le jardin de Dieu</u> "*** *( Ezéchiel 28 :13)*
***" Et tous les arbres d'Eden, dans <u>le jardin de Dieu</u>, lui portaient envie "*** *( Ezéchiel 31:7)*

*Alors que tout l'univers appartient à Dieu, en précisant qu'Eden fut le jardin de Dieu, cela traduit qu'au-delà d'en être le Créateur et propriétaire, Celui-ci venait communier avec ce lieu, c'est-à-dire qu'Il descendait en personne dans son jardin, comme il le fit en Genèse 3:8 , en se promener dans Eden, ou en Genèse 18:1, lorsqu'il descendit pour visiter Abraham, en prenant une forme physique et humaine. On voit que le Créateur, s'incarnait en chair pour avoir part à sa création matérielle, en être de chair :*

***" Alors ils entendirent la voix de l'Eternel Dieu, <u>qui parcourait</u> le jardin vers le soir "***
*(Genèse 3:8).*

*Alors que le Créateur voit toute sa création depuis les cieux, la bible rapporte qu'il vint parcourir le jardin, signifiant par là qu'il y descendait en personne. De cette manière, bible et mythologie grecque s'accordent pour montrer que le Dieu trinitaire, les trois Dieux suprêmes en un, descendait sur la terre avant que d'autres esprits, les anges à son service, ne soient envoyés à leur tour, sur la terre, pour gouter aux expériences sensationnelles de la vie matérielle, en revêtant eux aussi des corps biologiques, fait de chair, semblables à l'humain qui ne sera créé que bien plus tard.*

*Et, la bible permet de comprendre que lors de vécu sur la terre, les anges formeront* ***9 tribus d'anges*** *venus en chair, et qui finiront leur périple, en* ***3 classes d'anges*** *que les grecs appellent : les titans, les cyclopes et les hécatonchires.*

*Ainsi, la descente des* ***Dieux suprêmes*** *(la trinité des Elohim) et leur temps d'incarnation sur la terre, sera suivie plus tard de* ***la descente des anges*** *après eux ( malachim ), et* ***leur incarnation en êtres physiques sur la terre.*** *Cette réalité de leur incarnation en êtres de chair, est parfaitement confirmée par la bible et la mythologie grecque, qui tous deux, montrent des exemples* ***de leur apparition en*** *chair ; un tel phénomène a donc commencé avant la création d'Adam et Eve, au temps appelé par les grecs : **le temps des dieux.***

*Ainsi, pour venir sur la terre à l'école du feu de Prométhée, les anges furent incarnés en forme physique, comme des humains, car **la terre, siège de la matérialité, offrait l'occasion de mener de manière infinies, des expériences avec la matière, de gouter à une foule de sensations, et de découvrir l'étendu de la sagesse créatrice du Créateur.** De ce fait, en inversant le sens du récit portant sur Prométhée, on verra autre chose apparaitre quant au véritable début de son histoire.*

### *Incarnation en chair des Dieux suprêmes ( Elohim ) sur la terre :*

***1- l'Eternel vint auprès d'Abraham en forme humaine** (Genèse 19:1-5 ) **(Dieu le père)***
***2- Jésus vint auprès d'Abraham, incarné en Melchisédech** (Genèse 14:18) **(Jésus)***
***3- Dieu le Saint Esprit en chair, attrapé par Jacob, qui refusa de le lâcher** (Genèse 32:24-26 )*

### *Incarnation en chair des dieux- anges ( malahim ) sur la terre :*

1. ***Les anges arrivèrent chez Lot, où ils seront appelés hommes** ( Genèse 19:1-5 ).*
2. ***Un ange apparut en homme à Josué, le chef de l'armée des anges** ( Josué 5:14 ).*
3. ***Le passage de l'apôtre Paul exhortant les chrétiens à exercer l'hospitalité; car, quelques-uns loges des anges, sans le savoir ; les anges apparaissant donc physiquement comme des humains** ( Hébreux 13:2 ).*

## Comprendre la signification du nom de Prométhée

*C'est donc en recevant la mission de descendre enseigner les anges sur la terre, que Prométhée, l'ange Lucifer, **s'engagea par une promesse** devant Dieu : la promesse de **transmettre la sagesse et la connaissance** porteur, aux autres anges envoyés avec lui.*

*Prométhée-Lucifer fit donc **une promesse** au Créateur d'enseigner tous les anges qui descendirent donc à son école, dans des corps de chair. **Il fit serment** de leur partager le feu qu'il reçut. **Cette promesse** nous éclaire donc sur **le pourquoi de son nom,** qui a fini par donner **la racine du mot promettre**, montrant que cet ange est identifié à partir d'une promesse qu'il a faite au Créateur. Cette promesse justifie* *son nom : Prométhée, "**celui qui a promis à Dieu"** de partager aux anges le feu qu'il reçut au ciel, sur la terre.*

*La bible témoigne que Prométhée-Lucifer accomplit cette mission avec succès, transmettant le feu aux anges, honorant son serment fait au Créateur, si bien qu'il obtint au terme de la mission **les titres honorifiques d'astre brillant,** et **fils de l'aurore** ( voir Esaïe 14:12 ). Dès lors, il fut appelé à un nouveau rôle pour la terre : être le guide et le secours pour les nouveaux occupants de la terre, appelés à y habiter de façon permanente, **après le départ des anges** : c'est-à-dire les humains.*

- ***Sur terre, Prométhée enseignant et grand prêtre sacrificateur***

*Une fois venu en mission sur la terre, incarné en chair, le plus sage parmi les anges, exerça la haute fonction de **prêtre sacrificateur**, laquelle fonction implique tout de suite le fait **d'enseigner** à ses collègues, comment plaire au Créateur.*

*Prométhée devint **un prêtre sacrificateur** chargé du culte en l'honneur du Créateur, et avec le feu qu'il reçut, il débuta **la pratique des sacrifices aux Dieux** ( Ouranos, Cronos, Zeus). Et cette pratique des sacrifices est tout à fait partagée, tant par la mythologie grecque que par la bible, puisque toutes deux évoquent que les sacrifices d'animaux sont aimés des Dieux, notamment lorsque la viande est brûlée au feu, sacrifice appelé **Holocauste**, tel que le sacrifice des deux vaches offert par de dieu Hermès.*

***La fonction de prêtre sacrificateur de Prométhée** sera confirmée lorsqu'on considère **le sacrifice de bœuf offert par Prométhée à Zeus** ; sacrifice dont il est logique de penser qu'il témoignait déjà d'une reconnaissance envers Zeus, pour toutes les expériences merveilleuses menées sur la terre, mais qui par la suite sera profané par celui-ci.*

*Et, comme le révèle la bible, cette fonction de prêtre sacrificateur de Prométhée Lucifer, est immédiatement attachée à celle d'**enseignant,** car le prêtre fut le gardien des lois du culte rendu aux trois divinités suprêmes, mais en plus il fut autrefois le gardien des connaissances des lois de la nature, et des lois qui furent l'expression de la volonté du Créateur dans chaque domaine de la vie terrestre : volonté qu'il fut chargé d'enseigner aux neuf peuples des anges.*

*Le feu de la sagesse divine donnait à Prométhée accès à* **de nombreux savoirs, incluant toutes sortes de sciences**. *Et, en tant que prêtre, cela lui donnait d'être* **un bâtisseur de sanctuaires** *c'est-à-dire* **un architecte de temples** *en l'honneur du Créateur. Et, cette connaissance de l'architecture des temples par Prométhée est importante à savoir.*

*La fonction de prêtre de Prométhée-Lucifer sur la terre, est confirmée par deux textes de la bible : le premier texte est celui où il fut ce chérubin dans le jardin d'Eden en Ezéchiel 28:13, revêtu d'un vêtement portant toutes sortes de pierres précieuses, dont on sait que les grands prêtres d'Israël en furent revêtus pour officier dans le temple, et qu'on appelle pectoral :*

**" Tu étais en Eden, le jardin de Dieu ; Tu étais couvert de toute espèce de pierres précieuses, De sardoine, de topaze, de diamant, De chrysolithe, d'onyx, de jaspe, De saphir, d'escarboucle, d'émeraude, et d'or . . . "** *( Ezéchiel 28 :13 )* **.**

*C'est en effet* **le grand prêtre sacrificateur** *en Israël qui portait ces pierres précieuses placées sur sa poitrine, représentant les tribus d'Israël comme le chérubin portant les pierres précieuses représentatives des neuf tribus d'anges sur terre :*

**" des pierres d'onyx et d'autres pierres pour la garniture de l'éphod et du pectoral** *( Exode 25:7)* **; Lorsque Aaron entrera dans le sanctuaire, il portera sur son cœur les noms des fils d'Israël, gravés sur le pectoral du jugement, pour en conserver à toujours le souvenir devant l'Eternel "** *( Exode 28:29)*

*Ainsi dans les âges pré adamiques, Prométhée-Lucifer portait des pierres précieuses pour les cultes dans le temple, en l'honneur de l'Eternel : cultes durant lesquels il sacrifiait des animaux, et devait enseigner le culte aux anges qui étaient à son école.*

**Le feu reçu par Prométhée, symbole de lumière et de sagesse divine**, *ne visait pas que le domaine moral et spirituel, mais touchait à tous les aspects pratiques de la vie terrestre, et aux expériences multiples avec la matière. Prométhée allait commencer à bâtir les premiers des temples, jusqu'à ériger toute la première des civilisations. Aussi, allait-il opérer des transformations de la matière et de l'environnement, employant la fusion des métaux ( la métallurgie), mais aussi la chimie, qui fit de lui* **un maître de la transformation.**

*D'ailleurs, un texte de la bible parlant de cet ange, que nous avons évoqué plus haut, montre qu'il avait autrefois* ***bâtît des sanctuaires*** *en Eden, ce qui veut dire* ***des temples sacrés****: signifiant qu'il était devenu un architecte et bâtisseur de cathédrales, afin de les dédier à la trinité des Elohim ( Ouranos Chronos Zeus).*

***" Par la multitude de tes iniquités, Par l'injustice de ton commerce, Tu as profané tes sanctuaires "*** *( Ezéchiel 28:18).*

*Bientôt, cet ange prêtre, irait au-delà d'être* ***un architecte bâtisseur de temples, pour devenir un*** *bâtisseur de ville, et avoir une ville qui porterait son propre nom.*

*Il est important de préciser que quel que soit l'apparence qu'ait pu avoir l'ange Prométhée dans les cieux, bien avant d'être incarné sur la terre - qu'il ait eu des ailes - son apparence sur la terre n'allait comporter aucune aile, puisqu'il allait être à la ressemblance de Dieu lui-même qui n'a pas d'ailes, mais une apparence telle que celle que recevra l'homme qui sera créé bien plus tard. C'est d'ailleurs pourquoi les anges apparaissent toujours sans ailes au moment de s'incarner en chair, en venant sur la terre.*

*Une fois que les anges furent enseignés par Prométhée-Lucifer, dans la sagesse et la connaissance de leur Créateur, le Dieu trinitaire ( Ouranos, Kronos, Zeus), et l'étendue et la profondeur de la puissance,* ***ils étaient appelés à remonter reprendre leur position auprès de Créateur*** *dans les cieux ; Ils allaient se voir honorés et confiés des positions élevés dans l'univers, autour des étoiles, des astres et des planètes de l'univers, en tant que gardiens ou veilleurs : de nouvelles fonctions qu'on retrouve dans le livre d'Enoch au chapitre 2 notamment.*

*Tous ces anges remontés, étaient alors* ***considérés comme méritants, pour être restés fidèles aux lois qui leurs furent enseignées.*** *En outre, ils furent désormais aptes à voir pour la première fois, la face du Créateur qu'initialement seul le Chérubin pouvait contempler.*

## • 3 faits marquants de l'histoire de Prométhée décryptés

### *1er fait marquant : un feu reçu et non volé par Prométhée*

*Nous allons découvrir deux sens précis à donner au fait pour Prométhée d'avoir* ***volé le feu de Zeus*** *; Ce vol va nous révéler en réalité* ***deux séquences différentes*** *de son histoire : la première séquence est révélée en inversant le sens de ce vol, puis la deuxième séquence de son histoire, en prenant à la lettre le sens de ce vol, comme si l'on avait* ***deux faces d'une médaille****, chacune d'elle nous livre un message, d'où, il faut considérer* ***les deux côtés du récit, celui du sens du récit , et celui de l'inversion*** *du récit qu'on donne au sujet de ce Prométhée.*

**Prométhée voleur du feu de Zeus**

### 1ère inversion :

## Prométhée n'a pas volé le feu de Zeus, mais l'a reçu de Zeus

*Ici il convient de commencer par opérer une inversion du sens donné au vol de Prométhée qu'on nous décrit, et mettre cela à l'inverse, en comprenant qu'au tout début de son histoire,* ***Prométhée n'a pas volé à Zeus son feu****, mais au contraire,* ***il l'a reçu de Zeus.*** *Et le sens du feu dont il est question ici, est* ***le feu de la connaissance divine****, que Prométhée a reçu dans* ***le but de le partager aux***

***anges,*** *afin qu'ils apprissent davantage de leur Créateur, et de l'œuvre de sa création, et afin qu'ils apprissent à lui manifester en retour, une profonde reconnaissance, par* ***des actes d'adoration*** *et* ***de sacrifices en son honneur****.*

*Aussi, Zeus fit un don du feu de la connaissance à Prométhée, qui se verra confier la mission le partager à l'ensemble des anges envoyés sur la terre dans des corps de chair.*

## ***Prométhée n'a pas fui sur la terre, mais fut envoyé :***

*Ici également cette séquence doit être comprise dans les deux sens d'une inversion : D'abord dans un premier temps par une inversion du sens****,*** *comme pour dire que* ***Prométhée n'a guère fuit sur la terre****, mais* ***plutôt, qu'il a été envoyé du ciel vers la terre.*** *Cela veut dire que* ***son origine est avant tout céleste****, car il vient d'auprès de Zeus, et c'est ce qu'il convient de décrypter ici. C'est comprendre aussi* ***la mission qu'il a reçu*** *de Zeus :* ***celle de partager le feu****, laquelle mission sera confirmée par la fonction qu'on va le voir exercer une fois arrivé sur la terre :* ***celle de sacrificateur*** *pour le Dieux Zeus, c'est-à-dire la mission de* ***grand prêtre.***

***Il FUIT SUR LA TERRE***

***Il EST ENVOYÉ SUR TERRE***

.

*Ainsi, Prométhée n'a guère* ***fui le ciel*** *pour venir sur la terre, mais nous comprenons par une inversion du sens, qu'il* ***fut envoyé*** *sur la terre, et donc qu'il* ***vient du ciel.***

*Mais, à ce stade, certains pourront se demander* ***pourquoi alors Prométhée sera puni par Zeus****, si tant est-il qu'****il*** *n'a ni fui en venant sur terre, ni volé le feu appartenant à Zeus ? La réponse est que dans la première séquence de l'histoire de Prométhée, Zeus ne le punit guère pour avoir volé le feu, puisque c'est*

*Zeus qui lui a donné ce feu, mais nous le verrons, Zeus punit Prométhée,* ***pour lui avoir offert un faux sacrifice, indigne et trompeur.***

*En effet, le feu de la connaissance et la sagesse, lui a été donné par Zeus, afin qu'il le partage aux autres anges envoyés à son école sur la terre, à travers l'enseignement en* ***étant fait prêtre.***

*Le feu de la sagesse et la connaissance du Créateur, ainsi reçu par Prométhée lui permettra de bâtir des temples, avec les anges qui l'accompagneront, et plus tard, la première ville, et d'être le fondateur de la première civilisation de la terre, durant les âges pré adamiques ; Une civilisation qui la première allait développer l'architecture, la métallurgie, la construction navale, la première industrie. ainsi que le premier commerce entre différentes communautés d'anges envoyés sur la terre,*

*Revenons par la suite pour voir qu'en considérant le sens premier du récit, indiquant que Prométhée a fui sur la terre, cela correspond à un autre épisode important de son histoire.*

## Un partage du feu aux anges sur terre et non aux hommes

*Ce n'est guère d'abord aux humains que Prométhée partagea le feu, car les humains ne seront créés sur la terre qu'à la fin du temps des anges sur la terre. Mais, ce partage du feu serait d'abord fait aux anges, car les anges seront les premiers à venir sur la terre, en revêtant des corps parfaitement semblables aux hommes, mais qui seront des corps immortels.*

*Ce sont aux anges qui reçurent l'apparence de Dieu, comme la recevront les humains plus tard, que Prométhée va partager le feu qu'il a reçu de Zeus. Donc en rapportant que Prométhée va partager le feu aux hommes, il ne s'agit pas encore des humains, mais des anges ayant revêtu une apparence semblable aux hommes. Mais, cela n'exclut pas qu'après les anges, Prométhée va également enseigner* ***à sa race, les atlantes****, mi-homme mi- ange, et bien plus tard, lors de la nouvelle création, aux descendants d'Adam qui auront choisi de suivre Prométhée.*

*Ce fut donc au temps des anges sur terre que les grecs appellent* ***le temps des dieux,*** *que ceux-ci apprirent la sagesse et la connaissance des cieux et de la terre, et des œuvres du Créateur à travers la nature et l'univers. Ces derniers apprirent comment il convenait d'honorer les Suprêmes après avoir gouté aux merveilles de* *l'existence physique, eux qui n'avaient vécu auparavant que dans une dimension spirituelle, en étant de pures esprits.*

*Prométhée-Lucifer, allait accomplir* ***avec succès*** *sa* ***mission,*** *et se vit honoré par le Créateur pour sa loyauté, mais plus tard, il allait décider de redescendre sur la terre alors que sa mission fut déjà achevée, et refusa de remonter vers son Créateur, entreprenant de bâtir désormais son royaume sur la terre.*

## 2ème fait marquant:
## Prométhée vola le feu symbole de la gloire de Dieu

*Sans pour autant opérer* ***d'inversion du sens,*** *en allant simplement dans le sens du récit au sujet du vol de Prométhé, on découvre* ***un deuxième fait marquant de*** *son histoire : ici,* ***Prométhée a bel et bien volé à Zeus un feu*** *dont il nous faut aussi comprendre le sens.*

*Ce vol ici n'est pas celui d'un feu considéré comme la lumière de la sagesse et de la connaissance de Dieu, des lois de la nature et de l'univers,* ***mais plutôt du feu considéré comme la gloire de Dieu****, autrement dit,* ***sa position de souverain des cieux, son autorité et sa réputation au milieu des anges****, que Prométhée va chercher à obtenir lui aussi, au milieu des anges qui ont été envoyés à son école.*

*Ce vol va se manifester par le fait que Prométhée* ***voudra la même gloire que Dieu****,* ***les mêmes prérogatives dues à Dieu seul****, notamment en détournant le culte dû au Dieu Créateur seul, pour que cela lui soit désormais rendu. Puis, Prométhée voudra attirer chez les anges le même désir, en les poussant à aspirer à recevoir le même culte dû à Dieu seul,* ***le culte des sacrifices, qui est le culte d'adoration****.*

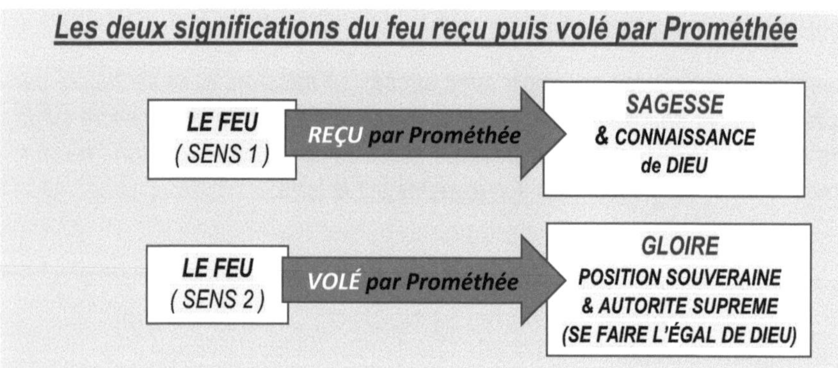


*Ainsi, Prométhée vola la gloire de Dieu,* ***en cherchant à être l'égal de Dieu****, et voulu partager cette gloire* ***aux anges*** *en leurs* ***apprenant à faire de même,*** *c'est-à-dire* ***à se faire des dieux*** *et à se* ***croire les égaux du Créateur.***

*Il faut se rappeler,* ***au sujet du feu vu comme la gloire de Dieu****, que le Créateur apparut à Moise sous l'apparence* ***d'un feu étrange****, manifestation de sa* ***gloire*** *:*

**" L'ange de l'Eternel lui apparut dans <u>une flamme de feu</u>, au milieu d'un buisson. Moïse regarda; et voici, le buisson était <u>tout en feu</u>, et le buisson ne se consumait point "** *( Exode 3.:2)*

**" L'aspect de la <u>gloire de l'Eternel</u> était <u>comme un feu</u> dévorant sur le sommet de la montagne, aux yeux des enfants d'Israël "** *( Exode 24.:17).*

**" L'Éternel vous parla face à face sur la montagne, <u>du milieu du feu</u> "** *( Deutéro. 4:15 )*

**" Et vous dîtes: Voici, l'Éternel, <u>notre Dieu, nous a montré sa gloire</u> et <u>sa grandeur</u>, et nous avons entendu sa voix <u>du milieu du feu</u>; aujourd'hui, nous avons vu que Dieu a parlé à des hommes, et qu'ils sont demeurés vivants "** *(Deutéronome 5:24)*

*Nous avons ici quelques passages de la bible, où* ***la gloire de Dieu*** *est décrite* ***comme un feu.*** *Et cette gloire telle un feu est apparue à Moïse* ***sur une montagne*** *__appelée Horeb__, comme elle apparaissait également dans la mythologie grecque, __sur le mont l'Olympe en présence de Zeus__, et que Prométhée viendra usurper.*

*Prométhée s'attaqua donc à la gloire de Dieu, manifestée comme un feu sur la montagne du Dieu suprême, signifiant tout un ensemble de choses parmi lesquelles : __sa position souveraine, son autorité suprême, sa réputation, sa grandeur, les prérogatives dont il est le seul détenteur, et les honneurs qui lui sont dus exclusivement en tant que créateur.__*

## Ce feu de Zeus est-il produit par les Cyclopes ?

*La mythologie rapporte que le feu de Zeus vient __des cyclopes__, mais cela ne signifie pas que les cyclopes __( dont Héphaïstos fait partie )__ aient fabriqué un tel feu, ou une telle gloire, mais renvoie à l'idée que __les cyclopes__ sont parmi les anges, ceux __qui se tiennent tout près de cette gloire,__ et baignent dans ce feu, comme les chérubins frappés par la lumière de Dieu et qui se couvrent le visage de leurs ailes.*

*Lorsqu'il est rapporté que les cyclopes ont fabriqué ce feu de Zeus, il faut comprendre par là que celui qui fabrique, touche aussi, tandis que d'autres anges- (ou petits dieux ) restent simplement __spectateurs émerveillés,__ se tenant bien __éloignés d'un tel feu__. Et nous verrons plus loin, quelle est la qualité détenue par ces anges cyclopes qui justifie qu'ils soient au plus près d'une telle gloire, totalement insupportable et inaccessible aux restes des autres anges.*

## 3ème fait marquant : Prométhée fut neutre à la guerre des titans

*Lors de la première guerre de la mythologie grecque qui opposa Zeus et les titans, on rapporte que __Prométhée fut neutre.__ Mais, cette neutralité de Prométhée est pour nous dire le contraire. Là encore, __par une inversion du sens de cette neutralité,__ il faut comprendre plutôt que __Prométhée en fut l'instigateur même,__ et que __c'est lui qui orchestra cette guerre__ : la fameuse __titanomachie__ ( la guerre des titans contre Zeus ). Cette guerre fut donc lancée par Prométhée, et cela révèle ce qu'ont voulu cacher les grecs, __la véritable opposition de Prométhée à Zeus.__*

*Et, il est capital de comprendre que par inversion du récit de la mythologie, Prométhée est le grand opposant et grand ennemi de Zeus*

**Neutralité de Prométhée dans la guerre contre Zeus**

**Prométhée en est l'instigateur**

## Prométhée s'est enfuit sur la terre :

*Suite à son vol du feu, les récits grecs rapportent que Prométhée s'enfuit sur la terre. Ici également, il faut comprendre* **dans deux sens** *cette séquence, d'abord en inversant le sens donné par le récit, puis en allant dans le même sens du récit.*

*En inversant le sens d'un Prométhée qui* **s'enfuit** *de la montagne de Zeus après son vol du feu, il faut voir au contraire que Prométhée est* **chassé** *de chez Zeus. Et cela nous correspond à ce qu'a subi Lucifer dans la bible, en voulant s'attaquer au Créateur et Dieu Suprême : il a été chassé du ciel vers la terre.*

***" Te voilà tombé du ciel, Astre brillant, fils de l'aurore !***
***" Tu es abattu à terre, Toi, le vainqueur des nations !*** *( Esaïe 14:12)*

*Un mot exprime bien le fait pour Prométhée, que nous disons être Lucifer, d'être chassé de chez Zeus :* ***c'est le mot précipité*** *que la bible emploie au sujet de ce qui arriva à cet ange.*

***" Par la grandeur de ton commerce Tu as été rempli de violence, et tu as péché; Je te précipite de la montagne de Dieu, Et je te fais disparaître, chérubin protecteur, Du milieu des pierres étincelantes "*** *( Ezéchiel 28:16 )*

*Mais, en gardant le sens même du récit, Prométhée s'enfuit vers la terre, fait de lui un fuyard. C'est ce que la bible reconnaitra, en parlant de Serpent* **fuyard**, *car une fois chassé du ciel, tombé sur la terre, il va fuir chercher à se cacher dans certains lieux,* **face à la colère de Zeus.** *Cependant, le fait pour lui de fuir traduit qu'***il ne sera pas emprisonné** *comme le seront* **ses partisans les titans**, *mais il sera plutôt* **un fugitif**, *ou un fuyard sur la terre. Cela signifie aussi que Zeus accordera à Prométhée, le serpent fuyard, ce temps de fuite sur la terre, afin qu'il trouve l'occasion de se repentir et revenir du mal qu'il avait planifié contre Zeus, son Dieu.*

***"Son souffle donne au ciel la sérénité, Sa main transperce le serpent fuyard** ( Job 26:13 ) ; **" En ce jour, l'Eternel frappera de sa dure, grande et forte épée le Léviathan, Serpent fuyard, Le Léviathan, serpent tortueux ... "** ( Esaïe 27:1 )*

*Constatant qu'après sa chute brutale sur la terre, **il restait encore libre de ses mouvements,** il abandonna son ambition de se s'emparer de la montagne céleste de Dieu et se soumettre au Créateur, et revu cette ambition à la baisse, en entreprenant désormais de se faire Dieu sur la terre, à l'image de Zeus dans les cieux. Désormais, Il allait tenter de s'emparer de la montagne située à l'extrême nord d'Eden sur la terre, où il avait exercé **sa mission de grand prêtre des anges.***

*Plusieurs lecteurs des Ecritures ne comprennent pas à quel moment renvoie **l'épisode du serpent fuyard** : mais cela fait suite à l'échec de Prométhée de vouloir renverser Zeus de son trône dans les cieux, et de prendre sa gloire, sa position et son autorité, en voulant ériger son propre trône à la place de celui du Créateur, juste après qu'il fut chassé sur la terre, devenant ainsi fuyard.*

***L'épisode du serpent tortueux en revanche,** correspondra au temps ou Lucifer essuiera un second échec cuisant dans sa tentative de s'asseoir et siéger sur l'autre montagne, située à l'extrême Nord d'Eden sur terre, là ou Zeus descendait pour visiter son jardin sur l'île de l'Atlantide. Prométhée-Lucifer sera atteint par les coups dans sa chair, et il perdra sa vie, et son corps biologique.*

## *- Prométhée parvint à voler le feu de Zeus :*

*Le fait que Prométhée ait volé le feu de Zeus, traduit que celui-ci ait réussi quand même à se doter du feu dévolu au Créateur seul : **son autorité, sa gloire, sa position de souverain**. Mais comment considérer qu'il soit parvenu voler cette gloire ? Prométhée va imiter une position semblable à Dieu, en la reproduisant sur la terre au milieu des anges qui deviendront ses partisans. Il va siéger sur un trône érigé par lui, et demander des sacrifices en son honneur, ainsi que des prières ; Tout cela pour être vu comme le parfait égal du Créateur. En ceci, Prométhée Lucifer **vola la gloire de Dieu et se l'appropria,** lui qui ne fut qu'un ange, il se fit Dieu.*

*Cependant, plusieurs anges restés loyaux à Zeus, correspondant au deux tiers de l'ensemble des anges, refusèrent de se considérer comme des dieux, et d'être adorés comme des Dieu. Ils n'adorèrent nul autre que le Créateur, qu'ils reconnaissaient comme le seul véritable Dieu. La bible parle de ces anges loyaux :*

***" Moi, Jean, j'ai entendu et vu tout cela. Après avoir entendu et vu ces choses, je me prosternai aux pieds de l'ange qui me les avait montrées, et j'allais l'adorer. Non, me dit-il, ne fais pas cela ! Je suis ton compagnon de service et celui de tes frères, les prophètes, et de ceux qui obéissent aux paroles de ce livre. Adore Dieu ! "** ( Apocalypse 22:8-9).*

## Prométhée partagea-t-il le feu volé aux hommes ou aux anges ?

***Premièrement**, c'est aux anges qui prirent la forme humaine sur la terre, que Prométhée partagea le feu reçu de Zeus. Puis ;*

***Deuxièmement**, c'est aux demi-dieux qu'il partagea ce feu, à la race d'êtres hybrides (mi-hommes mi-anges) qu'il va engendrer avec une humaine mortelle ;*

***Troisièmement**, ce sera aux humains, qui partagera ce feu, lors de la création du nouveau monde aux enfants d'Adam et Eve ;*

## Comment Prométhée partagea-t-il ce feu à notre humanité ?

*Prométhée partagea le feu volé à Zeus de deux manières distinctes d'après les deux significations du feu que nous avons définies.*

*Premièrement, il partagea le feu ( ce désir de la gloire de Dieu), en promettant à Eve que ses yeux s'ouvriront dès qu'elle aura gouté au fruit défendu et qu'elle sera comme un dieu. Ce fruit fut placé là par Dieu pour symboliser la connaissance détenue par cet ange : **le plaisir de gouter à la gloire d'être semblable à Dieu**.*

*Ce feu ( le désir d'être comme Dieu ) devint le fruit défendu que Prométhée poussa Eve à manger. Et **Eve éprouva le désir d'avoir la gloire d'être Dieu**, et ce, bien que l'Eternel avait déjà insufflé en l'homme sa divinité, sans que celui-ci ne le comprenne toutefois, quoique cette divinité ne consistait pas à faire concurrence au Créateur, comme Lucifer l'entendait.*

***" Alors le serpent dit à la femme : Vous ne mourrez point; mais Dieu sait que, le jour où vous en mangerez, vos yeux s'ouvriront, et que vous serez comme des dieux, connaissant le bien et le mal "** ( Genèse 3 :4-5)*

*Ayant compris que **Voler le feu de Zeus** signifie **se faire l'égal de Dieu,** le fait pour Prométhée-Lucifer d'entrainer Eve à désirer être semblable à Dieu (" **vous serez comme des dieux** ") confirme bien qu'il est le Satan de la bible, lui qui a volé la gloire de Dieu, en se dotant d'une position semblable à Dieu en Ezéchiel 28:2, où il déclara " **Je suis Dieu** " et " **Je suis assis sur le trône de Dieu au sein des mers",** le voilà proposant à Eve et son mari, Adam, la même position que Dieu, en leur proposant le fruit défendu, Et ce, alors même que Dieu a créé l'homme en le destinant à être un dieu.*

*La deuxième manière dont Prométhée partagea le feu aux hommes, on la verra avec les fils d'Adam et Eve, dans la lignée de Caïn, il s'agira d'un partage du feu de **la connaissance des sciences permettant de développer la civilisation** : **par la transformation de la matière, et celle de l'environnement, en bâtissant des villes, en érigeant des tours, et en apprenant aux hommes à manipuler des forces et maîtriser l'énergie ;** tout cela, dans le but pour l'homme de se rendre cette fois-ci indépendant du Créateur, d'accroitre sa richesse, et dominer sur ses semblables.*

*Prométhée avait volé la position de Dieu par le trône dont il se dota au cœur de la ville qui porta son nom, sur l'île dans l'Atlantide. Et ce caractère de voleur sera confirmé par un autre acte qu'il va poser à l'endroit de Zeus, en volant l'honneur dû à Zeus seul, en le détournant au profit d'un mortel sur la terre.*

- ***4ème fait marquant : le sacrifice trompeur de Prométhée à Zeus.***

***Prométhée voyant que Zeus prenait mal son dessein pour les hommes, eut l'idée de préparer un sacrifice pour les Dieux, qu'il apprendrait ensuite aux hommes pour les rendre agréables aux Dieux.***

***" Ce jour-là, Prométhée dépeça de bon cœur un grand bœuf. Il en disposa les morceaux devant tous, comptant bien prendre au piège l'esprit de Zeus. Pour l'un, en effet, il plaça dans la peau de la viande et les abats ruisselants de graisse, puis cacha le tout sous la panse du bœuf ; pour les autres, avec un art consommé de la ruse, il disposa de belle façon les os blancs de l'animal et les cacha sous la graisse blanche et luisante."***

***Zeus moqueur, ayant deviné la ruse, lui dit cependant qu'on voyait bien où allait sa préférence, mais sans la lui révéler. Prométhée fit semblant et demanda à Zeus de choisir lui-même. La ruse était ouverte et Zeus choisi volontairement les morceaux avec la belle graisse blanche et découvrit dessous qu'il ne ressentit que des os blancs (et donc nettoyés de toute viande).***

***Ulcéré, Zeus le berger des nues déclara : "Fils de Japet, toi dont les pensées sont subtiles entre tous, tu n'as, je vois, rien oublié de l'art de la ruse." Et il se souvînt de ce qu'avait fait Prométhée.***

***Prométhée dans ces temps s'unit avec l'Océanide Pronia (la Providence) et elle lui donna un fils nommé Deucalion. Prométhée donna aux hommes, la description du sacrifice qui plaisait aux Dieux et depuis, les hommes offraient à ceux-ci, les os blancs recouverts de belle graisse, tandis qu'ils conservaient pour eux les beaux morceaux et les abats.***

***D'après Hésiode, Théogonie, VIIe siècle av. J.-C.***

*Hésiode rapporte que* **Prométhée fit un sacrifice** *en l'honneur de Zeus, mais* **un sacrifice qui va s'avérer trompeur.** *Déjà, le feu qu'il a reçu de Zeus en étant envoyé sur la terre, lui permis de* **brûler des sacrifices, en l'honneur de son Dieu Zeus** *: sacrifice que la bible appelle* **holocauste** *(Nombres 28:6 ), et sacrifice qu'on retrouve dans la mythologie grecque, lorsqu'il s'agit notamment de* **brûler la graisse des animaux, hautement appréciée des Dieux** *( trois Dieux de la trinité).*

*Et, on verra que ces sacrifices brûlés deviendront une activité récurrente du dieu Poséidon, du dieu Hermès, et sera offert par le devin Calchas ( en brûlant une la jeune Iphigénie) pour attirer la faveur de la déesse Artémis, et libérer ainsi le vent permettant aux navires de voyager et atteindre la fameuse cité de Troie.*

***" C'est l'holocauste perpétuel, qui a été offert à la montagne de Sinaï; c'est un sacrifice consumé par le feu, d'une agréable odeur à l'Eternel "*** *( Nombres 28:6 ).*

***"Au bout de quelque temps, Caïn fit à l'Eternel une offrande des fruits de la terre; et Abel, de son côté, en fit une des premiers-nés de son troupeau et de leur graisse. L'Eternel porta un regard favorable sur Abel et sur son offrande; mais il ne porta pas un regard favorable sur Caïn et sur son offrande "*** *(Genèse 4: 3-5 )*

## Prométhée offre un sacrifice à Zeus :

*Ce fait confirme que pour la mythologie grecque,* **Prométhée est un sacrificateur,** *et même qu'il est* **à l'origine un prêtre sur la terre***, car seul un prêtre offre des sacrifices aux Dieux suprêmes.*

*En effet,* **Prométhée fut un prêtre***, car il fut appelé à partager* **le feu symbole de la connaissance** *; Et la bible nous apprend que* **la fonction de prêtre***, confère également* **la qualité d'enseignant***, puisque le prêtre sacrificateur fut le gardien les textes sacrés porteur de la connaissance de la volonté divine. Car, en plus d'offrir des sacrifices, et de prendre soin du sanctuaire, le prêtre avait la charge d'enseigner au peuple les lois du Créateur. C'est pourquoi, il devait lire publiquement l'ensemble des lois, pour enseigner au peuple à marcher selon les préceptes divins ( Exode 24:7). Tel fut donc* **la fonction première de Prométhée** *: un prêtre sacrificateur et un enseignant, dispensateur du feu.*

***" Et le sacrificateur Esdras apporta la loi devant l'assemblée, composée d'hommes et de femmes et de tous ceux qui étaient capables de l'entendre. C'était le premier jour du septième mois. Esdras lut dans le livre depuis le matin jusqu'au milieu du jour, sur la place qui est devant la porte des eaux, en présence des hommes et des femmes et de ceux qui étaient capables de l'entendre. Tout le peuple fut attentif à la lecture du livre de la loi "*** *( Néhémie 8:2-3)*

***" Quand il s'assiéra sur le trône de son royaume, il écrira pour lui, dans un livre, une copie de cette loi, qu'il prendra auprès des sacrificateurs, les Lévites. Il devra l'avoir avec lui et y lire tous les jours de sa vie, afin qu'il apprenne à craindre l'Éternel, son Dieu . . ."*** *( Deutéronome 17:18-20 )*

***" Tu iras toi-même, et tu liras dans le livre que tu as écrit sous ma dictée les paroles de l'Éternel, aux oreilles du peuple, dans la maison de l'Éternel, le jour du jeûne; tu les liras aussi aux oreilles de tous ceux de Juda qui seront venus de leurs villes"*** *(Jérémie 36:6-8).*

*Prométhée alors prêtre, sensé n'offrir de sacrifices* ***qu'à Zeus seul,*** *à celui qui lui avait fait don du feu de sa connaissance, choisit indûment* ***d'offrir aux hommes le meilleur du sacrifice,*** *la partie du bœuf pleine de chair, alors qu'à Zeus, il ne n'offrit qu'une partie décharnée, pleine d'ossements qu'il recouvrit trompeusement. Cela signifie que Prométhée apprit aux anges venus en chair sur terre, à son école, à recevoir* ***un culte dévolu à Dieu seul, à Zeus seul.*** *Et, c'est pour cette faute que Prométhée va subir la colère et le châtiment de Zeus ; lequel le fera lier de chaines et attacher à un rocher, et enverra son aigle pour dévorer continuellement son foie.*

## - Comment un dieu sacrifierait un animal à un autre dieu ?

*C'est une question importante, car il est logique d'affirmer que d'après la bible et la mythologie grecque,* ***seul un humain offre un sacrifice à un Dieu****. Mais puisqu'on voit Prométhée, un ange pris pour un dieu, offrir un sacrifice à Zeus, cela nous apprend une chose : que la mythologie grecque, elle-même, distingue en réalité entre* ***Dieux suprêmes*** *(véritables Dieux à qui on offre des sacrifices) et* ***dieux inférieurs*** *( qui comme les humains offrent des sacrifices aux Dieux suprêmes ) ? Car, Zeus et Prométhée étant tous les deux des dieux, alors comment un dieu offrirait des sacrifices à un autre Dieu, si ce n'est pour montrer qu'en réalité Prométhée ne fut guère un véritable dieu, et qu'il devrait être ramené à un statut semblable à l'homme ; C'est tout le problème que viendra nous révéler la suite de ce sacrifice.*

## Pourquoi partager à l'homme, un sacrifice dû à Zeus seul

*Nous avons dit que le sacrifice est un honneur qui distingue le rang de Dieu de celui d'un l'homme, et par voie de conséquence, qui distingue le Créateur de la créature. Et, alors que Prométhée est connu pour chercher à attirer sur lui-même, tous les honneurs,* ***pourquoi donnerait-il un tel honneur à l'homme ?***

*Par le fait* ***d'offrir à l'homme la meilleure part du sacrifice dû à Zeus seul****, il faut comprendre* ***que Prométhée a enseigné à l'homme le désiré être se voir rendre les honneur d'un dieu, donc à être vu comme un dieu, à somme, à se faire Dieu,*** *Prométhée le fera après s'être initié lui-même, à se faire Dieu et après avoir appris aux anges à faire de même. Ce qui signifie que les anges vont se corrompre* *en recherchant à recevoir la gloire de Dieu, le feu dont Dieu est revêtu, les sacrifices qui sont des cultes dû au Créateur et dieu suprême.*

*Il peut être choquant pour les chrétiens, qu'on considère le Zeus de la mythologie grecque, comme le Dieu de la bible, mais nous vous prions de suivre la révélation que nous vous présentons jusqu'au bout pour comprendre ce qui justifie une telle considération de notre part. Et, d'ores et déjà, nous vous annonçons que le même Prométhée va avoir plusieurs identités, et v***a finir par usurper l'identité même du Zeus originel, le vrai Zeus**, **pour incarner un faux Zeus** *; Un Zeus immoral, kidnappeur, profondément adultérin, en proie au désir sexuel, et sur lequel nous allons ouvrir les yeux, pour apprendre à le distinguer désormais, du Zeus originel reconnu par la bible, et qui le Dieu de la bible, et Jésus Christ, le vrai Zeus.*

*C'est donc par Prométhée que de nombreux anges, se prenant pour des dieux, vont apprendre à demander des cultes de sacrifices aux humains, et comme cela apparaitra dans toute la mythologie grecque.*

## Le rocher sur lequel Prométhée fut lié

*Ce rocher permet un autre rapprochement au sujet de Prométhée, entre bible et mythologie grecque, lorsqu'on applique là aussi* **une inversion du sens**, *car la bible parle de* **l'enfermement de Lucifer dans une fosse,** *qui est un* **lieu creux, et une forteresse souterraine** *( le rocher étant ici l'inverse d'un creux ou d'une fosse souterraine ). Et cela arriva lorsque le Créateur ( le Zeus originel ) détruisit la civilisation de l'Atlantide bâtie par cet ange. Alors Prométhée-Lucifer fut puni de s'être doté d'un trône, d'un royaume, et même d'un empire sur la terre, ainsi que d'avoir engendré une race hybride ( ses fils, la race atlante), sortant du rôle qui lui avait été confiée une fois sa mission achevée sur la terre.*

***Prométhée, enchainé à un rocher***

***L'inversion du sens d'un** rocher **donne le contraire,** la fosse **(**sous-terrain**)***

***Le rocher** ( saillant). . . par inversion du sens . . **la Fosse ( creux )***

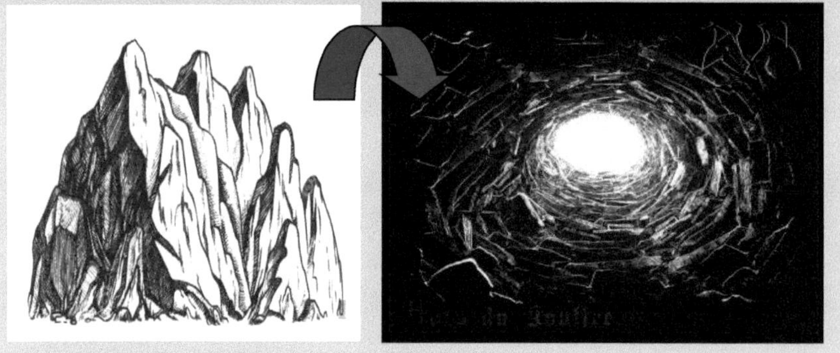

*Et, en se référant aux éléments de temps donné par le récit de Platon sur la fin de l'Atlantide, nous avons pu établir que **l'enfermement de Prométhée** va durer une période de **5000 ans**, avant de voir la recréation de la terre, refaite désormais pour accueillir désormais un nouvel homme qui serait Adam, et qui offrira à Prométhée une occasion unique d'être libéré, et de faire libérer les anges qui l'ont suivi.*

*L'énorme pierre saillante à laquelle Prométhée-Lucifer fut enchainée, est par inversion* ***la fosse pierreuse*** *dont parle la bible à la chute de cet ange, et le lieu où il sera enfermé à la fin de l'Atlantide.*

***"*** *Mais toi, tu as été jeté loin de ton sépulcre,* **Comme un rameau qu'on dédaigne, Comme une dépouille de gens tués à coups d'épée, Et précipités sur les pierres d'une fosse, Comme un cadavre foulé aux pieds "** *( Esaïe 14:19 )*

## La chaine par laquelle Prométhée fut lié :

*Cette chaine* **en plus du rocher,** *est un détail important, puisqu'elle celle qu'on va retrouver à la fin du livre de l'Apocalypse, au chapitre 20, lorsque l'ange Michael se saisira de Prométhée - Lucifer, afin de le lier pour la seconde fois au fond d'une fosse durant mille ans. Cette chaine est certainement celle qui a servi une première fois lors de la fin de l'âge pré adamique, qui permet de faire le lien entre l'ange devenu Satan et le dieu Prométhée de la mythologie.*

**" Puis je vis descendre du ciel un ange, qui avait la clef de l'abîme et une grande chaîne dans sa main "** *( voir Apocalypse 20:1-2).*

## Prométhée voit son foie dévoré par un aigle :

*Prométhée sera enchainé sur un rocher, pendant qu'un aigle envoyé par Zeus, lui percera continuellement le foie ; Et son foie se reconstituera continuellement pour être sans cesse dévoré : un supplice semblable à celui qu'on rencontre dans la bible qui décrit des vers qui rongent l'âme des méchants : des vers qui jamais ne meurent.*

**" Et quand on sortira, on verra Les cadavres des hommes qui se sont rebellés contre moi; Car leur ver ne mourra point, et leur feu ne s'éteindra point; Et ils seront pour toute chair un objet d'horreur "** *( Esaïe 66:24 ).*

**" Et si ton œil est pour toi une occasion de chute, arrache-le; mieux vaut pour toi entrer dans le royaume de Dieu n'ayant qu'un œil, que d'avoir deux yeux et d'être jeté dans la géhenne, où leur ver ne meurt point, et où le feu ne s'éteint point** *( Marc 9:47-48)* **"** .

*Le foie de Prométhée dévoré sans cesse par un oiseau, signifie aussi que cet* **organe est vu implicitement comme la parie divine en l'homme**, *et donc qui lie donne à l'homme le caractère de Dieu. Ainsi, le foie de Prométhée-Lucifer étant dévoré continuellement, on veut dire symboliquement qu'il a* **perdu le foie, pour le pas dire il perdu la foi,** *et qu'il est séparé des caractères de Dieu. Il n'est donc pas hors de sens de considérer la notion de la foi dans la langue française, tiré de cet organe détruit de Prométhée pour montrer que perdre la foi est le signe d'une* **perdition**, *ou d'une* **damnation**, *qui peut être éternelle.*

## -Prométhée en 17 points comme le fondateur de la civilisation

*En effet, voici ce qui est dit au sujet de Prométhée dans l'œuvre d'Eschyle et qui est élément fondamental de sa haute sagesse et sa connaissance attestant de ce feu qu'il a reçu :*

**Prométhée reprend la complainte de la misère de l'humanité, dont il chantera qu" Elle était en enfance, avant que j'intervienne pour la douer de raison et la mettre à même de réfléchir " ; Que les hommes ne connaissaient pas les demeures de briques tiédies au soleil (1), ni le travail du bois (2), mais habitaient sous terre, dans des recoins de cavernes. Ils manquaient de repère pour leur annoncer l'hiver, les fleurs du printemps et les fruits de l'été de façon précise (3), autant de domaines pour lesquels Prométhée apportera de grands changements.**

***Prométhée leur a appris les relevés des astres (4). Mais aussi la numération qui est l'intelligence (5), l'alphabet qui est la mémoire des choses (6). "J'ai imposé le joug aux bêtes avec un harnais, j'ai attelé les chevaux à des chars (7), pour les marins j'ai inventé de quoi courir les mers portés sur des ailes de toile. (8) " Mais encore, Prométhée a aussi apporté les moyens de se guérir par des substances salutaires (9), et aussi le moyen de deviner l'avenir (10), expliquer les songes après le réveil (11), lire le vol des rapaces (12), faire le choix des offrandes aux Dieux (13), mettre au feu les viandes entourées de graisse(14), découvrir les minerais utiles: fer, bronze, argent, or, (15) " soit tout en bloc: pour les hommes, tous arts (16) et industries (17) viennent de Prométhée."***

***Tout parait bien, or Zeus pense que le projet n'est pas bon et qu'ainsi équipé de science et d'industrie, l'homme ne saura plus s'interrompre et va pécher par Hybris, par démesure. C'est ce que fait d'ailleurs Lycaon quand il reçoit le roi des Dieux, il lui sert des tripes d'un jeune enfant. L'homme va trop loin, ne saura pas s'arrêter et il décide de noyer l'humanité dans le Déluge. Toute l'humanité sauf Deucalion et Pyrrha qui se révélait bons et respectueux.***

***Mais il y a pire c'est la totale liberté de l'Homme. Et c'est ce qui vaut la terrible punition de Prométhée. Le feu sacré de l'Olympe, c'est tout le savoir des Dieux, c'est tout le pouvoir des Dieux, ainsi l'homme peut poursuivre sa route en l'absence des Dieux, sans même leur obéir, sans même les respecter. L'homme existe dans sa plénitude et peut vivre sa philosophie sans Dieu. Il est libre, plein des pouvoirs et capable de se donner toutes les destinées, sans même se référer à l'ordre de Zeus.***

***Le Coryphée des Océanides acquiesce (le mythe Prométhéen) "tu es le bienfaiteur de l'humanité" conclut-il.***

*De ce qui précède,* ***nous voyons en 17 points, tout ce dont Prométhée est le fondateur dans la mythologie grecque,*** *avec le feu de la connaissance qu'il a reçu de Zeus, et qui fait de lui* ***le fondateur de la civilisation****. Il organisa le premier modèle de société complexe, avec une cité dotée d'une organisation politique, et des institutions, avec un fonctionnement harmonieux, et l'essor de la technique et des sciences. Et, comprendre cet aspect au sujet de Prométhée est très important, car cela nous permet de suivre toute l'influence qu'il aura parmi les anges incarnés avec lui sur la terre, et bien plus tard parmi les hommes, dont il sera considéré comme un véritable bienfaiteur et protecteur.*

*Si Prométhée est* ***un dieu civilisateur,*** *et si nous défendons l'idée qu'il n'est autre que Lucifer, devenu le Satan de la bible, on peut se demander* ***quelle est la civilisation dans toute l'histoire du monde, qui fut fondée par lui.*** *Nous répondrons à cette question, en démontrant que Prométhée a fondé la première des civilisations de la terre, et qui répond aux 17 points évoqués par Eschyle au sujet de la sagesse civilisatrice de ce dieu : une civilisation au mode de vie très évolué, aux techniques avancées, à l'architecture et aux constructions de ses habitations prodigieuses, aux moyens de transport et techniques agricoles ingénieux, aux infrastructures portuaires colossaux, à l'organisation politique et juridique affinée, et aux recherches scientifiques poussées, qui sera* ***la civilisation du cristal.***

## Prométhée fut un grand architecte, bâtisseur de temples

*La bible va nous révéler que Lucifer, le chérubin d'Ezéchiel 28 :14, dont nous disons être Prométhée, fut doté par les Dieux ( Ouranos Chronos Zeus ),* ***d'une sagesse inouïe*** *avant d'être envoyé sur la terre, et que rien ne fut mystérieux pour lui (Ezéchiel28:3) ; qu'il* ***bâtit des sanctuaires,*** *c'est-à-dire* ***de temples sacrés*** *ou cathédrales, et donc qu'il fut un* ***architecte et bâtisseur prodigieux****. Sans doute ces temples furent bâtis en l'honneur de la trinité des Elohim. Puis, la bible va révéler qu'il fut encore le* ***fondateur du commerce*** *et notamment* ***des échanges maritimes,*** *toutes choses que nous avons vues réalisées dans l'Atlantide, et sur lesquels nous reviendrons en détail pour parler des réalisations de cet ange.*

## Prométhée, un bâtisseur de ville :

*En tant que civilisateur, Prométhée ne se limita guère à la construction de temples pour les cultes en l'honneur du créateur, mais puisqu'il rechercha pour lui-même, les honneurs dus à Dieu, il allait* ***se doter d'une ville dont il serait le bâtisseur,*** *et* ***qui porterait son nom****, ou du moins* ***un de ses noms*** *:* ***la première des villes de la terre****, laquelle accueillera la première des civilisations que le monde ait connu.*

*De façon très subtile, la bible va confirmer cette aptitude de Prométhée Lucifer à être un civilisateur,* ***car tapis dans l'ombre, il allait d'abord pousser Caïn à être le premier humain à commettre un meurtre, en tuant son frère Abel.*** *Et Caïn qui* *finira par être chassé loin de la face de l'Eternel, allait* **voir ses fils***, inspiré par Prométhée, être les premiers dans* **les domaines de réalisation suivants :**

*(1)* **les premiers** **bâtisseurs des villes** *( voir Genèse 4:17) ;*

*(2)* **les premiers à** **donner leur nom à ces villes** *(Genèse 4:20) ;*

*(3)* **les premiers à** **jouer des instruments de musiques** *(Genèse 4:21) ;*

*(4)* **les premiers** **à habiter sous des tentes** *(Genèse 4:20) ;*

*(5)* **les premiers** **à élaborer des outils de fer et d'airain** *(Genèse 4:19-22) ;*

*Toutes ces choses témoignent que les fils de Caïn, participent à la naissance de la civilisation, dont l'inspirateur ne fut autre que l'ange, Prométhée, réduit dans le nouveau monde, à n'être qu'***un esprit rodeur,** *inspirateur des choses qu'il avait fondées dans l'ancien monde, où il avait régné, sur la terre.*

**" Et ne pas ressembler à Caïn, qui était du malin, et qui tua son frère. Et pourquoi le tua-t-il ? parce que ses œuvres étaient mauvaises, et que celles de son frère étaient justes "** *(1 Jean 3:12 )*

**" Caïn connut sa femme ; elle conçut, et enfanta Hénoc. Il bâtit ensuite une ville, et il donna à cette ville le nom de son fils Hénoc "** *(Genèse 4:17) ;*
**" " Lémec prit deux femmes : le nom de l'une était Ada, et le nom de l'autre Tsilla** *(Genèse 4:20) ;*

**" Ada enfanta Jabal : il fut le père de ceux qui habitent sous des tentes et près des troupeaux "** *(Genèse 4:20) ;*
**" " Le nom de son frère était Jubal : il fut le père de tous ceux qui jouent de la harpe et du chalumeau "** *(Genèse 4:21) ;*
**" " Tsilla, de son côté, enfanta Tubal-Caïn, qui forgeait tous les instruments d'airain et de fer. La soeur de Tubal-Caïn était Naama "** *(Genèse 4:19-22)*

*Après le fils de Caïn, Subissant l'influence du même ange, on va comprendre pourquoi en Genèse 9:11, plusieurs des hommes auxquels le Créateur avait pourtant commandé de se reprendre à la surface de la terre et de la remplir, au contraire se rassembleront,* **afin de bâtir une ville***, et d'***ériger une tour***. Car, ce faux dieu, avait été le premier à afficher de telles ambitions, des millénaires avant la* *création d'Adam et Eve, étant le père de toutes les civilisations qu'ait connu la terre : Prométhée-Lucifer.*

*Cet ange qui avait l'ambition de devenir le Dieu suprême des cieux, cherchera après ses échecs passés, à pousser les humains désormais à emprunter la voie qui s'apparente à ses ambitions d'autrefois. Cette fois-ci, il agira à travers la descendance d'Adam, qu'il poussera à se doter d'un règne et d'une domination mondiale, étant nostalgique de la domination qu'il avait connue jadis, dans les âges pré Adamiques, et qu'il avait perdue.*

***" Toute la terre avait une seule langue et les mêmes mots. Comme ils étaient partis de l'orient, ils trouvèrent une plaine au pays de Schinear, et ils y habitèrent. Ils se dirent l'un à l'autre : Allons ! faisons des briques** (1), **et cuisons-les au feu** (2), **Et la brique leur servit de pierre** (3), **et le bitume** (4), **leur servit de ciment** (5). **Ils dirent encore : Allons ! bâtissons-nous une ville** (6) **et une tour** (7) **dont le sommet touche au ciel, et faisons-nous un nom** (8), **afin que nous ne soyons pas dispersés sur la face de toute la terre "** ( Genese11 :1-9)*

*Voici de nouveau, avec les descendants d'Adam, les mêmes activités autour de **la construction d'une ville** et d'**une tour devant porter le nom de son bâtisseur**, afin de **rester dans la mémoire durant des millénaires**. Or, depuis son passé pré adamique, dans le rôle de Prométhée, **celui qui partagea le feu d'une connaissance civilisatrice**, reprend son objectif de bâtir une ville afin d'être établi comme Dieu au milieu de l'humanité adamique, et faire que cette humanité lui obéisse désormais, à lui, plutôt qu'à l'Eternel.*

## Prométhée a -t-il vraiment créé l'homme et la femme ?

*C'est du moins ce que rapporte une version du mythe de Prométhée, et qui peut expliquer la fascination qu'avaient les grecs pour ce dieu, pour le pas dire cet ange ; fascination égale, sinon plus grande, que celle exercée par le Zeus originel, sur les grecs.*

***Une version du mythe de Prométhée rapporte que Prométhée fut le Créateur de l'homme, et qu'il fut aidé dans cette tâche par Athéna. Alors qu'il façonna l'homme avec de l'argile et de l'eau, dans cette version, Athéna la Déesse - fille de Métis et de Zeus - aurait donné le souffle de vie à la statue de terre.***

***Une autre version du mythe de Prométhée, et la naissance de l'humanité, rapporte que Prométhée prit femme auprès de Pronoia, une Océanide qui donna naissance à Deucalion, le premier homme et père de l'humanité - certes surtout après le Déluge -. De même, Epiméthée épousa Pandore qui donna naissance à Pyrrha, la future épouse de Deucalion.***

*L'analyse simple que nous pouvons faire* ***pour réfuter ces deux versions*** *qui font de Prométhée le créateur de l'homme, est la suivante : Si l'on admet que Prométhée est le créateur de l'homme, il ne peut être vu en même temps comme son bienfaiteur, pour lui avoir apporté le feu de sa connaissance. Car, cela signifierait justement que Prométhée aura créé l'homme sans les qualités nécessaires pour se protéger face aux aléas de la vie terrestre, et qu'il est donc responsable de la faiblesse de l'homme, à laquelle il prétend avoir trouvé le remède. Par conséquent, il ne serait pas vu comme le prévoyant qu'on reconnait en lui ; et l'homme ne se serait pas créé sans hautes capacités pour se protéger comme les animaux créés par Epiméthée, qui en sont tous dotés. C'est donc un contre sens de dire que Prométhée soit à la fois créateur de l'homme, et de le gratifier d'en être le bienfaiteur.*

## *Prométhée est-t-il vraiment le protecteur de l'homme ?*

*Affirmer cela n'est nullement cohérent avec notre version de la vraie histoire de Prométhée, révélée par la clé d'inversion du sens, qui a montré que c'est Zeus qui envoya Prométhée afin de partager le feu sur la terre. C'est plutôt* ***Zeus qui doit être vu comme le bienfaiteur****, si l'on comprend qu'il a confié aux anges le rôle de transmettre le feu de la connaissance aux humains par l'enseignement. Prométhée était donc appelé à faire la promotion aux humains de l'enseignement de la sagesse et des sciences qui protègeraient l'homme.*

*En revanche, il y'a lieu d'****opérer une inversion du sens*** *au sujet de Prométhée, et de considérer que bien au contraire, Prométhée est plutôt* ***celui qui a égaré l'humain,*** *en le faisant sortir de l'harmonie avec le créateur.*

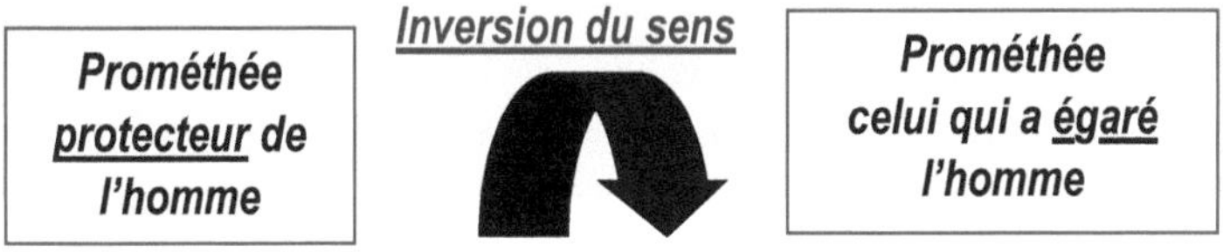

| **Prométhée <u>protecteur</u> de l'homme** | **<u>Inversion du sens</u>** | **Prométhée celui qui a <u>égaré</u> l'homme** |
|---|---|---|

*Et, il est bibliquement démontré que les anges sont envoyés par Zeus ( le Dieu suprême),* **pour assister les humains, les instruire, et les protéger :**

(1) **Les anges sont établis pour être des guides pour les humains** :

" **Et l'ange lui dit : Mets ta ceinture et tes sandales. Et il fit ainsi. L'ange lui dit encore : Enveloppe-toi de ton manteau, et suis-moi"** *(Actes 12:8)*

" **Voici, j'envoie un ange devant toi, pour te protéger en chemin, et pour te faire arriver au lieu que j'ai préparé** *( Exode 23:20 )*

(2) **Les anges sont établis pour être les protecteurs des humains** :

**"Aucun malheur ne t'arrivera, Aucun fléau n'approchera de ta tente. Car il ordonnera à ses anges De te garder dans toutes tes voies; Ils te porteront sur les mains, De peur que ton pied ne heurte contre une pierre** *( Psaume 91:10-12).*

**" Mon Dieu a envoyé son ange et fermé la gueule des lions, qui ne m'ont fait aucun mal, parce que j'ai été trouvé innocent devant lui; et devant toi non plus, ô roi, je n'ai rien fait de mauvais "** *( Daniel 6:22 ).*

**" Alors un ange lui apparut du ciel, pour le fortifier "** *( Luc 22:43.)*

(3) **Les anges sont envoyés pour instruire les humains**

**" je parlais encore dans ma prière, quand l'homme, Gabriel, que j'avais vu précédemment dans une vision, s'approcha de moi d'un vol rapide, au moment de l'offrande du soir. Il m'instruisit, et s'entretint avec moi. Il me dit : Daniel, je suis venu maintenant pour ouvrir ton intelligence"** *( Daniel 9:21-22 ).*

(4) **D'après Jésus, les anges rapportent à Dieu au sujet des plus petits d'entre les siens.**

**" Gardez-vous de mépriser un seul de ces petits; car je vous dis que leurs anges dans les cieux voient continuellement la face de mon Père qui est dans les cieux "** *( Matthieu 18:10 )*

*Au final nous comprenons que le Créateur,* **le Zeus Originel, donne mission aux anges** *d'assister l'homme, de le protéger, de l'instruire et le guider, et par conséquent* **ceux-ci ne peuvent être félicités** *pour avoir donné à l'homme un savoir, c'est un ordre qu'ils reçoivent du Créateur, et s'il y'a un bienfaiteur, c'est bien le Créateur qui a disposé ces anges à cet effet.*

*Partant de ce qui précède, on peut d'ailleurs considérer que le créateur ait permis aux anges* ***d'expérimenter la vie terrestre*** *dans les corps biologiques sur la terre, avant l'arrivée des humains, afin qu'ils deviennent plus tard des aides pour l'humanité sensée venir après eux. Aussi, voir Prométhée comme un bienfaiteur pour l'homme, est un honneur indu, en considérant la bible. Au contraire, la bible montre que tout honneur doit être rendu au Créateur et non aux anges. Et, elle montre des exemples d'anges qui ont refusé les honneurs dû au Créateur seul.*

***" C'est moi Jean, qui ai entendu et vu ces choses. Et quand j'eus entendu et vu, je tombai aux pieds de l'ange qui me les montrait, pour l'adorer. Mais, il me dit : Garde-toi de le faire ! Je suis ton compagnon de service, et celui de tes frères les prophètes, et de ceux qui gardent les paroles de ce livre. Adore Dieu "*** *( Apocalypse 22:8-9 )*

## Pourquoi le Prométhée enchainé, est-il libéré par Héraclès ?

*D'après la mythologie, Prométhée fut libéré par Héraclès qui d'une flèche, tua l'aigle qui ne cessait de percer son foie. Or, il est dit que c'est Zeus qui accepta et autorisa cette libération à cause d'un secret dévoilé par Prométhée, affirmant qu'****un enfant de Zeus*** *viendrait de son union avec* ***la nymphe Thétis*** *qui pourrait renverser son père. Ce qui, au passage, fait de Prométhée* ***un devin.***

*Notre interprétation de cette séquence est que l'intervention du héros Héraclès, est un encodage qui vise à apporter* ***une transition de temps*** *dans l'histoire de Prométhée :* ***transition entre l'ancien monde et la nouveau monde recréé et confié à Adam****, après le temps de l'enfermement de Prométhée dans la fosse de pierres ; Transition vers* ***un nouvel âge de la mythologie grecque*** *:* ***le deuxième âge des héros grecs,*** *où le deuxième* ***âge des demi-dieux*** *sur la terre.*

***Le nouveau monde allait voir*** *lui aussi, l'arrivé* ***des héros demi-dieux****. Lorsque Prométhée serait libéré de la fosse, L'humanité adamique qui allait voir le jour, sonnerait* ***un autre temps des demi dieux qui seraient des héros de la mythologie grecque****. Nous reviendrons sur cet âge des demi dieux, lorsque nous aborderons des grandes périodes de la mythologie grecque. C'est là, lors de la nouvelle humanité Adamique, que Prométhée libéré de la fosse, allait désormais jouer son rôle du Satan de la bible.*

*Il faut garder à l'esprit que la libération de Prométhée est d'abord autorisée par le vrai Zeus, même si l'on va voir Héraclès le libérer.* ***Le motif de cette libération est la crainte pour le vrai Zeus d'être renversé par un héros****, même si la bible ne le dit pas dans les mêmes termes, il n'en demeure pas moins qu'elle va nous* ***montrer*** *que Prométhée va travailler dans ce but lorsqu'il sera une fois libéré. Car la bible annonce* ***qu'un mortel réussira à s'asseoir dans le temple de Dieu et proclamer qu'il est Dieu****. Voici quel est le but que vise Prométhée Lucifer, et qu'il atteindra : placer un demi-dieu dans le 3ème temple du vrai Zeus qui sera rebâtit à Jérusalem.*

***" l'adversaire qui s'élève au-dessus de tout ce qu'on appelle Dieu ou de ce qu'on adore, jusqu'à s'asseoir dans le temple de Dieu,*** *se* ***proclamant lui-même Dieu "***
*( 2 Thessaloniciens 2:4 ).*

*Héraclès sert donc au cryptage de la transition* ***vers une nouvelle époque des demi-dieux, qui seraient ces héros par lequel Prométhée croira avoir sa revanche contre Zeus****, en dominant le monde comme il avait réussi à le faire dans l'ancien monde.*

*En effet, Prométhée en étant libéré lors de la création d'un nouveau monde, va s'attribuer* ***la paternité des héros de la nouvelle humanité****, mais il s'agira en réalité de héros par lesquels il retrouvera une gloire sur la terre. Nous reviendrons en détail sur tout ce qui concerne cette période de la mythologie grecque dans le nouveau monde.*

*Après tout ce qui précède, voyons à présent comment un autre dieu grec apparait* ***qui va manifester les mêmes attributs que Prométhée, et rechercher les mêmes buts :*** *un dieu cette fois-ci connu pour être le dieu des Océans et des mers, dieu des sources d'eau et des tremblements de terre, le fameux Poséidon ; celui-ci, nous allons le voir, se trouve de manière surprenante très lié à Prométhée.*

## Sa mission achevée, Prométhée-Lucifer allait devenir Poséidon

*Ayant achevé sa mission d'enseigner les anges, comme il en avait fait le serment à Zeus, Prométhée va se mettre en quête d'un autre but tout à fait personnel. Il va* **abandonner la position qui lui sera donnée pour tous ses mérites d'avoir formé les anges,** *et rechercher* **la position même du Dieu suprême qui lui avait donné ces privilèges**. *C'est ainsi qu'il va commencer par exiger que les sacrifices d'animaux, en l'honneur des dieux suprêmes, (Ouranos Chronos Zeus), lui soient désormais offerts.*

*Dans le même temps, Prométhée va rechercher à* **se rendre maitre de toutes les richesses de la terre**, *et ira jusqu'à vouloir* **posséder littéralement le monde entier.** *Ce désir de vouloir absolument tout posséder, allait faire de lui, le dieu qu'on nomme Poséidon, le dieu qui voulu* **tout Posséder**.

## Signification du nom de Poséidon :

*Prométhée va d'abord entreprendre de* **fonder son propre royaume sur la terre,** *dans le premier jardin d'Eden où il avait enseigné les anges. Et c'est là, qu'il va devenir* **Poséidon,** *en voulant* **posséder un royaume**, **un trône,** *toutes les richesses* **venant par les mers**, **et tous les trésors de la terre entière**, *qu'il allait ramener des autres continents du globe, cherchant à* **posséder** *toujours plus, jusqu'à désirer par la suite monter au ciel, et prendre la place même de Dieu (Zeus) dans les cieux, sur la Sainte montagne céleste dont le mont Olympe est le symbole.*

*Il est intéressant de constater que dans bien des langues, comme le français ( une langue dérivée du grec et du latin )* **le mot Posséder tire sa racine du nom Poséidon**, *qui traduit quelle fut l'intention du dieu qui portait ce nom. Celui voulait posséder toutes choses créés par Dieu, jusqu'à désirer le trône même de Dieu.*

*Prométhée n'entendait plus servir le Créateur dans les cieux, mais à être totalement indépendant, et prendre le contrôle de tout ce que le Créateur avait créé sur la terre et dans l'univers. Car, avec la sagesse qu'il avait manifesté en enseignant les anges, en bâtissant les temples, il allait fonder une civilisation, et bâtir son propre royaume.*

## *Prométhée rempli du sentiment de vouloir tout posséder*

*Celui qui devint désormais Poséidon-***Lucifer entreprit de bâtir son propre royaume sur la terre, comme Dieu en avait un dans les cieux,** *sur l'île située au-delà des colonnes d'Héraclès d'après le philosophe grec Platon, qui signifie au-delà de la Méditerranée, en plein dans l'Océan atlantique.*

*Sur cette île, il* **amassa d'abondantes richesses d'or et d'argent, ainsi qu'une autre pierre précieuse aux propriétés flamboyantes et translucides appelée orichalque ;** *Cette île dont Platon nous donne un récit très détaillé, était d'une fertilité du sol prodigieuse, et regorgeait naturellement de richesses abondantes, puisqu'il s'agissait* **du premier jardin d'Eden, le jardin biologique de Dieu sur terre**.

*Poséidon exploita les richesses de l'île au-delà de toute mesure, notamment le bois riche des forêts, et ses mines ; Et les temples qu'il avait bâtis autrefois en l'honneur de Zeus, il se les appropria tous, pour sa seule gloire, allant jusqu'à ériger au sud de l'île,* **la ville capitale** *de son royaume qui porterait son nom, le nom de Poséidonis, la ville de Poséidon.*

*Et, puisque Platon indique que l'île de l'Atlantide abrita* **la première de toutes les civilisations de la terre**, *et donc la première cité,* **on peut se demander par quelle sagesse Poséidon bâtit cette civilisation de l'Atlantide ?** *N'est-il pas étonnant que Poséidon connu uniquement pour sa force capable de déchainer les mers, et faire trembler la terre, puisse être à l'origine d'une ville comme Poseidonis : merveille architecturale et prouesse d'ingénierie telle que nous l'a décrit le philosophe grec Platon ?*

*Par quelle sagesse Poséidon a pu ériger une telle cité ? Avec une agriculture fait de canaux irrigant les champs, des hippodromes, des ports qui accueillaient des navires servant au commerce maritime, une exploitation du bois acheminé par voie fluviale,* **une cité et des murs recouverts d'or,** *d'argent et d'***orichalque** *qui sous-tendent une industrie de métallurgie, avec* **la fonte de métaux précieux**, *qui n'est possible qu'avec* **une maitrise du feu**, *dont on ne lui soupçonne pas d'en avoir autant la maitrise, mais dont Prométhée est reconnu comme le maitre.*

*Or, cette civilisation de l'Atlantide, et tout ce qu'il en ressort, relève des aptitudes techniques, de la sagesse, et la connaissance détenue par Prométhée à travers le feu qu'il a reçu des dieux.*

**Poséidon aurait-il pu bâtir la première de toutes les civilisations de la terre, sans aucun apport de Prométhée** *? N'est-on pas en droit de se demander, pourquoi la mythologie grecque reconnait Prométhée comme le créateur de la civilisation,* **qu'il n'a jamais matérialisé, et que ce soit plutôt Poséidon qui au constat, en soi le père. N'est-il pas logique de voir un lien entre Prométhée et Poséidon sur cette question de la paternité de la civilisation ?** *Prométhée fondateur de la civilisation, et Poséidon, bâtisseur de la première civilisation de la terre ; l'un ayant la compétence de la chose, tandis que l'autre le mérite de l'avoir réalisé en premier.*

**Poséidon ne serait-il pas tout simplement Prométhée ?** *celui qui avait commencé par être un maitre du feu, n'a-t-il pas cherché à se rendre plus tard maitre de l'eau ? Voilà qui nous amène à affirmer ce que nous allons continuer de démontrer de biens de manières. Poséidon n'est autre que Prométhée quin a évolué vers une autre capacité et vers d'autres ambitions.*

## Poséidon bâtit une ville à laquelle il donna son nom

*La cité de* **Poséidonis,** *capitale de l'Atlantide fut la première des villes, et la première qui reçut le nom de son bâtisseur Poséidon. Et c'est cette ville, construite dans le premier jardin d'Eden de la bible, qui abrita la première de toutes les civilisations de la terre. Et cette pratique consistant à donner son nom à une ville qu'on a bâtie, est* **un indice qu'on verra dans la genèse biblique avec les enfants de Caïn,** *le meurtrier d'Abel, et dont il nous faut comprendre comment une telle pratique s'est transmise jusque-là.*

## Poséidon, un dieu qui faisait trembler la terre

*Il est intéressant d'apprendre que Poséidon ne fut pas seulement le dieu des océans et des mers, mais qu'il fut aussi* **le dieu des tremblements de terre**, **l'ébranleur du sol.** *Or, arriver à faire trembler la terre révèle un aspect intéressant de* **son pouvoir, qui porte sur la terre, c'est à dure le sol,** *et non plus sur l'eau.*

*Ce pouvoir sur la terre ou le sol, fut important s'agissant des mines, notamment pour l'extraction de tous minerais, desquels sortiraient non seulement les métaux précieux ( Or et argent ) qu'il va accumuler pour revêtir sa cité Poséidonis, mais aussi les pierres précieuses, dont sera revêtus pour les cultes ( en Ezéchiel 28 ).*

**" Tu étais en Eden, le jardin de Dieu; Tu étais revêtu de toute espèce de pierres précieuses, De sardoine, de topaze, de diamant, De chrysolithe, d'onyx, de jaspe, De saphir, d'escarboucle, d'émeraude, et d'or. . . "** *( Ezéchiel 28:13)*

***Ce pouvoir d'ébranler le sol*** *va conduire Poséidon à un accroissement de ses richesses, à une abondance en métaux, or, argent, pierres précieuses, qui justifie le mot trésor, pour parler de ses acquisitions ( en Ezéchiel 28 :4).*

***" Tu as amassé de l'or et de l'argent Dans tes trésors; 5 Par ta grande sagesse et par ton commerce Tu as accru tes richesses, Et par tes richesses ton cœur s'est élevé "*** *( Ezéchiel 28:5) .*

*Avec un tel pouvoir, celui d'ébranleur du sol, Poséidon a pu s'attaquer aux roches les plus dures du sol, jusqu'à extraire même des mégalithes, c'est-à-dire d'énormes pierres, pouvant peser des tonnes, et qui serviraient à la construction d'infrastructures portuaires et d'édifices gigantesques, caractérisant sa ville.*

## Poséidon comme Prométhée, tous deux des prêtres et sacrificateurs

*Tout comme Prométhée, qui avait sacrifié à Zeus un bœuf, et qui avait exercé la fonction de prêtre sacrificateur une fois arrivé sur la terre, Poséidon que nous avons identifié comme étant également Lucifer, a exercé la même fonction.*

### Poséidon et son premier symbole : le trident du sacrificateur

*Nous avons déjà évoqué le sens et l'utilité du trident arboré par Poséidon, et montré que le trident n'a* ***rien à voir avec l'eau dont Poséidon est le maitre****. En revanche,* ***le trident à tout à voir avec le feu*** *puisqu'il permettait au sacrificateur de saisir la viande des sacrifices dans le feu, et de la retourner afin qu'elle cuise de tous les côtés, et que l'odeur de celle-ci monte vers le Créateur, Zeus.*

*Cet trident se retrouve dans la bible en 1Samuel 2:13, avec* ***les fils des sacrificateurs*** *parce qu'elle tient à révéler* ***quel fut l'usage du trident*** *depuis les âges anciens, au début de sa mission de grand sacrificateur sur la terre.*

***" voici quelle était la manière d'agir de ces sacrificateurs à l'égard du peuple. Lorsque quelqu'un offrait un sacrifice, le serviteur du sacrificateur arrivait au moment où l'on faisait cuire la chair. Tenant à la main une fourchette à trois dents "*** *( 1 Samuel 2:13 )*

*Une autre révélation de ce trident consiste à comprendre que Poséidon fut* ***le premier enseignant de la trinité de Dieu,*** *car les trois dents du trident, sont le symbole des 3 Dieux suprêmes, et Dieu du ciel, Ouranos-Kronos-Zeus.* ***Ces 3 dents s'unissent pour former un seul et même manche****, nous rappelant un enseignement primordial, celui des trois Dieux en un, les seuls auxquels un sacrifice doit être offert, en tant que Dieux Créateurs.*

***Une autre interprétation de la symbolique du trident ( qui déborde sur la mythologie Egyptienne ), montre qu'il finit par 3 pointes en forme de pyramides. Les 3 pointes triangulaires montrent de façon subtile pourquoi de nombreux sites archéologiques présentent 3 pyramides alignées, dont on pense qu'elles s'alignent sur les 3 étoiles centrales de la constellation d'Orion, qui sont les plus grosses étoiles de l'univers, et en même temps les plus éloignées de l'univers. Ces 3 étoiles d'Orion sont les symboles au plan astronomiques des 3 divinités suprêmes ( le Père, le fils et le Saint Esprit ).***

## Poséidon et son deuxième symbole : le taureau

*Un autre Symbole attaché au dieu* ***Poséidon d'après la mythologie grecque, est le taureau****. Et qu'est ce qui explique qu'on assimile Poséidon à un tel animal, si ce n'est pour rappeler qu'il* ***fut bel et bien un sacrificateur****, appelé à offrir à Dieu le meilleur parmi tous les sacrifices, celui du taureau.*

*En effet, après avoir compris que* ***le trident fut un instrument employé pour les sacrifices,*** *et montré à qui ces sacrifices étaient destinés, voici à présent* ***l'objet du sacrifice, le taureau,*** *un des animaux sans lequel ce culte aimé des Dieux ne pourrait avoir lieu.*

*Parmi les bêtes, **le taureau avait plus de valeur pour les Dieux** ( il fut plus précieux que les bœufs, béliers et boucs… ), et pour cause, cet animal fut d'une force si brutale, qu'il était difficilement maitrisable, si bien que l'attraper afin de l'offrir aux Dieux, nécessitait pour les anges sur la terre d'avoir un grand courage, de prendre d'énormes risques, afin pour honorer le Créateur. Toutes choses qui conférait à cet animal, la plus grande valeur au moment du sacrifice aux yeux de Dieu.*

*On peut voir dans la bible pourquoi, le taureau occupe la première place pour les sacrifices*

***" Vous offrirez en holocauste, d'une agréable odeur à l'Eternel, un jeune taureau, un bélier, et sept agneaux d'un an sans défaut "**(Nombres 29:2)*

***" Total des animaux pour l'holocauste : douze taureaux, douze béliers, douze agneaux d'un an, avec les offrandes ordinaires. Douze boucs, pour le sacrifice d'expiation "** ( Nombres 7:87 ).*

*Dans le même temps, cette grande force, cette brutalité, et cette la violence qui caractérise le taureau, allait montrer qui était devenu Poséidon, un être rempli de violence en Ezéchiel 28:15*

***" Tu as été rempli de violence, et tu as péché** ( Ezéchiel 28:15) .*

## Poséidon et le taureau d'Hyppolite

*L'illustration **du taureau comme symbole du dieu Poséidon** dans la mythologie grecque, apparait dans l'histoire d'Hyppolite, le fils de Thésée.*

***En effet, il arriva que Thésée, demanda à Poséidon de faire mourir Hippolyte son fils. Alors Hyppolite partant en exile sur son char, longea la côte de Trézène, et vit sortir de l'écume blanche des flots ; <u>un monstre à la forme de taureau</u> qui affola ses chevaux devenus Incontrôlables, et qui s'emballèrent et traînèrent Hippolyte sur les rochers, le faisant mourir.***

*Il y'a lieu de croire que cet épisode, a existé dans les faits, même si elle peut avoir été habillé de la symbolique du taureau, pour nous rappeler quel fut **la première fonction de Prométhée**, devenu le dieu Poséidon de la mythologie grecque.*

## *Poséidon lié au taureau rouge du diable rouge*

***Le symbole du taureau apparait dans une autre croyance populaire très rependue**, ne relevant certes pas de la mythologie grecque, mais qui va permettre de démontrer le lien que nous établissons entre Poséidon et Lucifer devenu Satan d'une part, mais aussi entre Poséidon, la fonction de sacrificateur, et le feu dont Prométhée détient le pouvoir : **C'est la symbolique du diable rouge**.*

*Ce **diable Rouge** est à la base un taureau rouge feu, entouré de flammes, et armé d'un trident, prêt dit-on, à tourmenter les âmes qui vont en enfer avec sa fourche.*

**Le taureau symbole de Poséidon, et de diable rouge, image de Lucifer**

**2ème symbole de Poséidon : le taureau**

***Mais, ce taureau rouge de feu, est une manière détournée de parler de la fonction de sacrificateur exercée par celui qui est devenu Satan, le diable, et qui n'est autre que Poséidon.***

*Poséidon, qui offrait des taureaux comme les meilleurs des sacrifices, en les brûlant dans le feu, et en retournant régulièrement leur viande dans le feu, équipé de son fameux trident, exerçait **sa première mission de sacrificateur**. La couleur rouge* *de ce taureau révèle la manière dont les animaux étaient brûlés au feu, ce qu'on appele holocauste dans la bible ( Genèse 8:2 ; 22 :2 )*

***Ici, le trident du diable rouge**, est donc en lien **avec le feu,** ainsi que la couleur rouge dont il est recouvert, et aucunement avec de l'eau dont Poséidon est le dieu. La bible confirme bien ce lien du trident à la fois avec la tâche du sacrificateur, et le feu du brasier qui consume les sacrifices.*

***" voici quelle était la manière d'agir de ces sacrificateurs à l'égard du peuple. Lorsque quelqu'un offrait un sacrifice, le serviteur du sacrificateur arrivait au moment où l'on faisait cuire la chair. Tenant à la main une fourchette à trois dents "** ( 1 Samuel 2:13 )*

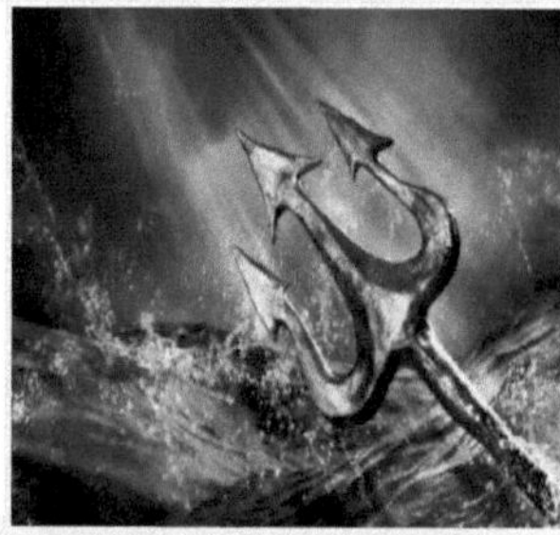

**Lien de Poséidon avec le diable rouge, Lucifer dans la croyance populaire**

*Après avoir compris que **le taureau représentant diable rouge**, n'est pas qu'une simple croyance populaire, mais traduit la première fonction qu'exerça l'ange Lucifer sur la terre, censé apporter la connaissance de la pratique du culte rendu au Dieu trinitaire, il convient de **mettre en lumière le lien de ce Diable rouge avec le dieu Poséidon.***

*En effet, diable rouge et Poséidon **ont pour symbole le taureau,** mais ce n'est pas tout, puisqu'ils ont en même temps **un même instrument qui est le trident,** et qui confirme qu'ils exercèrent la même fonction de sacrificateur déjà vu avec le dieu Prométhée. Et pour couronner le tout, ils nous confortent dans l'affirmation que ces trois dieux, sont la même personne, à savoir Lucifer, Satan, et le diable.*

*Au final, il nous faut bien suivre l'encodage de **la fonction originelle de prêtre sacrificateur de Prométhée**, qui se confirme avec Poséidon, que nous venons* *d'identifié derrière le diable rouge, armé de son trident. Une fonction de sacrificateur que nous allons encore retrouver* **chez un 3ème dieu grec**, *qui se trouve être le dieu Hermès, puis chez* **un 4ème dieu**, **qui est un faux Zeus**, *imitateur du véritable Zeus.*

**La symbolique du taureau fumant aux jeux du common wealth de Birmingham en 2022**

## Poséidon, véritable dieu de la transformation de la matière,

*Ici nous revenons sur ce point, afin de bien montrer l'implication des activités de Poséidon, et de ses réalisations, notamment l'usage des métaux, pour recouvrir d'or et d'argent toute la cité de son royaume, la capitale d'Atlantide. De plus, Poséidon va faire apparaitre un métal inconnu, l'orichalque, dont Platon rapporte qu'il s'agissait d'une pierre aux propriétés lumineuses extraordinaires. Or,* **sans le feu nécessaire à la fusion de ces métaux**, *Poséidon n'aurait pu, lui un dieu de l'eau, obtenir cette quantité de métaux. Dès lors, Poséidon apparait en même temps comme un maître du feu, et de l'alchimie, c'est-à-dire la transformation de la matière.*

## En quoi le nom de Poséidon révèle qu'il est Lucifer ?

*Nous l'avons dit, Poséidon se révèle être Satan, l'ex Lucifer, au regard de la signification de son nom, car Poséidon constitue la racine des mots tels que* **posséder**, **possession**, *ou* **possédons**, *ce qui trahit qu'il eut le désir de posséder toujours plus, et l'ambition de* **posséder toute la terre et même les cieux.**

*En effet, du mythe de l'Atlantide, on apprendra de Platon, que Poséidon, qui reçut l'île de l'Atlantide en partage, voulut étendre sa domination à d'autres territoires, et posséder davantage de richesses de la terre, si bien qu'il conquit les mers et les profondeurs des océans, devenant ainsi, un dieu* ***des océans et des mers.***

*Car, Poséidon pensa que le contrôle des mers, lui donnerait aussi le contrôle des richesses qui s'échangeaient par voies maritimes et fluviales. Car* ***c'est par les mers que les peuples d'anges échangeaient, commerçaient, et prospéraient.***

*Puis, animé d'un désir effréné de vouloir tout posséder, comme l'indique son nom,* ***Poséidon lança des conquêtes****, pour avoir une domination mondiale, et assujettir tous les autres continents. C'est là qu'il va* ***inventer le moyen de déclencher les tremblements de terre****, et par là même des tsunamis, et obtenir par la terreur, la soumission des autres tribus d'anges appartenant à d'autres continents, forcées au versement de leurs richesses, à l'empire Atlante.*

*C'est pourquoi, la bible reconnait Poséidon, comme celui qui* ***jadis, faisait trembler la terre et ébranlait les royaumes en Esaïe 14 :16*** *; Et si la bible l'appelle " homme", c'est parce que tous les anges avaient revêtu des corps identiques aux humains, sans toutefois qu'ils soient de la même race. Cela explique que bien des passages des Saintes Ecritures témoignent que les anges ont des corps de chair, parfaitement semblables aux hommes, auxquels ils se confondent en venant sur terre.*

**" Est-ce là <u>cet homme</u> qui <u>faisait trembler la terre</u>, Qui <u>ébranlait</u> les royaumes "** *( Esaïe 14 :16).*

***C'est encore Poséidon qui est décrit par la symbolique de l'arbre. Il est alors ce majestueux cèdre d'Ezéchiel 31****, planté dans le jardin d'Eden, d'une beauté incomparable, et qui jetait* ***ses racines*** *dans* ***les eaux profondes****, jusqu'à ce qu'elle*

*atteigne, **le fond des abysses, aux profondeurs même de l'abime** (Ezéchiel 31.7), nous apprenant par là qu'il avait investi les fonds marins ( voir notre ouvrage intitulé : La parabole de l'Egypte héritière de l'Atlantide).*

*C'est Poséidon-Lucifer qui se cache **derrière les trois textes de la bible**, ( d'Esaïe 14, d'Ezéchiel 28, et d'Ezéchiel 31), derrière les trois antiques rois ( de Babylone, de Tyr, et de l'Egypte). Dans ces trois textes de la bible, il est aussi questions des anges ayant vécu sur la terre, avant la création d'Adam, et qui étaient au cœur des civilisations pré adamiques, que Dieu finit par détruire par les grandes eaux d'un déluge pré adamique ( voir notre ouvrage, La bible dévoile enfin l'Atlantide ).*

## Poséidon un dieu bâtisseur et civilisateur

*Déjà d'après Platon Poséidon est le bâtisseur de Poséidonis, capitale de l'Atlantide. Laquelle fut recouverte de métaux précieux, tels que l'argent, l'or, et l'orichalque.*

*Toutes cette construction brillantissime montre que Poséidon ne fut pas qu'un dieu sachant déclencher des tremblements de terre et soulever des raz de marée, mais qu'il fut doté d'une sagesse, capable de faire des prouesses à la fois architecturales et d'ingénierie en construction. Cela va se confirmer plus tard par le poète grec Homère, pour qui, **c'est Poséidon et Apollon qui vont bâtir la très célèbre cité de Troie, et sa muraille imprenable**. Cela établit encore que Poséidon est un bâtisseur prodigieux, et nous fait comprendre qu'il est avec Apollon **un ange cyclope,** c'est-à-dire **un ange avec la vocation de prêtre et sacrificateur**, gardien de la connaissance, et maitre de sagesse dans divers domaines : sciences, architecture, ingénierie de toutes sortes. Ainsi, Poséidon est un dieu civilisateur avec bien entendu **des réalisations que Prométhée n'a pas à son actif**, à moins d'avoir compris qu'ils sont tous les deux, un même dieu.*

## Poséidon affirmant à Jésus posséder les royaumes du monde

*Celui que nous avons identifié comme étant Satan, le dieu Poséidon, révéla à Jésus être le possesseur de tous les royaumes de la terre, lorsqu'il le transporta sur une haute montagne pour tenter le fils de Dieu :*

***" Le diable le transporta encore sur une montagne très élevée, lui montra tous les royaumes du monde et leur gloire, et lui dit : Je te donnerai toutes ces choses, si tu te prosternes et m'adores "*** *( Matthieu 4.:8-9)*

## *Autres symboles du dieu Poséidon :*

**Le cheval blanc ailé, appelé Pégase :** *ce cheval dont on dit être engendré de la semence de Poséidon, est une parabole pour révéler une haute science détenue par ce dieu, car il fut à même de sortir d'une* ***créature laide et répugnante ( la mortelle Méduse),*** *une autre créature d'une grande beauté et d'une blancheur* ***éclatante.*** *Cela décrit* ***l'art de la transformation, que sera la science alchimique.***

*Par ailleurs, cette parabole sert aussi à révéler un autre pouvoir acquis par ce dieu des mers :* ***celui de se doter d'animaux pouvant voler,*** *en pour montrer qu'il est allé* ***à la conquête des airs.*** *Nous voyons par le cheval ailé,* ***Pégase****, que Poséidon ne se limitera pas, au cours des âges, qu'à la maitrise de l'eau, après la maitrise du feu en Prométhée, mais qu'il se mettra en quête de* ***la maitrise de l'air.***

*Néanmoins, il faut rappeler que le lien de Poséidon au cheval, vient du fait qu'il aimait les courses de chevaux, du fait que Platon ait décrit plusieurs hippodromes dans la capitale de l'Atlantide.*

*Le cheval animal lié à Poséidon revient encore dans* ***le mythe du cheval de Troie,*** *qui nous le croyons, a été est un stratagème inspiré par Poséidon pour faire croire à un présent destiné aux troyens, lesquels l'ont accepté et ont été infiltrés et détruit à l'intérieur de leur cité qui était restée jusque-là imprenable.*

**Les dauphins** *: animaux dont on dit qu'ils sont érigés en statues qui tirent le char se trouvant dans son palais, au centre de la cité de Poséidonis, capitale de l'Atlantide.*

## *Poséidon et son lien avec l'enfer :*

*Les récits de la mythologie grecque rapportent que Poséidon fabriqua les portes de l'enfer et qu'il les fit* ***en fer****, d'où le nom qui a été donné à ce lieu par* ***le métal qui constitue ses portes****. Cela témoigne de toute la place que Poséidon va avoir même jusque dans ce lieu souterrain dis des enfers,* ***destiné à accueillir les morts****.*

***Que Poséidon soit le fabriquant des portes des enfers****, confirme bien au passage qu'il eût la* ***maitrise de la métallurgie****, lui qui forgea les portes de l'enfer.*

*Et, puisqu'il fit les portes de l'enfer, cela ne traduit-t-il pas un* ***pouvoir obtenu sur ce lieu, pour conduire à l'enfermement les esprits jugés rebelles****, comme lui-même l'a été, et qu'il souhaite que les humains le soient tous, eux qui ont fini par occuper ce monde qu'il considère jusqu'alors comme le sien.*

*Cela peut vouloir dire que* ***Poséidon est un pourvoyeur d'âmes*** *qui sont envoyés en enfer* ***pour le compte du dieu Hadès****, chargé de les faire tourmenter. C'est ce que va confirmer la bible qui fait de lui* ***l'accusateur des humains devant le tribunal du juge des âmes*** *qui est le Dieu trinitaire.*

## Quand Poséidon devint Hermès, le dieu maitre de l'air

***Images montrant Hermès volant dans le ciel***

*Lucifer qui s'est révélé en Prométhée par la maitrise* ***du feu,*** *réussit encore à maitriser* ***la terre****, notamment* ***les éléments du sol*** *( notamment* ***des roches*** *) en la personne de* ***Poséidon dieu des tremblements de terre, l'ébranleur du sol ;*** *cela explique qu'il va pouvoir* ***se procurer toutes les pierres précieuses*** *tirées du sol, lui permettant de les porter sur son vêtement de grand prêtre des anges en Eden (Ezéchiel 28:13), et d'officier en tant que sacrificateur devant l'Eternel.*

*Ensuite, Poséidon va devenir un maitre de* ***l'élément eau*** *; Ce qui va faire de lui le* ***dieu des Océans des mers et des sources d'eau****. Mais, il ne va toutefois pas s'arrêter à ces* ***3 éléments****, puisque voulant tout posséder,* ***il va encore chercher la maitrise du 4ème élément*** *de la vie biologique, c'est-à-dire* ***l'élément air.*** *Et, il y parviendra, en incarnant* ***un troisième dieu de la mythologie grecque****, le dieu* ***Hermès, le messager des dieux, et dieu de l'air.***

*Ce dernier élément de la nature, va permettre à Poséidon, de mettre en œuvre son ambition funeste, celle* ***de porter son trône****, bâti sur la terre, et de* ***le hisser*** *vers les hauteurs des cieux, et ainsi de* ***tenter de le mettre à la place du trône du Créateur, sur la Sainte montagne du 3ème ciel.*** *Poséidon devenu Hermès va donc vouloir évincer le Créateur, Dieu trinitaire, l'Ouranos-Kronos-Zeus, le Père-le fils-le Saint Esprit :*

***" Tu disais en ton coeur : Je monterai au ciel, J'élèverai mon trône au-dessus des étoiles de Dieu "*** *( Esaïe 14:13)*

*Une ascension de son trône terrestre allait requérir de lui la capacité extraordinaire de transporter son trône au-delà des étoiles les plus lointaines de l'univers, et d'accéder au Palais du Dieu de gloire, et en même temps de faire traverser les éléments de la matière, dans la dimension invisible. Et nous allons voir que tous ce qui concerne le dieu Hermès renvoient à cette réalité.*

*C'est en domptant la puissance de l'air, en incarnant désormais le dieu Hermès, que le chérubin qui fut Prométhée, ensuite Poséidon, lancera sa conquête de spatiale, cherchant d'abord à rallier à sa cause le maximum des anges méritants formés par lui sur la terre, et occupant* ***les positions de veilleurs dans le 2ème ciel,*** *autour des étoiles, des planètes, et galaxies de l'univers.*

*Voyons cette fois-ci, combien Hermès autant que Poséidon, nous conduit une fois de plus à la personne de Lucifer.*

## • Toute la symbolique de Lucifer retrouvée en Hermès

***Hermès arborant des ailes sur le dos, image du chérubin, ange à 4 ailes***

### - *Hermès porteur de 4 ailerons qui révèlent l'ange chérubin :*

*En effet, la mythologie grecque fait du dieu Hermès un dieu de l'air. Cela apparait à travers tous les ailerons que celui-ci porte sur lui :*

- *2 ailerons sur sa tête ( attachés à **son chapeau appelé le pétase**).*
- *2 ailerons à ses pieds par* **ses chaussures ailées,**

*D'autres ailerons sont attachés à son bâton **(appelé le caducée)**, mais il ne les porte pas directement sur lui.*

*En tout, le dieu Hermès porte sur lui **4 ailerons**, lui servant à voler, dont **2** pour la partie supérieure, et **2** pour la partie inférieure, montrant avec insistance **l'identité de Lucifer**, lequel d'après la bible est un chérubin, c'est-à-dire **un ange à 4 ailes.***

*De plus, ces aillerons **ne sont pas rabattues**, c'est-à-dire **repliées**, mais plutôt **déployés**, c'est-à-dire **totalement ouvertes** ; or, la bible confirme que Lucifer est bien un chérubin **qui a ses ailes déployées** en Ezéchiel 28:14.*

***" Tu étais un chérubin protecteur, aux ailes déployées ; Je t'avais placé et tu étais sur la sainte montagne de Dieu"** (Ezéchiel 28:14).*

***Les ailes déployées** d'Hermès sont l'indice majeur qui colle avec l'apparence de Lucifer, telle qu'elle est décrite par la bible en Ezéchiel 28:14. **Ces ailes déployées** font d'Hermès un excellent porteur de messages, puisqu'elles le font voler à grande vitesse, afin de porter tous messages délivrés par les **3 Dieux suprêmes** (la trinité Ouranos, Kronos, Zeus), en direction **des anges sur la terre,** ou des ceux qui sont*

***positionnés dans l'univers,*** *les anges méritants occupant l'espace du 2ème ciel après* ***leur passage sur la terre.***

*Mais, Hermès fut aussi* ***messager des anges-dieux*** *dans le sens, où il portera les messages adressés par* ***les anges sous forme de prières,*** *aux Dieux suprêmes de la trinité. On retrouve cette déjà cette fonction exercée par le grand prêtre.*

*Il est intéressant de voir à quel point la langue française démontre le rôle important du dieu Hermès, qui d'après notre analyse tire le mot* ***"air",*** *de la racine* ***"Her"*** *d'Hermès, puis elle tire le mot* ***"message",*** *de la racine* ***"mes"*** *du nom d'Hermès. Et, la construction du mot* ***"message"*** *révèle une qualité majeure du dieu Hermès, en combinant les racines* ***"mes",*** *et* ***"sage"***, *et rappelle en même temps la sagesse qu'avait cet ange incarné par le dieu Hermès, que nous disons être le chérubin Lucifer. Cet ange qui fut depuis ses origines,* ***le plus sage*** *des créatures de Dieu, tel que nous l'atteste Ezéchiel 28 :*

***" Voici, tu es plus sage que Daniel, Rien de secret n'est caché pour toi ; Par ta sagesse et par ton intelligence Tu t'es acquis des richesses,*** *( Ezéchiel 28:3-4 ) ;* ***" Tu étais plein de sagesse"*** *( Ezéchiel 28:12 ) ;* ***" Tu as corrompu ta sagesse par ton éclat "*** *( Ezéchiel 28:17 )*

*Hermès étant un dieu de l'air, par la symbolique* ***des ailerons****, il porte à sa main* ***un bâton symbole de pouvoir, ou de puissance*** *; lequel bâton appelé le caducée, est muni de deux ailes à son sommet, traduisant qu'il s'agit d'****un pouvoir sur l'air.***

*La bible va nous montrer que celui que nous disons être une incarnation de Lucifer, va être appelé* ***" le prince de la puissance de l'air ",*** *levant ainsi le voile sur ce qu'a été cet ange, depuis les âges où il fut incarné sur terre, et jusqu'à lors :*

**" Vous étiez morts par vos offenses et par vos péchés, dans lesquels vous marchiez autrefois, selon le train de ce monde, selon le prince de la puissance de l'air, de l'esprit qui agit maintenant dans les fils de la rébellion."** *( Ephésiens 2:2 ).*

*Dans la bible Lucifer et Satan que nous disons être Hermès, démontra son pouvoir sur l'air et le vent* **dans l'histoire tragique de Job** *mais qui finira en beauté. Lucifer* **déplaça un vent** *et fit mourir les fils et les filles de Job, ayant obtenu de Dieu une autorisation de toucher à ce qui appartenait à Job, même la vie de ses enfants.*

**" Il parlait encore, lorsqu'un autre vint et dit : Tes fils et tes filles mangeaient et buvaient du vin dans la maison de leur frère aîné ; et voici, un grand vent est venu de l'autre côté du désert, et a frappé contre les quatre coins de la maison; elle s'est écroulée sur les jeunes gens, et ils sont morts. Et je me suis échappé moi seul, pour t'en apporter la nouvelle"** *( Job 1 :18-19 )*

*Néanmoins, il faut dire que ce pouvoir est reconnu da façon globale aux anges déclarés méritants à la fin de leur passage sur la terre, durant les âges de l'ancien monde.*

**" De plus, il dit des anges : Celui qui fait de ses anges des vents, Et de ses serviteurs une flamme de feu "** *( Hébreux 1:7)*

*Quoique d'autres anges puissent agir sur les vents, Hermès Lucifer, détenait la plus grande sagesse et la plus grande maîtrise de ce phénomène naturel.*

### Hermès est précoce et surdoué :

*On raconte d'Hermès qu'il fut un bébé précoce, car aussitôt né, en sortant du ventre de sa mère, il sauta sur ses pieds et sorti de la caverne qui le vit naitre. Bien entendu, cet ange n'a guère eu de mère, et n'a pu naître d'une femme, car aucun ange en s'incarnant sur la terre, ne l'a été par voie de naissance d'une mère, mais ils ont été projetés directement dans leur enveloppe physique sur la terre. Mais, ici il s'agit d'une parabole qui sert à relater tout ce qui concerne ses débuts, et ses caractères.*

**Hermès : musicien et inventeur :**

*Aussitôt qu'il sortit de la caverne d'où il naquît, Hermès trouva à l'entrée de celle-ci,* **une carapace de tortue**, *qu'il va utiliser pour en faire* **un instrument de musique** *: Une lyre ; ce qui va faire dire de lui qu'il est* **un dieu inventeur**.

*Or, la bible atteste que le chérubin* **fut un musicien né,** *et ce premier acte du dieu Hermès dès sa naissance, est un indice majeur permettant clairement de l'identifier comme étant Lucifer, le dieu musicien de la bible :*

**" Tes tambourins et tes flûtes étaient à ton service, Préparés pour le jour où tu fus créé "** *( Ezéc 28:13 ) ;* **" Ta magnificence est descendue dans le séjour des morts, avec le son de tes luths "** *( Esaïe 28:11 ).*

*Bien plus tard,* **Hermès fabriquera également une flute,** *qu'il offrira au dieu grec Apollon, un instrument de musique supplémentaire fabriqués par ce dieu qui permet de reconnaitre en lui, la personne de l'ange Lucifer, et dont la bible révèle en Ezéchiel 28, 13 tous* **les instruments de musique qui furent prêts pour lui au ciel,** *afin qu'il accompagna les louanges en l'honneur du Créateur.*

*De plus, l'invention d'Hermès montre qu'il est un* **maître de la transformation**, *puisque d'***une carapace de tortue**, *il va en faire une* **Lyre**, *Cette invention, et ce pouvoir de transformation, va permettre de le différencier du Dieu Créateur, seul détenteur* **du pouvoir de création**, *entendu ici comme la capacité de faire apparaitre une chose directement à partir du néant.*

*Cette distinction est importante, car elle fait apparaitre d'une part, la trinité des* **Dieux de la création (Ouranos, Chronos, Zeus),** *seuls capables de créer toutes choses à partir du néant, et d'autre part un* **dieu de la transformation**, *qui va exceller dans le pouvoir de faire des choses nouvelles certes, mais à partir d'éléments pré existants.*

*En outre, nous allons montrer qu'en plus d'être un* **dieu de la transformation**, *Hermès va se révéler aussi être un dieu du* **déguisement,** *et de* **l'artifice**, *c'est-à-dire qui* **change la façade extérieure de choses,** *ou l'aspect extérieur sans être en mesure d'en changer le fond : cela va révéler qu'il est un dieu* **de l'apparence, et du superficiel.**

*Nous montrerons que le dieu Hermès, qui fut le* ***fondateur de la science de la transformation appelée l'alchimie****, n'est jamais parvenu au bout d'****une de ses quêtes les plus importantes****, arriver à* ***transformer une matière ordinaire en or****, mais qu'il a trouvé une matière pouvant de façon excellente,* ***en imiter l'aspect extérieur*** *:* ***l'orichalque****. Cette matière va plutôt s'avérer être, d'après nos recherches,* ***un cristal à l'aspect de l'or****, émettant des reflets de feu.*

*Continuons de voir comment Hermès révèle Lucifer, qui fut premièrement Prométhée, un dieu du feu, puis Poséidon un dieu de la terre, et ensuite un dieu de l'eau, et par après deviendra Hermès, un dieu de l'air.*

### Hermès est un dieu voleur :

*S'en allant avec la Lyre qu'il fabriqua, Hermès se rendit vers* ***les troupeaux de vaches*** *dont il sut qu'elles appartenaient au dieu Apollon, et, profitant du coucher du soleil pour passer inaperçu, en* ***vola 50 d'entre elles****, dont* ***il tuera deux****, qu'il découpera* ***en 12 morceaux****. Ensuite, ayant tué deux de ces vaches, il se mettra à faire du feu, dont on dira d'ailleurs* ***qu'il en est l'inventeur.***

*Faisant ainsi d'Hermès* ***l'inventeur du feu,*** *un lien évident apparait avec* ***Prométhée****, dieu du feu. Car, pour avoir apporté les secrets du feu sur la terre, Prométhée est* ***tout aussi bien le pionnier du feu sur terre****. Comment ne pas voir dans cette parabole d'Hermès, une histoire cachée de Prométhée lui-même ?*

*Ensuite, après le vol des bœufs d'Apollon, Hermès retourne chez sa mère à laquelle il annonce avec assurance son intention d'embrasser* ***le meilleur des métiers, celui de voleur*** *; Or, que nous révèle la bible au sujet de Lucifer, devenu Satan ? Jésus le Christ va donner un de ses attributs majeurs qui montre l'accomplissement du vœux qu'Hermès annoncé à sa mère :*

**" Le voleur ne vient que pour dérober, égorger et détruire ; moi, je suis venu afin que les brebis aient la vie "** *( Jésus Christ, en Jean 10:10).*

## Hermès est un dieu malin et menteur :

**" Au matin qui suivit son vol des vaches, Apollon découvrit le larcin et comprit vite qui en était l'auteur. Il se précipita dans la grotte où Maia et son fils reposaient. Hermès avait l'air d'un bébé bienheureux et il fit semblant de**

***dormir tandis qu'Apollon fouillait la caverne dans ses moindres recoins sans y trouver trace de ses vaches. Alors il apostropha Hermès. Sous ses accusations, Hermès se défendit : comment un nourrisson né de la veille aurait-il pu voler un troupeau de vaches ? ( La mythologie grecque, Hélène Montarde, page 31).***

*Hermès va même proposer à Apollon de jurer de son innocence sur la tête de Zeus. Mais Apollon n'étant pas dupe, Hermès va calmer son énervement, en lui* ***offrant la lyre****, et plus tard* ***la flute*** *qu'il avait fabriquée. Et, partant de là, Hermès va être dès la naissance, non seulement* ***un voleur****, mais aussi* ***un menteur****. Caractère qui fera dire à Jésus Christ au sujet de Lucifer, que nous avons maintenant identifié comme Hermès, le prince de la puissance de l'air, qu'il est "* ***le père du mensonge"*** *:*

***" Vous avez pour père <u>le diable</u>, et vous voulez accomplir les désirs de votre père. Il a été meurtrier dès le commencement, et il ne se tient pas dans la vérité, parce qu'il n'y a pas de vérité en lui. Lorsqu' <u>il profère le mensonge</u>, il parle de son propre fonds; car <u>il est menteur</u> et le <u>père du mensonge</u>*** *(Jean 8:44).*

## Hermès fut aussi un sacrificateur

*Il faut ajouter qu'Hermès n'a guère voler autant de vaches, jusqu'à 50, pour les manger, alors qu'il n'était qu'un nouveau-né. Il est logique de penser que doué qu'il était, il savait déjà* ***la nécessité de plaire aux Dieux ( Ouranos-Chronos- Zeus) en leur offrant des sacrifices,*** *puisqu'il va découper 2 vaches parmi les 50 volées, qu'il va suspendre dans l'étable. Puis, faisant du feu, on comprend qu'il* ***voulut offrir un sacrifice consumé par le feu,*** *et dont la fumée est reconnue pour plaire aux Dieux dans la bible, comme dans la mythologie grecque.*

*Et, il suffit là aussi de lire simplement entre les lignes pour comprendre dans cette parabole, qu'****Hermès est donc un sacrificateur à ses premières heures****, lorsqu'il vint sur la terre. Et les vaches volées doivent servir aux sacrifices à Zeus.*

*Un détail est parlant,* ***le nombre 12*** *des parts de vaches qu'Hermès partagea : il est est en lien avec le* ***cycle du temps, et des saisons*** *; et peu faire* ***référence aux 12 mois de l'année****. Car les Dieux demandent un sacrifice pour chaque mois et chaque saison. Ce qui peut faire penser d'une certaine manière, qu'Hermès est* ***un aussi un maitre des saisons et du temps.***

**Tableau d'Hermès montrant qu'il est un maître du temps**

*Aussi, après avoir montré* ***la fonction de sacrificateur chez Prométhée*** *à travers le bœuf qu'il partagea en deux parts pour être offert à Zeus, et chez Poséidon à travers* ***la symbolique du taureau****, animal du sacrifice, et* ***l'usage du trident*** *propre aux sacrifices brûlés par le feu, c'est au tour* **des vaches découpées par Hermès***, de nous révéler* ***la même fonction de sacrificateur****. Tous ces indices du sacrificateur : le bœuf pour Prométhée, le taureau pour Poséidon, et les vaches pour Hermès,* ***sont le fil conducteur*** *qui* ***nous mène vers un seul et même personnage,*** *celui de Lucifer, dans l'histoire des âges pré adamiques, partant du ciel vers la terre, et jusqu'à la fin de l'ancien monde.*

*Cet ange, Lucifer, a donc* ***incarné successivement ces 3 dieux de la mythologie grecque*** *que sont : Prométhée, Poséidon et Hermès. Mais nous le verrons, dans sa sagesse employée désormais à la tromperie, allait l'emmener* ***à prendre l'apparence d'un 4ème Dieu de la mythologie****, et se faire passer pour celui-ci : le plus illustre des dieu grecs, c'est-à-dire Zeus.*

## • Hermès-Lucifer, dieu de la transformation, de l'alchimie et la magie

*Ainsi que nous l'avons vu, aussitôt sorti de la grotte qui l'a vu naitre, Hermès trouva* ***une tortue*** *à son entrée, dont il se saisit pour en faire* ***une caisse de résonnance****, et de ses boyaux pour en faire des cordes d'un instrument de musique appelé la Lyre.*

*Dans ce sens, Hermès révèle un aspect très méconnu de Lucifer, lorsqu'il fut sur la terre, c'est qu'il fut* ***un dieu de la transformation****, qui certes n'est déjà pas en* *mesure de créer à partir du néant comme pour la trinité créatrice, mais qui pouvait par sa sagesse transformer tout ce qu'il touchait. Ainsi, par sa sagesse, Hermès-Lucifer apprit à maitriser tous les procédés de transformation de la matière.*

*Une autre réalité que soulève la transformation de cette tortue,* ***une créature vivante****, en* ***instrument de musique****, est qu'Hermès transforme* ***un être vivant en une chose****, c'est-à-dire en* ***un objet*** *en sa possession, et qu'il manipule. Et cela rappelle son passé sur la terre, lorsqu'il transformait des êtres vivants pour en faire ses objets, qu'il manipulait à sa guise.*

*Au-delà, Hermès parvint* ***à opérer toutes sortes de modifications génétiques*** *des êtres vivants, hommes et animal, pour en faire des créatures diverses : des* ***pans, les orcs, des gobelins, les sirènes, les nains, les lutins*** *(de taille minuscule) jusqu'****aux monstres de la mer*** *( de taille géante* ***).*** *Car, voulant passer pour Dieu, qui avait créé toutes sortes d'animaux à l'envergure des dinosaures, qui allaient être des monstres. Aussi, obtint-il, par des* ***divers croisements génétiques****, des monstres des mers de la mythologie grecque tels que* ***le calamar géant*** *ou* ***le Kraken*** *...*

*Par ailleurs, par sa connaissance de la magie, cet ange qui se prit pour le créateur, eût la capacité de changer son apparence et de paraitre sous différents visages. Et, devenu le père des sciences* ***magiques****, de l'****artifice****, et du* ***déguisement****, il devint certes le dieu de* ***la transformation,*** *mais n'arriva toutefois pas à maitriser* ***les clés de la transmutation des corps de la matière.***

## Le lien d'Hermès dieu de l'air, avec le dieu des eaux

*Il y'a un lien implicite entre Hermès, le dieu de l'air et Poséidon le dieu de l'eau, à travers* ***la tortue*** *trouvée par Hermès au sortir de la grotte où il est né. L'entrée de la caverne est une étape importante sur laquelle la sagesse nous demande de nous arrêter. La tortue n'est pas un détail anodin au plan symbolique, car* ***la tortue est un animal emblématique de la mer****, et permet de rappeler* ***l'environnement de Poséidon,*** *la mer et l'océan. Cette tortue établit un lien très subtil entre* ***Hermès et son passé de dieu des océans et des mers.***

*Par cette tortue, le monde marin vient ici reconnaitre son dieu dès sa naissance,* ***Poséidon devenu Hermès****. Dès sa sortie de sa caverne, cette tortue est le premier contact d'Hermès avec l'extérieur.*

***La tortue à l'entrée de la grotte où Hermès est né, indice de son origine cachée,***

## *Hermès : grand père d'Atlas*

*Voici un autre élément pertinent pour dire qu'Hermès n'est autre que Poséidon sous une autre apparence, et Lucifer le chérubin de la bible, devenu Satan. En effet, les poèmes d'Homère rapportent qu'****Hermès est le grand père d'Atlas****. Or, le philosophe Platon dira dans son récit de l'Atlantide que le même* ***Atlas, a Poséidon pour père****, et il qu'il est d'ailleurs l'ainé de ses dix fils. Atlas donnera d'ailleurs son nom à l'île de l'Atlantide, et à l'océan atlantique que nous connaissons aujourd'hui.*

*Ainsi,* ***si d'après Homère, Hermès est le grand père d'Atlas*** *et que Poséidon en est le père. Cela revient à établir* ***une filiation directe entre Hermès et Poséidon****, pour dire en langage des énigmes, que les deux dieux, Hermès et Poséidon, sont bien la même personne, en qui nous avons aussi reconnu Lucifer, le Satan de la bible.*

<table>
<tr><th colspan="3">Cryptage : dire presque la même chose, et montrer une similarité</th></tr>
<tr><td>Poséidon : le père d'Atlas</td><td>D'après le philosophe grec Platon</td><td rowspan="2">Hermès est donc Poséidon</td></tr>
<tr><td>Hermès: le grand père d'Atlas</td><td>D'après le poète grec Homère</td></tr>
</table>

## *Le bâton d'Hermès : le Caducée*

*Il est intéressant de regarder à l'appellation du bâton d'Hermès, appelé le caducée, et dont on voit un lien avec le mot* ***caduc*** *dans la langue française : mot qui* ***signifie quelque chose de qui est ancien, dépassé, ou démodé****. Y'aurait-il donc au travers du bâton symbole du pouvoir d'Hermès quelque chose de dépassé, ou en langage ésotérique, signifierait-il un pouvoir très ancien et méconnu aujourd'hui. Quel est ce pouvoir détenu par Hermès qui serait ancien et démodé ?*

*Autour de ce bâton, s'enroule* ***deux serpents qui tournent en spirale****. Déjà le serpent le grand symbole d'une grande sagesse, car la bible dit de cet animal qu'il fut le plus rusé que tous les animaux. Ainsi, les deux serpents autour du bâton symbolisent qu'ils sont les gardiens d'un grand pouvoir, d'une haute sagesse, ou d'une haute science.*

*Ensuite, une analyse au plan symbolique des deux serpents, permet d'observer qu'ils ils forment une forme le chiffre 8, rappelant* ***le symbole de l'ADN****, qui a la même la même forme. Cela révèle qu'Hermès connaissait déjà* ***les secrets de la génétique****, et de sa manipulation, et qu'il fut détenteur de cette science.*

## *Hermès et le serpent*

*Hermès arbore sur son bâton appelé le caducée, deux serpents ; un animal dont la bible nous dit qu'il fut le plus rusé de tous les animaux du jardin d'Eden, celui qui allait être l'animal emblématique de Lucifer devenu Satan. Car, il fut celui que cet ange utilisa pour faire désobéir Adam et Eve à leur Dieu. Ces deux serpents confirment donc au plan symbolique que Hermès est bien Satan le serpent, et représentent l'emblème de cet ange corrompu :*

***" Le serpent était le plus rusé de tous les animaux des champs, que l'Eternel Dieu avait faits "*** *(Genèse 3:1).*

***" Il saisit le dragon, le serpent ancien, qui est le diable et Satan "***
*( Apocalypse 20:2)*

## Hermès est aussi le dieu des voyageurs

*Hermès est aussi recouru pour être le dieu des voyageurs. Mais de quels voyageurs s'agit-il, puisqu'il est un dieu des airs ? Des personnes voyageaient-ils déjà dans les airs, aux âges pré adamiques du temps de la préhistoire ?*

*Mais, un décryptage du message caché du bâton d'Hermès, avec ses deux serpents l'entourant en spirale, et portant à son sommet* **une boule symbole d'un astre***, nous révèle qu'Hermès détenait une* **technologie de voyage en destination des astres***, c'est-à-dire des étoiles, et pourquoi pas d'autres planètes.*

*Et, les deux serpents qui tournent en spirale révèlent, qu'il existait un chemin par lequel des voyages s'effectuaient : ils forment en effet* **un vortex, une sorte spirale formée par des vents de particules***, qui avaient le pouvoir de propulser le voyageur vers les hauteurs célestes.*

*Cela révèle donc qu'Hermès avait percé le secret* **du voyage astral** *; qu'il fut* **le gardien du portail de voyage vers le ciel, et l'univers***, et que des percées scientifiques furent déjà réalisées à des âges où notre humanité adamique n'avait pas encore vu le jour, par cet ange maitre de sagesse.*

## Hermès débarrasse les pierres sur les chemins

*Ce détail n'est pas du tout anodin, et nous révèle un autre pouvoir du dieu Hermès, et pas des moindres. Car, celui que nous pouvons appeler désormais Hermès-Lucifer, qui fut le grand bâtisseur de temples en l'honneur des Dieux de la trinité, et premier à bâtir une ville, en la capitale de l'Atlantide, avait un pouvoir particulier pour ériger toutes ses réalisations en terme de constructions :* **celui de déplacer des pierres, et même des pierres massives.**

*Ce pouvoir, Hermès le transmît lorsqu'il fut Poséidon, à ses fils, les atlantes ; Et ceux-ci employèrent le pouvoir de transporter les pierres, pour bâtir des villes préhistoriques, et plusieurs des pyramides que nous retrouvons à travers le monde.*

*Ce pouvoir d'Hermès sur les pierres même géantes, appelées mégalithes car pouvant peser jusqu'à des centaines, voire de milliers de tonnes, explique ces constructions retrouvées par des archéologues, et qui questionnent encore les scientifiques modernes ; lesquelles avouent ignorer comment elles furent extraites des carrières, taillées, et surtout transportées sur des centaines de kilomètres, et comment elles furent ensuite assemblées pour former des pyramides, ou des murs cyclopéens. Ces pierres, pour plusieurs, sont dites appartenir à des civilisations des époques datant de la préhistoire.*

***Ce pouvoir sur les pierres** détenu par Hermès-Lucifer, le débarrasseur de pierres, témoigne donc qu'**il fut un dieu bâtisseur**, et en ce sens, il rejoint Prométhée et Poséidon, confirmant qu'il fut un dieu civilisateur, **père de la race des bâtisseurs**, la race atlante ( voir l'ouvrage intitulé **: la bible dévoile enfin l'Atlantide ).***

*Et sur cet aspect **du pouvoir de déplacer des pierres massives** qu'exerce Hermès, on va observer un élément fort intéressant dans la bible, quoiqu'on s'en rende peu compte : notamment lorsque Satan, l'ex-Lucifer, **transporta Jésus en chair, donc physiquement, vers la ville sainte au moment de le tenter dans le désert**. Ceci veut dire que le diable a la capacité de transporter un corps dans les hauteurs, du désert vers la ville, et sur des kilomètres, puisqu'il sera question pour Jésus une fois dans les hauteurs de se jeter physiquement du haut du temple.*

**Le diable <u>le transporta</u> dans la ville sainte, <u>le plaça sur le haut du temple</u>, et lui dit : Si tu es Fils de Dieu, jette-toi en bas; car il est écrit : Il donnera des ordres à ses anges à ton sujet; Et ils te porteront sur les mains, De peur que ton pied ne heurte contre une pierre ( Matthieu 4:5-6 )**

## - Hermès et sa bourse, dieu fondateur du commerce :

**Hermès souvent représenté, tenant une bourse dans sa main**

*Un autre élément au sujet d'Hermès, permet de montrer un autre attribut de Lucifer, lorsqu'il vécut en chair sur la terre : c'est qu'il fut **l'inventeur du commerce,** et des échanges de biens et services, et **le premier fondateur de la monnaie**. Un* *commerce qui existait donc déjà dans la première de toutes les civilisations de la terre, l'Atlantide ; Et cela explique pourquoi cette civilisation fut déjà si prospère et si avancée. Cela est symbolisé par le fait qu'***Hermès est le porteur d'une bourse d'argent, et nous atteste qu'il** *est bien le dieu civilisateur qu'on a vu d'abord en Prométhée, puis en Poséidon.*

*Dans la bible, c'est le prophète Ezéchiel qui va évoquer le commerce qu'avait établi l'ange que nous identifions comme le dieu grec Poséidon et en même temps le dieu Hermès. Ainsi, celui qui recherchait avidement la richesse, échangeait avec d'autres peuples d'anges sur la terre, et deviendra riche et prospère, mais par la suite ce commerce va devenir totalement injuste et corrompu :*

**" Tu étais un chérubin protecteur, aux ailes déployées"***(Ezéchiel 28:14)* **; " Par ta grande sagesse et par ton commerce Tu as accru tes richesses, Et par tes richesses ton cœur s'est élevé"** *(Ezéchiel 28:5) ;* **" Par l'injustice de ton commerce tu est devenu violent et tu as péché "** *(Ezéc. 28:13) :* **" Par la grandeur de ton commerce Tu as été rempli de violence, et tu as péché** *(Ezéchiel 28:16) ;* **" Par l'injustice de ton commerce, Tu as profané tes sanctuaires "** *( Ezéchiel 28:18).*

*En lisant entre les lignes de tous ces passages, on finit par comprendre que Lucifer a été* **le fondateur du commerce** *et* **des échanges maritimes** *qui ont fait la prospérité de l'Atlantide, et qu'Hermès nous fait retrouver par ses attributs. Le passé de l'ange décrit par Ezéchiel, montre Lucifer, devenu Satan, le diable de la bible.*

## Lien d'Hermès et Prométhée :

*Revenons sur les liens entre Hermès et Prométhée : ils sont à l'origine du feu, Prométhée pour l'avoir volé chez Zeus sur le mont Olympe, et l'avoir partagé le premier aux hommes, et Hermès pour l'avoir inventé après avoir volé des bœufs appartenant à Apollon. Donc un lien entre les deux avec l'apparition du feu sur terre.*

*Ensuite, cela ne vous a guère échappé qu'***ils sont tous deux des voleurs***. Ils sont en même temps* **tous les deux des trompeurs***. L'un vol des vaches, et l'autre trompe Zeus au moment du sacrifice d'un bœuf, et, se faisant, ils sont* **tous les deux des sacrificateurs.**

***Les deux dieux apportent la civilisation**, en étant implicitement **des bâtisseurs** : Hermès à travers les pierres et piliers qu'il transporte, ainsi que le commerce dont il est le fondateur, et Prométhée par le fait que la mythologie en fait le fondateur de la civilisation.*

## *Hermès est le conducteur des âmes aux enfers :*

*Si Hermès conduit les âmes en enfer, c'est que dans un sens, il n'est pas celui qui les juge, car ce rôle revient à Zeus. En revanche, par-là, il applique les jugements que Zeus prononce. Toutefois, par rapport à la bible, cette tâche ne débutera qu'avec la nouvelle humanité, l'humanité adamique, au moment où il prendra le rôle d'**accusateur** devant le tribunal divin, et qui lui vaudra le nom de Satan.*

*Autant dire que dans ce sens, Hermès se réjouira de la perdition des âmes en enfer, puisque la race humaine adamique ayant pris sa place sur la terre, il ne souhaite que sa destruction, ou du moins à l'influencer afin de la dominer.*

*Ainsi, Hermès connait le chemin des enfers, et organise la conduite des pécheurs en enfer. Toutefois, cela ne veut pas dire qu'il va jusqu'à tourmenter les âmes en enfer, bien que la croyance populaire au Diable rouge lui donne ce rôle. Mais une fois les pécheurs menés aux enfers, le rôle de les tourmenter revient au **dieu Hadès, le dieu des enfers.***

*Au final, Hermès nous aura permis de retracer l'activité du chérubin d'Ezéchiel 28:14, le Satan de la bible, en décrivant toutes les étapes de son parcours depuis le ciel jusque sur la terre, et où Mythologie grecque et bible s'accordent pour dire qu'il s'agit de la même personne : **créé dans les cieux, ange aux quatre ailes déployées** et **musicien,** puis venu **sur la terre, devenu sacrificateur, messager des dieux, inventeur et magicien, devenu malin et voleur, en même temps bâtisseur, voyageur de l'espace, fondateur du commerce, père de la race atlante, père de la génétique, inventeur d'espèce étranges, de monstres, et réputé pour sa colère et sa violence** . . .*

## *Hermès, Prométhée, et l'apparition de la femme*

*C'est ici qu'intervient la première femme. Mais nous préférons revenir sur ce point plus tard, pour voir de quelle manière, Prométhée et Hermès ont eu un rôle crucial peu après l'apparition de la femme ; Et que la bible s'accorde à montrer que ces deux dieux ont été au cœur du scandale de séduire la femme et la pousser à désobéir à Dieu. Il s'agira pour nous de comprendre, qu'il s'agit de la même personne, du même dieu, Satan, qui est intervenu dans son plan de tromper le couple qui a obtenu la place qu'il avait occupé dans le jardin d'Eden pré adamique*

### *- Hermès a-t-il connu une fin dans l'ancien monde ?*

*Parler de la fin d'Hermès-Lucifer, revient à parler de la fin de ses activités sur terre dans l'ancien monde, notamment la fin du règne qu'il a alors connu ; Une fin qui nous est richement décrite par* ***la parabole de la naissance d'Hermès,*** *lorsqu'on applique* ***une inversion du sens*** *et de l'ordre dans cette parabole, en considérant notamment que* ***la naissance d'Hermès sert à décrire plutôt sa mort,*** *ou que* ***son début sert plutôt à décrire ce qu'a été sa fin.***

*La naissance d'Hermès dans une grotte signifie* ***par inversion****, qu'il a fini dans une grotte, ce qui est arrivé selon la bible lorsqu'il fut enfermé dans les profondeurs sous terraine d'une fosse pierreuse. Cela est confirmé lorsqu'on regarde sa fin à travers Prométhée dont nous avons vu que* ***par inversion*** *il a, lui aussi, fini dans une fosse. Hermès et Prométhée ont tous les deux finis dans une fosse.*

***" Mais tu as été précipité dans le séjour des morts, Dans les profondeurs de la fosse "*** *( Esaïe 14:15 )*

***" Mais toi, tu as été jeté loin de ton sépulcre, Comme un rameau qu'on dédaigne, Comme une dépouille de gens tués à coups d'épée, Et précipités sur les pierres d'une fosse, Comme un cadavre foulé aux pieds"*** *(Esaïe 14:19)*

***"Je te précipiterai avec ceux qui sont descendus dans la fosse, Vers le peuple d'autrefois, Je te placerai dans les profondeurs de la terre, Dans les solitudes éternelles, Près de ceux qui sont descendus dans la fosse, Afin que tu ne sois plus habitée ".*** *(Ezéchiel 26:20)*

*À la naissance d'Hermès,* ***une tortue*** *est tout de suite trouvée à l'entrée de la grotte où il est né. En même temps qu'elle va permettre un lien avec la mer ancien milieu de règne d'Hermès, lorsqu'il incarnait Poséidon, la tortue va peut-être symboliser* ***qu'une inondation*** *a emporté cette tortue* ***jusqu'à cette grotte.*** *Et, cette inondation est celle qui a englouti l'île de l'Atlantide, la civilisation dont Hermès-Lucifer fut le* *fondateur ; Inondation pendant laquelle il est en même temps jeté dans une fosse pierreuse (symbolisée par la caverne où il est né ).*

*C'est lors de cette inondation que* ***Lucifer fut envoyé dans une fosse, sous la terre*** *(en Esaïe 14:15 / 14:19 ; Ezéchiel 26:20 / 31:14).Et* ***cette fosse*** *est appelée le tartare dans la mythologie grecque.*

*Toutefois Hermès enfermé dans cette fosse, en sortira un jour, par l'occasion que lui donnera un animal,* ***un reptile****, un serpent, et la tortue est un reptile qui symbolise le reptile qui donnera* ***l'occasion à Lucifer de sortir de la grotte souterraine****, afin d'aller éprouver les nouveaux humains Adam et Eve. Le prince de la puissance de l'air éprouvera les humains à qui Dieu va confier désormais le jardin d'Eden et la terre pour y régner, donnant une revanche à l'humain, que Lucifer avait tué.*

*Et,* ***la durée de l'enfermement d'Hermès, dans la fosse pierreuse,*** *est exprimée par* ***le nombre 50****, des 50 vaches qu'Hermès a volées aussitôt sorti de la grotte. Ce nombre* ***symbolisent une durée de 5000 ans*** *( un temps calculé entre la fin de l'Atlantide d'après Platon, il y'a 11000 ans, et le début de l'humanité Adamique il y'a 6000 ans, soit : 9000 ans – 4000 ans = 5000 ans ).*

***Ici nous allons faire parler les nombres de manière symbolique*** *:la clé de décryptage est qu'on ne montre* ***à peu près ce que ce qui fut la réalité,*** *et qu'****on nous présente donc imparfaitement****, ou en partie. Ainsi les 50 vaches vont servir à présenter, le temps de 5000 ans passé par Hermès Lucifer dans la fosse ténébreuse, en ne montrant que les 2 premiers chiffres de ce temps* ***donc 50, des 50 vaches volées.***

*Ensuite, on peut faire le raisonnement suivant : puisque Hermès a tué 2 vaches parmi les 50 vaches volées,* ***une vache tuée signifie zéro*** *vache, et deux vaches tuées font 0 et 0 donc* ***00****. On a au final 50 vaches et 00 qui font 5000 ans. Maintenant où trouve-t-on que ces 5000 sont des années de temps ?*

*Hermès a tué 1 vache et l'a coupé en 12 morceaux. Or, 12 est* ***le nombre de mois dans l'année****, et chaque morceau de vache fait référence à un des 12 mois de l'année. Une vache vaut alors 12 morceaux, ou 12 mois, donc* ***1 an*** *; 50 vaches valent 50 ans. Et les deux vaches mortes ajoutées par deux zéros font* ***5000 ans.*** *Lucifer a donc fait 5000 ans dans la fosse à la fin de l'ancien monde.*

| Une fin d'Hermès Lucifer écrite par inversion | |
|---|---|
| **La naissance d'Hermès** | **Correspond à la fin d'Hermès**<br>*( pour ne pas dire à sa mort )* |
| ***Né*** *dans* ***une grotte****, c'est-à-dire une* ***grotte****, dans le sol, fait de pierres,* | *Signifie* ***par inversion*** *du sens, qu'il* ***finit plutôt enfermé sous la terre,*** *dans une grotte sous terraine, une fosse* |
| ***Durée passée,*** *enfermé dans la* ***grotte*** *symbolisée par les 50 vaches* | ***Référence à la fosse souterraine*** *où finira Lucifer en Esaïe 14:15 / 14:19* |

- ***Tableau de comparaison, établissant la similitude des 3 dieux***

| Les dieux | Faits attribués | Liens implicites | Autres liens |
|---|---|---|---|
| *Hermès* | - A inventé le feu<br>- Transformateur de la tortue en instrument de musique (Lyre)<br>- Sacrificateur | - Civilisateur<br>- Poseur de colonnes sur les chemins, porteur de pierres ( Bâtisseur) | A volé des bœufs |
| *Prométhée* | - Porteur du feu sur terre<br>- Sage par le feu de la connaissance<br>- Sacrificateur, car il a tué un bœuf pour l'offrir à Zeus | -.Civilisateur<br>- Fondateur du Commerce & de la monnaie d'échange | A volé le feu de Zeus |
| *Poséidon* | - Son trident est lié au feu des sacrifices consumé par le feu ( Holocauste )<br>- Sacrificateur<br>- Diable rouge et son trident | Civilisateur<br>Bâtisseur d'une ville ( Poséidonis ) capitale de l'Atlantide | A pris pour femme une mortelle, la jeune Clito, fille d'Evenor d'après Platon |
| *Le faux Zeus ( imitateur)* | -.Lance le feu de la foudre<br>- Se transforme en taureau<br>( indice du sacrificateur ) | | A kidnappé la déesse Europe. |
| *Lucifer Satan* | | | |

- ***Incarnation par Lucifer d'un 4ème dieu grecs : un faux Zeus***

*A présent, nous allons voir qu'un faux Zeus a existé, qui a usurpé l'identité du vrai Zeus, le Zeus originel, Dieu des dieux et Dieu du ciel, chargé de faire régner l'***ordre***, ***la sages***se et ***la justice***, et ***détenteur de la foudre***. Le Zeus originel, nous le verrons, est Yahvé, le Dieu des hébreux, et par la même occasion, son fils Jésus Christ, troisième de la trinité des Dieux suprêmes, ainsi que Roach Hakodesh, l'Esprit Saint (Ouranos, Chronos, Zeus ).*

*Après avoir incarné Prométhée, Poséidon, puis Hermès, Lucifer sur la terre, en être de chair, au temps de l'ancien monde, va usurper l'identité du vrai Zeus. Et pour montrer l'existence d'un faux Zeus dans la mythologie grecque, il nous faut nous intéresser* ***aux caractères****, ainsi qu'****aux attributs*** *du vrai Zeus.*

*D'abord, il faut dire que Zeus a pour arme,* ***la foudre****, et qu'il la lance sur* ***les esprits rebelles****, et il a aussi* ***un bouclier*** *appelé* ***l'Egide*** *; Son animal emblématique est* ***l'aigle,*** *animal dont on sait qu'il symbolise* ***la royauté dans le ciel,*** *car l'aigle est le roi des airs ; De plus, on dit que Zeus est* ***le Dieu des dieux****, et qu'il juge selon les lois ; qu'il est le maitre de l'ordre. Cela signifie qu'il est un Dieu soucieux de la justice, et d'après les grecs, il envoie les rebelles* ***dans le tartare.***

*Avant de montrer comment le faux Zeus, Poséidon-Lucifer, se présente avec les attributs du vrai Zeus, tels que nous venons de les décrire, commençons par voir à travers la symbolique autour de Poséidon, comment il se fait passer pour Zeus dans une paraboles à son sujet, mais où il apparait comme* ***un Zeus immoral.***

*En effet, un certain Zeus* ***se transforma*** *en* ***taureau****, lorsqu'il enleva* ***la déesse Europe,*** *car il fut épris de cette dernière à cause de sa beauté et sa grâce. Et, après l'avoir séduite, il l'enleva, et la transporta sur son dos, traversa la mer jusqu'à atteindre l'île de* ***Crète à la nage.***

***la jeune Europe, enlevée par Zeus changé en taureau, et leur traversée de la mer afin de gagner l'île de Crête.***

*Or, s'agissant du taureau, nous avons vu qu'il est* ***le deuxième symbole du dieu Poséidon****, dieu des océans et des mers, après celui du trident, et avant le symbole* ***du cheval****. Le taureau, symbole qui rappelons-le, implique la fonction de sacrificateur et de prêtre de Poséidon : fonction reconnue par la bible à Lucifer dès son arrivée sur la terre. Le taureau, symbole de Poséidon, un animal confirmé par la croyance populaire au diable rouge, comme étant le diable et Satan.*

*Alors, un certain Zeus, va se transformer en taureau blanc et inoffensif, dans le but* ***de séduire*** *la jeune Europe, et l'enlever, afin de l'emmener sur l'****île de Crête,*** *à la nage****. En établissant un lien symbolique, ce taureau blanc*** *est l'indice de Poséidon, qui dans son art du déguisement, se fait passer pour le vrai Zeus, qui n'a jamais eu pour symbole le taureau.*

*De plus, il nous faut être attentif au fait que* ***le taureau qui enlève Europe, traverse la mer,*** *ce qui fait de lui* ***un excellent nageur****, surtout qu'il porte une femme sur son dos ; Et, la mer qu'il parvient à traverser nous révèle que ce Zeus, n'est en réalité que Poséidon- Lucifer,* ***le maitre des mers et Océans,*** *et non le vrai Zeus.*

*En outre, ce taureau* ***va séduire la jeune femme,*** *avant de l'enlever afin de nous montrer qu'il est un* ***séducteur****, et un* ***kidnappeur****, donc un* ***voleur****. Ces deux aspects achèvent de nous montrer deux caractères permettant de reconnaitre Lucifer, dans la bible, le voleur, qui séduisit Eve dans le jardin d'Eden.*

**Zeus se transforme en taureau, 2ème symbole de Poséidon**
**Le taureau traverse la mer pour emmener Europe sur l'île de Crète**

*Cette transformation de Zeus en taureau, est un aspect encore vu s'agissant du dieu Hermès, qui montre qu'il use de **l'art du déguisement et de la transformation ;** un point fort de Lucifer Certes, mais qui ne fait toutefois pas de lui, un dieu de la création, un Suprême.*

*En effet, aucun autre dieu de la mythologie grecque, n'est décrit comme changeant son apparence, pour revêtir celui d'un animal, dans l'objectif de séduire. Le faux Zeus se dévoile donc ici, dans son art favori : le déguisement, et la transformation.*

***" Et cela n'est pas étonnant, puisque Satan lui-même se déguise en ange de lumière"** (2 Corinthiens 11:14)*

*Or, il faut se rappeler que **le déguisement** est **la signature de Satan dans la bible**, en Genèse 3:13, où il le mettra en œuvre **en entrant dans le serpent** afin de **séduire Eve** dans le jardin d'Eden, et de la pousser à désobéir au Créateur, pour obéir à sa voix.*

***" L'Éternel Dieu dit à la femme : Pourquoi as-tu fait cela ? Et la femme dit ... c'est le serpent qui m'a séduite et j'en ai mangé : "** (Genèse 3 :13).*

*Mais, il convient de dire que ce faux Zeus, maitre du déguisement et de la séduction, n'aura aucune influence sur les peuples d'anges de la Grèce pré adamique, comme cela sera le cas durant la Grèce de l'antiquité, un empire qu'il va totalement contrôler, voulant que toute l'histoire grecque antique ne tourne qu'à son honneur.*

*Bien au contraire, les peuples d'anges habitants la Grèce des temps pré adamiques, n'eurent qu'un seul but, celui de stopper la conquête de l'Atlantide, et d'empêcher son dieu fondateur, Poséidon-Lucifer, père des atlantes, de parvenir à dominer la méditerranée, jusqu'aux terres d'Egypte.*

*Cela veut dire que l'Histoire de ce faux Zeus,* ***couvre essentiellement la période de la grecque antique,*** *ce pourquoi on nous montre qu'il nait déjà en Crête. Celui qui a incarné successivement, Prométhée, Poséidon, et Hermès n'allait pas avoir de mal imiter Zeus, le Dieu des cieux, et à le faire à la perfection.*

## Lucifer devenu maitre des 4 éléments : feu, eau, terre et air

*Partant de ce qui précède,* ***Lucifer aura réussi à incarner trois dieux grecs*** *parmi les plus illustres, et aura réussi à se faire passer pour un quatrième Dieu : Zeus, le Dieu de la foudre. Ce, parce qu'il aura réussi à devenir un maitre des* ***4 éléments fondamentaux de la vie biologique sur terre*** *: Feu ; terre ; l'eau ; et air.*

*Premièrement, il incarna d'abord Prométhée un dieu du feu de la connaissance, non pas encore du feu comme une arme, ou une puissance d'énergie ; Deuxièmement, il incarna de la terre, puis un dieu de l'eau, en étant devenu Poséidon, et un dieu de l'air en étant devenu Hermès.*

*Dès lors, nous pouvons établir un découpage de son histoire* ***en 4 étapes durant les âges pré adamiques****, chaque étape l'ayant vu développer un pouvoir sur la matière, progressant jusqu'à obtenir* ***le dernier pouvoir****, qui lui permettra de* ***faire des voyages vers l'univers, le deuxième ciel, et même le troisième ciel où Zeus*** *a sa plus haute demeure. En finissant par maitriser la puissance de l'air, Poséidon acquit le pouvoir de voyager physiquement dans l'univers, mais aussi de hisser les objets vers n'importe quelle destination de l'univers, et dans l'invisible.*

*Etant devenu* ***un dieu des 4 éléments*** *avec Hermès, dieu de l'air, le chérubin d'Ezéchiel 28 :14, entreprendra d'imiter à la perfection le vrai Zeus au milieu de ses collègues anges, par le fait de démontrer* ***la maitrise du feu comme une arme de terreur****, notamment en lançant la foudre comme le faisait le vrai Zeus.*

| 4 éléments de la nature | 4 Temps et activités du dieu dans la mythologie grecque |
|---|---|
| *Le feu* | ***Un dieu porteur du feu de la lumière de la connaissance :***<br>*Prométhée dieu de la connaissance, et de la sagesse* |
| *La terre* | ***Un dieu maitre de la terre, de la pierre, et de la roche :***<br>*Poséidon un dieu des tremblements de terre, un dieu des pierres, et des roches, un dieu bâtisseur ( révélé dans la bible par Ezéchiel* |
| *L'eau* | ***Poséidon dieu des océans, des mers et des sources de l'eau :***<br>*Poséidon dieu des océans, des mers et des sources d'eau ( révélé dans la bible par Esaïe ).* |
| *L'air* | ***Un dieu maître de l'air : Hermès : dieu des airs, un dieu qui s'envol,*** *messager des Dieux ( révélé dans la bible par Ezéchiel ).* |

*Il faut ajouter qu'une nouvelle dimension de ce dieu sera atteinte par la maitrise de la puissance de feu, lorsqu'il sera en mesure de lancer ce feu sous forme de foudre et des éclairs. Et, en imitant le vrai Zeus, Dieu suprême, cela commença à susciter aux yeux de nombreux anges de la crainte.*

## Lucifer, dieu imitateur, de l'artifice, la magie, du déguisement

***Prométhée est un dieu de la transformation****, car le feu permettra à l'homme d'obtenir tous les éléments de la civilisation, notamment de faire de la métallurgie, et de fabriquer toutes sortes d'armes, tel que le trident pour les sacrifices.*

***Poséidon, également maitre de la transformation****, car d'après Platon, il bâtit la ville qui fut la capitale de l'Atlantide. Il la recouvrit de métaux précieux, dont il fit la fusion, à savoir l'or et l'argent, et dont le 3ème métal fut un alliage appelé l'orichalque. Ce qui montre qu'il mélangeait les propriétés des métaux, faisant de lui un dieu de l'alchimie, et donc un dieu de la transformation.*

***Quant à Hermès, il transforma une tortue vivante en instrument de musique****, c'est-à-dire en un objet, montrant qu'il est un dieu de la transformation. Et son bâton* *montre qu'il opérait la manipulation de l'ADN, faisant des croisements génétiques pour obtenir des variétés d'êtres hybrides, et dont il serait vu comme le créateur.*

**Les transformations du faux Zeus en oiseau pour séduire Héra** *dans le jardin des Hespérides,* **et en taureau pour séduire Europe**, *font de lui, un dieu de la transformation.*

*Toutes choses qui montrent que Lucifer avait relevé des défis scientifiques et technologiques inouïs, et passait désormais pour un dieu suprême. Et, il emmena plusieurs des anges qui l'on suivit, notamment Hadès, Apollon, Dionysos, et bien d'autres, à penser qu'ils pouvaient eu aussi devenir des dieux suprêmes, comme les Dieux de la trinité, les Elohim Créateurs.*

**_Un même sacrificateur caché derrière les 4 illustres dieux grecs._**

| **_Mythologie Grecque_** | _Prométhée :_<br>**_Un bœuf_** _a été offert trompeusement en sacrifice à Zeus._ |
|---|---|
| **_Mythologie Grecque_** | _Poséidon :_<br>**_Le taureau_** _symbole de Poséidon, prend l'apparence du taureau, animal de sacrifice à l'exemple_ **_du taureau qui effraya les chevaux du héros Hyppolite_** _et le tue, est Poséidon dans son rôle de sacrificateur_<br><br>**_Le taureau rouge équipé du trident symbole de diable rouge_**_, et le rouge de sa couleur symbole du feu, pour l'offrande aux Dieux suprême._<br>**_Diable rouge équipé d'un trident_** _qui rappelle le second symbole de Poséidon rejoint la_ |
| **_Mythologie Grecque_** | _Hermès :_<br>**_Les vaches volées ; les 2 vaches tuées_**_, puis fumées avec un_ **_feu_** _allumé, pour être offertes_ |
| **_Mythologie Grecque_** | _Le faux Zeus :_<br>_qui se transforma en_ **_taureau_** _pour enlever Europe, et la transporter vers l'île de_ **_crête_** _en_ **_nageant sur la mer_** _._ |

## Chapitre 5
## *Jésus Christ est le vrai Zeus de la mythologie grecque*

*Dans la mythologie grecque,* ***la chrétienté n'admet pas de lien possible entre le Dieu de la bible****, et la personne de Zeus, fils de Kronos, et petit-fils d'Ouranos. Et, quel amoureux de la mythologie grecque croirait que le dieu des cieux, Zeus, ait un lien quelconque avec le Dieu de la bible ? Je les donnais raison jusqu'à un ce qu'une clarification soit faite dans mon esprit autour de Zeus, avec la découverte d'un faux et d'un vrai Zeus. Cela m'a redonné tant d'intérêt pour la mythologie grecque, moi qui suit un prédicateur Evangélique. Voyons comment une différence existe entre deux Zeus, qui nous amène à reconsidérer toutes nos positions jusque-là légitimes.*

*Nous avons déjà commencé à démontrer l'existence de deux Zeus, contrairement à ce qu'il nous a toujours sembler jusqu'ici, à savoir qu'il n'y a qu'un seul et unique Zeus. La différence entre deux Zeus, est démontrable tant dans la bible, que la mythologie grecque elle-même, mais de quelle manière ?*

### Comparaison des attributs du Dieu suprême grec et judéo chrétien

*Quels sont les attributs des Dieux suprêmes de la mythologie grecque, en comparaison à ceux de la trinité biblique, c'est-à-dire entre Zeus, le Dieu suprême grec, et Yahvé, le Dieu d'Israël, le Dieu des judéo Chrétiens ?*

*Du récit d'Hésiode, il ressort que Zeus possède les attributs suivants, que nous retrouvons parfaitement dans la bible :*

### La foudre, l'éclair, et le tonnerre de Zeus

*Zeus est un maître de l'ordre : il est juge des dieux, et distribue les honneurs. Il a comme première arme,* ***la foudre :*** *ce feu qui descend du ciel et qui représente aussi* ***l'éclair,*** *et bien entendu son corollaire* ***le tonnerre*** *; Zeus peut lancer sa foudre sur* ***les rebelles****, qui n'entendent pas se soumettre à l'ordre établit par lui.*

| Références | Le Dieu de la bible, lanceur de foudre, de l'éclair, du feu, comme Zeus |
|---|---|
| **Exode 9:23** | *Moïse étendit sa verge vers le ciel; et **l'Eternel envoya des tonnerres** et de la grêle, et **le feu** se promenait sur la terre…* |
| **Exode 9:27-28** | *Pharaon fit appeler Moïse et Aaron, et leur dit : Cette fois, j'ai péché; c'est l'Eternel qui est le juste, et moi et mon peuple nous sommes les coupables. **Priez l'Eternel, pour qu'il n'y ait plus de tonnerres** et de grêle; et je vous laisserai aller, et l'on ne vous retiendra plus* |
| **Exode 19:16** | *Le troisième jour au matin, il y eut **des tonnerres,** des **éclairs**, et une épaisse nuée sur la montagne;* |

| | |
|---|---|
| **Job 26:14** | *Ce sont là les bords de ses voies, C'est le bruit léger qui nous en parvient; Mais qui entendra **le tonnerre de sa puissance** ?* |
| **Job 37:3** | *Il le fait rouler dans toute l'étendue des cieux, Et **son éclair brille** jusqu'aux extrémités de la terre.* |
| **Job 37:4** | *Puis éclate un rugissement : il tonne de sa voix majestueuse; **Il ne retient plus l'éclair**, dès que sa voix retentit* |
| **Job 38:25** | *Qui a ouvert un passage à la pluie, Et tracé **la route de l'éclair** et du **tonnerre**,* |
| **Job 38:35** | ***Lances-tu les éclairs**? Partent-ils ? Te disent-ils: Nous voici?* |
| **1 Samuel 2:10** | *Les ennemis de l'Eternel trembleront ; Du haut des cieux **il lancera sur eux son tonnerre**; L'Eternel **jugera** les extrémités de la terre. Il donnera la puissance à son roi, Et il relèvera la force de son oint.* |
| **1 Samuel 7:10** | *Pendant que Samuel offrait l'holocauste, les Philistins s'approchèrent pour attaquer Israël. L'Eternel fit retentir en ce jour **son tonnerre** sur les Philistins, et les mit en déroute. Ils furent battus devant Israël.* |
| **2 Samuel 22:15** | *Il lança des flèches et dispersa mes ennemis, **La foudre**, et les mit en déroute* |

| | |
|---|---|
| **Psaumes 18:15** | *Il lança ses flèches et dispersa mes ennemis, Il multiplia* ***les coups de la foudre*** *et les mit en déroute* |
| **Psaumes 29:3** | *La voix de l'Eternel retentit sur les eaux, Le Dieu de gloire* ***fait gronder le tonnerre*** *; L'Eternel est sur les grandes eaux.* |
| **Psaumes 77:18** | *Les nuages versèrent de l'eau par torrents,* ***Le tonnerre*** *retentit dans les nues, Et tes flèches volèrent de toutes parts.* |
| **Psaumes 77:19** | ***Ton tonnerre*** *éclata dans le tourbillon,* ***Les éclairs*** *illuminèrent le monde; La terre s'émut et trembla* |
| **Psaumes 78:43- 44** | *Ils ne se sont point souvenus de celui qui avait fait ses signes en Egypte, et ses miracles au territoire de Tsohan: Et qui avait changé en sang leurs rivières et leurs ruisseaux . . . Et qui avait livré leur bétail à la grêle, et leurs troupeaux* ***aux foudres étincelantes.*** |
| **Psaumes 81:8** | *Tu as crié dans la détresse, et je t'ai délivré ; Je t'ai répondu dans* ***la retraite du tonnerre*** *; Je t'ai éprouvé près des eaux de Meriba.* |
| **Psaumes 144:6** | ***Fais briller les éclairs****, et disperse mes ennemis ! Lance tes flèches, et mets-les en déroute* |

| | |
|---|---|
| **Esaïe 29:6** | *C'est de l'Eternel des armées que viendra le châtiment,* ***Avec des tonnerres, tremblements de terre*** *et un bruit formidable, Avec l'ouragan et la tempête, Et avec* ***la flamme d'un feu*** *dévorant* |
| **Matthieu 24:27** | *Car,* ***comme l'éclair*** *part de l'orient et se montre jusqu'en occident, ainsi sera l'avènement du Fils de l'homme* |
| **Apocalypse 10:4** | *Et quand* ***les sept tonnerres*** *eurent fait entendre leurs voix, j'allais écrire; et j'entendis du ciel une voix qui disait : Scelle ce qu'ont dit* ***les sept tonnerres****, . . .* |
| **Apocalypse 14:2** | *Et j'entendis du ciel une voix, comme un bruit de grosses eaux, comme* ***le bruit d'un grand tonnerre;*** *et la voix que j'entendis était comme celle de joueurs de harpes . . .* |
| **Psaume 77 : 17-19** | *Les eaux t'ont vu, ô Dieu ! Les eaux t'ont vu, elles ont tremblé; Les abîmes se sont émus. Les nuages versèrent de l'eau par torrents, Le* ***tonnerre*** *retentit dans les nues, Et tes flèches volèrent de toutes* |

| | |
|---|---|
| | *parts. **Ton tonnerre éclata** dans le tourbillon, **Les éclairs** illuminèrent le monde; La terre s'émut et trembla.* |
| **Psaume 81 : 8** | *Tu as crié dans la détresse, et je t'ai délivré ; **Je t'ai répondu dans la retraite du tonnerre** ; Je t'ai éprouvé près des eaux de Mériba. Pause.* |

| Références | L'Eternel tout comme Zeus est un lanceur de feu |
|---|---|
| **Exode 32:10** | *Maintenant laisse-moi; ma colère va s'enflammer contre eux,et je les **consumerai ;** mais je ferai de toi une grande nation.* |
| **Nombres 16:21** | *Séparez-vous du milieu de cette assemblée, et je les **consumerais** en un seul instant.* |
| **Nombres 16:45** | *Retirez-vous du milieu de cette assemblée, et je les **consumerai** en un instant. Ils tombèrent sur leur visage* |
| **Nombres25:11** | *Phinées, fils d'Eléazar, fils du sacrificateur Aaron, a détourné ma fureur de dessus les enfants d'Israël, parce qu'il a été animé de mon zèle au milieu d'eux; et je n'ai point, dans ma colère, **consumé** les enfants d'Israël.* |
| **Josué 24:20** | *Lorsque vous abandonnerez l'Eternel et que vous servirez des dieux étrangers, il reviendra vous faire du mal, et il vous **consumera** **après vous avoir fait du bien*** |
| **2 Rois 1:10** | *Elie répondit au chef de cinquante : Si je suis un homme de Dieu, **que le feu descende du ciel** et te **consume,** toi et tes cinquante hommes ! **Et le feu descendit du ciel** et le consuma, lui et ses cinquante hommes.* |
| **Esaïe 10:17** | *La lumière d'Israël deviendra un feu, Et **son Saint une flamme, qui** **consumera** et dévorera ses épines et ses ronces, En un seul jour* |
| **Apocalypse 18:8** | *A cause de cela, en un même jour, ses fléaux arriveront, la mort, le deuil et la famine, et elle sera **consumée par le feu**. Car il est puissant, le Seigneur Dieu qui l'a jugée.* |

*Tous ces passages, illustrent bien que depuis le temps de Moïse, le Dieu de la bible se manifeste par les mêmes attributs que Zeus chez les grecs : Il envoie la foudre, les tonnerres, les éclairs, ce qui fait de lui dans les deux cas, le détenteur du pouvoir du feu, lequel constitue son arme principale :*

*Les éclairs et les tonnerres sont très exactement* **la voix de Yahvé** *en Exode 9:23-34 ; Exode 19:16 ; Exode ; Exode 20:18 ; Exode 12:17 ; Job 28:26 ; Job 38:25 ) ; Or, il faut aussi entendre par sa voix* **, sa parole, laquelle parole s'est faite chair en devenant Jésus Christ comme l'Evangile de Jean le déclare** *en Jean 1:14.*

*S'il est vrai que dans la trinité des Elohim, le Père, le fils et le Saint Esprit, sont un même Dieu, ils ont néanmoins des spécificités dans leurs actions : l'Esprit est la puissance du Père, Jésus le Fils est la parole du Père, et le Père lui-même est celui qui représente l'autorité divine, celui qui règne sur toute la création, assis sur un trône.*

*Or, si Jésus est la parole de Dieu, et que Job dit que la voix de Dieu est un tonnerre,* **cela signifie que Yahvé est Zeus lui-même** *et* **Jésus sa parole,** *est l'éclair de Zeus.*

*Or, il est un principe dans la trinité, c'est que les trois Dieux sont unis de telle sorte que l'un entraine et engage en même temps les deux autres. Celui qui m'a vu a vu le Père. Dans ce sens Jésus se confond à Yahvé le père et au Saint Esprit. Jésus est tout aussi bien l'éclair de Zeus, que Zeus lui-même.* **Affirmons-le, Jésus Christ la parole de Yahvé, est Zeus, le dieu de la mythologie grecque.**

*Mais comme nous l'avons montré,* **l'identité du vrai Zeus, qui est Yahvé, armé de ses éclairs (Jésus Christ ) a été usurpée par un autre dieu,** *un ange n'ayant pas le pouvoir de création, mais qui est devenu en revanche un parfait imitateur du vrai, usant du pouvoir de séduction et de la transformation, et qui n'est autre que Satan, l'ex Lucifer.*

*En effet, la foudre étant le premier attribut de Zeus, il convient d'examiner quels éléments nous donnent les évangiles, qui mettent en lien Jesus avec la foudre* **:** *trois passages des évangiles existent dans ce sens :*

| Références | Jésus et ses attributs de la foudre, de l'éclair et du tonnerre |
|---|---|
| **Luc 9 :53-55** | *" Mais on ne le reçut pas, parce qu'il se dirigeait sur Jérusalem. Les disciples Jacques et Jean, voyant cela, dirent : Seigneur, veux-tu que nous commandions* ***que le feu descende du ciel*** ***et*** ***les consume ?*** *Jésus se tourna vers eux, et les réprimanda, disant : Vous ne savez de quel esprit vous êtes animés "* |
| **Marc 3:16-17** | *" Donc, il établit les Douze : Pierre – c'est le nom qu'il donna à Simon, Jacques, fils de Zébédée, et Jean, le frère de Jacques, auxquels* ***il leur donna le nom de « Boanerguès », c'est-à-dire : « Fils du tonnerre »*** *"* |
| **Jean 12:28-29** | *" Père, glorifie ton nom ! » Alors, du ciel vint une voix qui disait : « Je l'ai glorifié et je le glorifierai encore. En l'entendant, la foule qui se tenait là disait que* ***c'était un coup de tonnerre.*** *D'autres disaient : « C'est un ange qui lui a parlé"* |
| **Matthieu 24:27** | *" Car, comme* ***l'éclair*** *part de l'orient et se montre jusqu'en occident, ainsi sera l'avènement* ***du Fils de l'homme****" ( Matthieu 24:27).* |

***Dans le premier passage de ce tableau,*** *on voit que les disciples de Jésus vont jusqu'à lui demander l'autorisation de faire descendre la foudre sur des individus. Cela démontre que* ***ses disciples sont persuadés que leur maitre contrôle et détient la foudre****. Jésus les aurait-il montrés secrètement, qu'il a le pouvoir de la foudre, et qu'il pourrait leur autoriser de l'employer comme il l'avait fait en leur donnant le pouvoir de chasser les démons en son nom ?*

*Car, s'il est vrai que les évangiles témoignent des multiples guérisons opérées par Jésus, et de son pouvoir sur la nature, en calmant la mer et le vent, en revanche,* ***il n'est jamais fait mention du pouvoir de Jésus de faire descendre le feu du ciel.***

*Les disciples n'avaient nul doute que la foudre leur obéirait, afin de frapper ces samaritains opposées au passage de Jésus par leur territoire. Ils savaient qu'ils pouvaient ordonner à la foudre de descendre. De ce fait, n'est-il pas logique de penser que Jésus leur ait donné la certitude* ***de détenir un tel pouvoir sur la***

***foudre ?*** *où, ont-ils eut l'occasion de voir leur maître manifester un tel pouvoir sur la foudre, sans que cela ne soit rapporté dans les évangiles ?*

***Dans le second passage du tableau,*** *on finit par comprendre clairement le sens du premier passage des trois disciples qui demandent la foudre à Jésus, puisqu'il atteste que déjà Jésus leur avait appelé lui-même par* ***fils du tonnerre.*** *Pierre, Jacques et Jean, reçurent de Jésus lui-même le nom de* ***" fils du tonnerre",*** *qui se dit en Hébreux* ***" Boarneguès ".*** *Ils ont été convaincu qu'un réel transfert de ce pouvoir leur accordé par Jésus, le fils de Dieu.*

*De plus, Jésus en appelant les trois disciples par* ***" fils du tonnerre",*** *et, puisqu'il est celui qui leur donne un tel nom d'après les Ecritures, cela fait de lui le père du tonnerre,* ***et par conséquent Zeus, le dieu du tonnerre.*** *A-t-on vraiment saisi le sens profond de ces paroles de Jésus, et de leur implication profonde ?*

***Le troisième passage de notre tableau*** *nous montre encore une des manifestations du Père tel le tonnerre, comme nous l'avons vu à de nombreuses occasions, dans des versets de l'ancien testament.*

***Le quatrième passage*** *du tableau, montre encore un lien entre Jésus et l'éclair, dans l'annonciation de son retour futur, lorsqu'il est dit que ce retour se fera* ***sous le signe de l'éclair,*** *ce qui une fois de plus montre qu'il est le vrai Zeus des grecs.*

*Ensuite, un autre pouvoir que Jésus va manifester, et que nous avons retrouvé chez Zeus, est* ***le pouvoir d'envoyer les rebelles aux tourments dans le tartare****. Zeus est celui qui enferma les titans dans le tartare, dans les profondeurs sous terraines.*

*Zeus a une cette réputation depuis qu'il envoya Prométhée au tourment, percé par un aigle qui lui mangeait continuellement le foie, mais aussi lorsqu'il fut vainqueur de sa guerre contre des titans, et qu'il les envoya aux tourments dans le tartare. Et, il est normal qu'il envoie les rebelles au tartare, quand on lui reconnait* ***d'être le juge parmi les dieux****, et d'envoyer tous les rebelles dans l'Hadès ou le tartare, lorsqu'ils désobéissent à l'ordre établi par lui.*

*Or, cette même réputation réapparait lorsque Jésus arriva face aux esprits démoniaques dans l'évangile de Matthieu ;* ***des démons qui ont craint tout de suite d'être tourmentés, dès que Jésus en donnerait l'ordre*** *:*

***" Qu'y a-t-il entre nous et toi, Fils de Dieu? Es-tu venu pour nous tourmenter avant le temps ? "*** *( Matthieu 8:29)*

*Cette réputation du vrai Zeus, juge des esprits rebelles, qui peut envoyer immédiatement des esprits aux tourments, et les livrer à châtiment éternel, semble tout de suite reconnue en Jésus par ces esprits démoniaques. Rappelons aussi qu'on a vu ce vrai Zeus, que nous disons être Jésus Christ, infliger au demi-dieu Atlas, le châtiment de porter éternellement la voute céleste sur sa tête, parce qu'il a participé à la guerre des titans, quoique Platon dira que c'est parce que la race d'Atlas, les atlantes, devinrent laids, c'est-à-dire faisant preuve d'une conduite méprisable.*

*On voit donc que Jésus nous a donné des preuves scripturaires suffisantes, qu'il répond aux mêmes attributs que le Zeus de la mythologie grecque : Et, il est apparu clairement que l'Eternel a pour signe distinctif* ***la foudre, l'éclair****, et le* ***tonnerre, son feu prêt à être lancé*** *quand sa colère s'enflamme. Au vu de tout cela, il n'est plus raisonnable de douter que Jésus, le Christ, soit le vrai Zeus de la mythologie grecque.*

## • *Son animal emblématique est l'aigle, l'envoyé de Zeus*

*Continuons d'établir le lien entre Zeus, et le Dieu de la bible. Un autre emblème de Zeus est* ***l'aigle****, et s'agissant de cet animal, il est intéressant de comprendre qu'il réside aux plus hauts sommets d'une montagne. Et c'est ce qu'on va voir chez Zeus ; il réside au plus haut sommet d'une montagne : le mont Olympe. Or, des références à l'aigle existent dans la bible, s'agissant du Dieu de la bible, qui permet d'ajouter aux liens entre le Dieu de la bible, et Zeus, le dieu suprême des grecs :*

| Réferences | Le Dieu de la bible et l'aigle |
|---|---|
| Exode 19:4 | **Vous avez vu ce que j'ai fait à l'Egypte, et comment je vous ai portés sur des ailes d'aigle et amenés vers moi** |
| Deutéronome 32:9-11 | **Car la portion de l'Eternel, c'est son peuple, Jacob est la part de son héritage. Il l'a trouvé dans une contrée déserte, Dans une solitude aux effroyables hurlements ; Il l'a entouré, il en a pris soin, Il l'a gardé comme la prunelle de son œil, Pareil à l'aigle qui éveille sa couvée, Voltige sur ses petits, Déploie ses ailes, les prend, Les porte sur ses plumes.** |
| Apocalypse 8:13 | **Je regardai, et j'entendis un aigle qui volait au milieu du ciel, disant d'une voix forte : Malheur, malheur, malheur aux habitants de la terre, à cause des autres sons de la trompette des trois anges qui vont sonner !** |
| Matthieu 24:28 | **En quelque lieu que soit le cadavre, là s'assembleront les aigles** |
| Luc 17:37 | **Les disciples lui dirent : Où sera-ce, Seigneur ? Et il répondit : Où sera le corps, là s'assembleront les aigles.** |

- **L'égide, le bouclier de Zeus, tel celui de l'Eternel**

**Comme seconde arme**, Zeus possède **un bouclier** appelé **l'égide.** Voyons le lien qui existe entre ce Zeus, et le Dieu de la bible à travers le bouclier :

| Genèse 15 :1 | **Après ces événements, la parole de l'Eternel fut adressée à Abram dans une vision, et il dit : Abram, ne crains point; je suis ton bouclier, et ta récompense sera très grande.** |
|---|---|
| Psaumes 28:7 | **L'Eternel est ma force et mon bouclier ; En lui mon cœur se confie, et je suis secouru; J'ai de l'allégresse dans le cœur, Et je le loue par mes chants.** |
| Psaumes 89:19 | **Car l'Eternel est notre bouclier, Le Saint d'Israël est notre roi.** |

## - *Saint Paul reconnaissant des affirmations de poètes grecs*

*Il est important de comprendre que tout ce qui ressort de la pensée grecque n'est pas rejeté par la bible. Car on a pu voir l'Apôtre Paul reconnaitre chez les poètes grecs une exact conception au sujet de Dieu.*

***" Paul, debout au milieu de l'Aréopage, dit : Hommes Athéniens, je vous trouve à tous égards extrêmement religieux. Car, en parcourant votre ville et en considérant les objets de votre dévotion, j'ai même découvert un autel avec cette inscription : A un dieu inconnu ! Ce que vous révérez sans le connaître, c'est ce que je vous annonce. Le Dieu qui a fait le monde et tout ce qui s'y trouve, étant le Seigneur du ciel et de la terre, n'habite point dans des temples faits de main d'homme ; il n'est point servi par des mains humaines, comme s'il avait besoin de quoi que ce soit, lui qui donne à tous la vie, la respiration, et toutes choses. Il a fait que tous les hommes, sortis d'un seul sang, habitassent sur toute la surface de la terre, ayant déterminé la durée des temps et les bornes de leur demeure ; il a voulu qu'ils cherchassent le Seigneur, et qu'ils s'efforçassent de le trouver en tâtonnant, bien qu'il ne soit pas loin de chacun de nous, car en lui nous avons la vie, le mouvement, et l'être. C'est ce qu'ont dit aussi quelques-uns de vos poètes : De lui nous sommes la race. Ainsi donc, étant la race de Dieu, nous ne devons pas croire que la divinité soit semblable à de l'or, à de l'argent, ou à de la pierre, sculptés par l'art et l'industrie de l'homme "*** *(Acte 17:22-29).*

## • *Une montagne sur laquelle siège Zeus et l'Eternel*

*Dans la bible comme dans la mythologie grecque,* ***un Dieu suprême règne sur un trône,*** *mais pas seulement, il règne également* ***sur une montagne****. Et, cela constitue des éléments importants de rapprochement entre Zeus et Yahvé, le Dieu de la bible.*

*On lit dans* ***le livre d'Hénoch****, qu'****une montagne nous*** *est décrite, qui comporte à son sommet, des éclairs tels que cela ressort également de la mythologie grecque avec le mont Olympe, où Zeus a son trône. le livre d'Hénoch nous montre là, le mont Olympe sur lequel* ***Zeus était jadis établi dans la Grèce des âges pré adamiques****. Le mont Olympe duquel Jésus, le vrai Zeus régnait déjà dans l'ancien monde.*

***" Ils me conduisirent sur un lieu élevé, sur <u>une montagne</u> dont le sommet s'élançait dans les cieux. 3. Et je vis <u>les trésors des éclairs</u> et <u>du tonnerre aux extrémités de ce lieu</u>, dans l'endroit le plus profond. Il y avait là un arc de feu, et <u>les flèches dans un carquois</u>, et <u>une épée de feu</u> et toute espèce d'<u>éclairs</u>*** *( Livre d'Hénoch 17: 2-3)* ***".***

*Ce mont Olympe, qui nous est décrit ici par le prophète et scribe Hénoch, c'est le mont aux pieds duquel les anges de la Grèce pré adamique venaient honorer leur Créateur, le même mont dont Lucifer s'était rendu indigne sur l'île de l'Atlantide.*

*Il n'est pas question ici de la montagne de l'Eternel dans les cieux, celle qu'on appelle* ***Sion,*** *mais d'une montagne d'abord spirituelle, qu'il avait établi sur la terre, qui fut présente au à l'extrême Nord de l'île de l'Atlantide, mais qu'il transporta en esprit, pour aller la placer dans le territoire de la Grèce de l'ancien monde.*

*Bible et mythologie grecque s'accordent donc pour nous faire comprendre qu'un Dieu suprême réside sur une montagne, soit dans les cieux, soit sur la terre. On peut se référer au temps de Moise dans la bible, lorsque l'Eternel se révéla au peuple Israël dans le désert du Sinaï, il apparut à Moise, au-dessus d'une montagne,* ***la montagne d'Horeb****, encore appelée* ***mont Sinaï.***

*Et, plus tard, une fois Israël arriva en terre promise, c'est encore* ***sur une montagne*** *appelée le Mont du Temple ou (Kotel) et située à Jérusalem, que l'Eternel allait accepter de voir résider sa présence glorieuse, et qu'on pouvait approcher afin de lui adresser des prières.*

*Le Créateur accepta une maison faite de mains d'homme, sur le mont du temple à Jérusalem, quoiqu'il ait dit à ses prophètes que la terre et les cieux ne peuvent le contenir.* ***Et cela rejoint l'image d'un Zeus, résidant dans son palais au sommet de l'Olympe.*** *Ce qui ne peut être qu'une simple coïncidence, qu'entre bible et mythologie grecque, les choses concordent de cette façon. La fonction de sacrificateur, l'emploi des sacrifices pour plaire aux Dieux, et désormais les montagnes sur lesquelles ils sont établis.*

| Yahvé l'Eternel et Zeus siègent sur une montagne | | | |
|---|---|---|---|
| **Le Dieu de la Bible** | **La Montagne de Sion** *dans les cieux* | **Mont Horeb** *dans le désert* | **Mont du Temple** *à Jérusalem* |
| **Le Dieu suprême de la mythologie grecque** | **La Montagne de L'Olympe** | **La Mont Hélicon** *Montagne des Muses* | **Le mont IDA** *où serait né le faux Zeus* |

*Sur le mont Olympe, il faut comprendre que le vrai Zeus dirige la terre, et cela constitue un poste avancé du 3ème ciel sur la terre. Sur le mont se tiennent avec lui deux chérubins parmi les quatre qui sont dans le ciel. Mais, le faux Zeus, qui prendra l'identité du vrai, gagnera de régner sur l'univers et la terre avec 12 dieux autour de lui, parce qu'il aura réussi à évincer Adam de sa position, en le trompant au sujet du fruit de l'arbre défendu dans le jardin d'Eden.*

*Ainsi, il existe une confusion entre deux Zeus que la bible vient mettre en lumière, et sans laquelle, les grecs peuvent penser vénérer le vrai Zeus, alors qu'il ne s'agit que celui qui l'imite et qui était d'abord* **Prométhée Lucifer, puis Poséidon Lucifer, ensuite Hermès Lucifer, et qui devient désormais Zeus Lucifer**

***Au sujet du mont spirituel de l'Olympe, on peut se demander d'où vient cette montagne*** *dans les évangiles où le Seigneur accepta que Lucifer le transporte, et qui leurs permit d'observer tous les royaumes de la terre ?*

**" Le diable le transporta encore sur une montagne très élevée, lui montra tous les royaumes du monde et leur gloire, et lui dit : Je te donnerai toutes ces choses, si tu te prosternes et m'adores** *(Matthieu4:8)"*

*Une telle montagne existe-t-elle sur la terre ? cela nous parait peu probable. Or, le livre d'Hénoch est celui où l'on retrouve cette montagne, qui est une montagne spirituelle donc invisible, mais qui existe dans la vision, et dont il est logique de penser, qu'elle était le lieu duquel Zeus descendait sur la terre, pour observer la conduite des peuples d'anges qui vivaient sur la terre.*

***" Ils me conduisirent sur un lieu élevé, sur une montagne dont le sommet s'élançait dans les cieux. 3. Et je vis les trésors des éclairs et du tonnerre aux extrémités de ce lieu, dans l'endroit le plus profond. Il y avait là un arc de feu, et les flèches dans un carquois, et une épée de feu et toute espèce d'éclairs (*** *Livre d'Hénoch 17: 2-3) ".*

*Nous voyons à travers cette montagne tirée du livre d'Henoch, apparaitre de manière récurrente une arme qui est celle de Zeus dans la mythologie grecque, et qui fait penser qu'il s'agisse bel et bien de l'Olympe sur lequel le vrai Zeus fut établi.*

## • L'encodage du nom de Zeus dans le nom de Jésus

*Un autre aspect, permettant de faire des rapprochements entre bible et mythologie grecque, apparait à travers le nom de Zeus, notamment dans sa traduction en langue française ou en anglais.*

*En effet, la traduction du nom hébreu de **" Yehoshuah",** en **"Jésus"** en français et en anglais, révèle que tout ce que nous disons, est bien **connu des initiés,** notamment que **Zeus** est en réalité **le Jésus des Chrétiens**, quand on regarde aux détails de leur prononciation, en français comme en anglais :*

**- En français, on voit que le nom Jésus cache le nom Zeus,**

*Car, **en isolant** le **(J)** du nom **JÉSUS**, il reste **ÉSUS** prononcé É(**Z**)US, et par simple **permutation** des quatre lettres restantes, on finit par obtenir **le nom de ZEUS.***

**- En anglais également, Jésus cache également le nom Zeus** :

*En effet, **en isolant** également le **(J)** du nom **JÉSUS**, il reste **SUS** qui se prononce en anglais, exactement de la même manière que **ZEUS.***

*Cela nous révèle que dans le nom de Jésus, il y'a un encodage du nom de Zeus, que ce soit en français ou en anglais, et qui n'est guère fortuit, mais atteste que certains initiés du langage des énigmes, des paraboles, de l'inversion du sens ou de l'ordre, des anagrammes, et même du jeu de la phonétique, **en somme du langage hermétique et donc ésotérique,** savent que la mythologie grecque possède la véritable histoire de notre humanité, et tiennent à ce qu'elle reste cachée.*

*Car il ne faut pas que l'humanité ouvre les Yeux et comprenne qui est Jésus Christ, le vrai Zeus de la mythologie grecque.*

| ***Le nom de JESUS et le nom de ZEUS*** | | | | |
|---|---|---|---|---|
| *Langue* | *Nom* | *sons* | *Permutation des lettres* | *final* |
| ***Français*** | ***Jésus*** | ***Jézus*** | ***J z é u s*** | ***J (zeus)*** |
| ***Anglais*** | ***Jesus*** | ***Dji zeus*** | **-** | ***Dji (zeus)*** |

*En conclusion, il apparait bien que **Zeus** et le Jésus de la bible, partagent les mêmes pouvoirs que **Yahvé** et **Roar Hakodesh**, ( le Saint Esprit) sous leur nom unificateur d'**Elohim,** le Dieu de la tri-unité ou la trinité, comme il apparait logique que les trois Dieux du ciel**, Ouranos, Chronos, et Zeus** partagent les mêmes pouvoirs sur ciel.*

*Après avoir dénoué les nœuds les plus importants de l'énigme que pose la mythologie grecque, à savoir que Prométhée, Poséidon, Hermès, qu'on nous présente comme trois dieux distincts, **sont la même personne que le chérubin rebelle de la bible**, c'est à dire Lucifer, qui deviendra Satan, un autre nœud, est encore dénoué, qui est la révélation de l'existence de deux Zeus, et dont l'original est la personne de Jésus christ. Mais, il nous faudra comprendre par la suite où le vrai Zeus apparait dans la mythologie grecque.*

- ***Les deux trinités, grecque et judéo chrétiennes établies dans les cieux***

*Un élément de corrélation entre la mythologie grecque et la bible, consiste à observer que les trois Dieux de **la trinité grecque** (1-Ouranos, 2-Chronos, 3-Zeus), comme les trois dieux **la trinité biblique** (1-le Père, 2-le fils, 3-le Saint Esprit) sont des Dieux établis aux cieux :*

***" Notre Père qui est aux Cieux"*** *(Matthieu 6:9) ;*
***" Le royaume des cieux est descendu "*** *(Matthieu 12:28 ) ;*
***" mon royaume n'est pas de ce monde "*** *(Jean 18 :36 )*

*Cela montre que les deux trinités à la fois grecque et biblique font de leurs trois Dieux primordiaux, des Dieux des cieux. Les cieux, vus comme leur demeure, sont un premier élément de rapprochement entre ces deux trinités soit grecque, soit judéo chrétienne.*

## *Les deux trinités, grecque et judéo chrétiennes créent tous les autres dieux*

*Il en est de même pour la trinité des Dieux bibliques (ou la trinité des Elohim), car de cette trinité sortiront tous les différents anges ( malahim ) que les grecs appellent des dieux :*

**- D'Ouranos sortiront les titans, les cyclopes, et les Ecatonchires ;**

**- De Chronos, sortiront tous les 12 dieux de l'olympe.**

**- Par Zeus, seront libérés ses frères les mêmes 11 dieux de l'Olympe**, *car Zeus parviendra à faire sortir tous ses frères du ventre de Kronos son père, qui les avait tous avalés, sans quoi ils seraient tous morts dans un sens symbolique.*

# Chapitre 6
## *Lucifer, le faux Zeus parfait imitateur du vrai*

*Après avoir montré au plan symbolique comment l'ange Lucifer, Prométhée devenu Poséidon, puis Hermès, voyons à présent comment la bible révèle que cet ange se pare des attributs du vrai Zeus.*

- ### La foudre, arme de Zeus maitrisée par Lucifer

*Nous avons montré les liens entre l'Eternel, le Dieu de la bible, qui a fini par prendre corps en Jésus Christ, et Zeus, le dieu de la mythologie grecque. Mais, il ne faut pas croire que chaque fois que Zeus apparaitra, il s'agira du vrai Zeus.*

*En effet, en affirmant que Zeus est le Dieu de la bible, qui a pris corps en Jésus Christ, c'est qu'en poursuivant ce raisonnement, il faille prêter à ce même Zeus,* ***les caractères de justice que Dieu*** *qu'incarne Dieu dans la bible. Or, nombreux sont* ***les actes d'immoralité accomplis par un certain Zeus dans la mythologie grecque.*** *Un Zeus qu'on fait d'abord juge selon les lois, mais qui se trouve constamment attiré* ***par la beauté des déesses****, et* ***des femmes mortelles,*** *comme celle des nymphes hybrides, qu'il n'hésite pas à tromper pour les séduire ; À l'exemple de la fois où il* ***prit l'apparence du mari d'Alcmène, dénommé Amphitryon (*** *parti pour venger la mort de son beau-frère )****et s'introduit auprès de sa femme et coucha avec elle*** *; laquelle se retrouvera* ***enceinte*** *du célèbre héros Héraclès.*

*Un autre acte immoral posé par le faux Zeus, est lorsqu'il se transforma en taureau pour séduire la jeune* ***Europe****, qu'****il kidnappa,*** *et emmena à vive allure vers l'île de Crête : une île où l'on rapporte que Zeus est né, mais où il devient évident que c'est plutôt Poséidon qui en est le véritable maître ; car c'est sur cette île qu'apparaitra* ***la civilisation Minoenne,*** *laquelle rendra un culte au taureau, second symbole du dieu Poséidon, qui a suscité le Minotaure pour punir les habitants de l'île qui refusèrent de lui rendre un culte d'adoration.*

*Nous voyons qu'un certain Zeus, quoiqu'étant juge des dieux, et maitre de l'ordre, ne parvient pas du tout à vaincre ses passions et ses désirs, de sorte qu'il* ***va multiplier les infidélités à l'endroit de sa femme, personnifiée par Héra,*** *ne laissant aucune occasion de séduire lorsqu'il est attiré par une déesse, une femme, ou une nymphe. Voici donc quelles furent ses concubines : les déesses* ***Thémis, Mnémosyne, Herynomée, Léto, Callisto, Déméter, Sémélé****,* ***Alcmène ;*** *et les mortelles* ***Maya et Europe.***

*Comment Zeus, dont Platon dira dans son récit de l'Atlantide, qu'il détruisit ce peuple, du fait qu'il était devenu incapables de manifester les vertus divines, pourrait être l'auteur de tant d'actions immorales ? Pourquoi ce Dieu suprême de la mythologie grecque n'est guère capable d'être un modèle de conduite au milieu des dieux ? C'est parce que nous avons affaire au faux Zeus qui est Lucifer déguisé.*

*De plus, la bible met en lumière, la* ***confusion qu'il peut avoir entre l'action de Dieu,*** *et* ***celle d'un autre dieu agissant de manière identique à lui,*** *avec* ***les mêmes attributs de pouvoir*** *que le Dieu suprême de la bible. Avec la foudre, ce qui apparait dans le livre de Job lorsqu'on lui rapporta la mort de ses troupeaux de brebis :*

**" Il parlait encore, lorsqu'un autre vint et dit : Le feu de Dieu est tombé du ciel, a embrasé les brebis et les serviteurs, et les a consumés. Et je me suis échappé moi seul, pour t'en apporter la nouvelle"** *(Job 1 :16)*

*En effet, on rapporte à Job ce qui apparait comme* ***un phénomène venant du ciel et imputé à l'Eternel****, alors qu'il s'agit de* ***Satan qui s'attaque aux biens de Job, celui-ci*** *venait d'obtenir auprès du Créateur, l'autorisation d'éprouver l'intégrité de Job, et voir s'il demeurerait fidèle à son Dieu (au verset 12).*

**" L'Eternel dit à Satan : Voici, tout ce qui lui appartient, je te le livre; seulement, ne porte pas la main sur lui. Et Satan se retira de devant la face de l'Eternel** *"(Job 1 :12)*

*Et lançant* ***la foudre pour décimer les troupeaux qui faisaient la richesse de Job,*** *ainsi que le* ***vent impétueux*** *contre sa maison afin de tuer ses enfants, Satan révèle qu'il a* ***la puissance du feu****, comme l'Eternel, et* ***la puissance du vent.***

***" Il parlait encore, lorsqu'un autre vint et dit : Le feu de Dieu est tombé du ciel, a embrasé les brebis et les serviteurs, et les a consumés... "*** *( Job 1 :18-19 ).*

***" ...Tes fils et tes filles mangeaient et buvaient du vin dans la maison de leur frère aîné; et voici, un grand vent est venu de l'autre côté du désert, et a frappé contre les quatre coins de la maison; elle s'est écroulée sur les jeunes gens, et ils sont morts..."*** *( Job 1 :18-19 ).*

***C'est donc Satan qui lança ce feu du ciel****, cependant Job auquel on rapporta ce drame,* ***crut que l'Eternel en fut l'auteur.*** *Et, c'est de cette manière que l'Eternel, le vrai Zeus, pouvait être imité par Satan, qui* ***usa des mêmes pouvoirs****, en lançant le feu du ciel, et être pris pour le vrai Zeus. Maintenant, nous le savons que : comme Zeus, Satan peut lancer la foudre. N'est-ce pas ce fait que Jésus voulu révéler en parlant de la chute de Satan comme un l'éclair :*

***" Je voyais Satan tomber du ciel comme un éclair "*** *( Luc 10:18 )*

*Dans son art du déguisement, et de la transformation,* ***le faux Zeus, ou Satan, va se transformer*** *en oiseau* ***pour séduire la déesse Héra*** *qui demeurait dans le jardin des Hespérides, et qui* ***tomba sous son charme****, acceptant finalement de l'épouser. Bien sûr nous sommes ici encore dans la parabole, mais cela illustre ses hautes capacités magiques, et son art de séduction comme le reconnaitra Eve dans la genèse biblique. Et au passage, cette séduction d'Héra dans le jardin des Hespérides rappelle que ce jardin fut le théâtre d'une passion amoureuse interdite entre un chérubin ( l'oiseau symbolise le chérubin ), et une femme quoique personnifiée.*

*La suite du récit de la mythologie grecque, va encore montrer une étonnante capacité de Satan, à se* ***déguiser****. Ce dernier,* ***prit l'apparence d'Amphitryon****, mari d'Alcmène, pour la tromper et coucher avec elle, tout comme on a vu dans une parabole qu'il se transforma en taureau blanc pour séduire et enlever la jeune Europe.*

*Que Satan use de déguisement, n'est guère étonnant puisque la bible atteste, que Satan va jusqu'à se déguiser en ange de lumière. Un ange de lumière qu'il était, et qu'il n'est plus, puisqu'il s'est éloigner de la source de Lumière qui est le Créateur, et dont la gloire resplendissait sur lui :*

**" Satan lui-même se déguise en ange de lumière " Il n'est donc pas étrange que ses ministres aussi se déguisent en ministres de justice. Leur fin sera selon leurs œuvres "** *( 2 Corinthiens 11:14-15 )*

*Pour Satan, la seule façon de retrouver la lumière qui faisait sa beauté, fut de recourir au déguisement et à l'artifice. Ainsi, il a pu manifester l'apparence de Zeus, ainsi que ses attributs de pouvoir, et donner le sentiment aux anges, ainsi qu'aux mortels, qu'il est le vrai Zeus.*

*Mais, si ce déguisement peut être* **assimilé à un pouvoir de transformation,** *il n'est certainement pas* **un pouvoir de transmutation.** *Satan sera maitre dans l'art de changer d'apparence, sans pouvoir opérer un changement de sa nature profonde, autrement dit de son caractère, puisqu'il resta avide de pouvoir et de domination, et* **emporté par ses désirs charnels impurs.**

*Car, nous l'avons montré dans notre précédant ouvrage traitant de l'Atlantide : Poséidon que nous disons être une des incarnations de Lucifer sur la terre ; commença sa mission sur terre avec un corps physique immortel, mais tomba dans l'état d'être mortel, à cause de son union à* **une mortelle,** *sur l'île de l'Atlantide. Et puisqu'il persista dans son injustice, d'aller toujours contre l'interdit du Créateur, il prit encore pour femme les filles qui sortirent de son union avec cette mortelle, après la mort de cette dernière.* **Et, les nymphes, qui furent engendrées de ces unions, se rependirent, et finirent par migrer vers d'autres territoires de la terre, quittant l'Atlantide en direction de la méditerranée, et de la Grèce des temps pré adamiques notamment.**

*Cet art du déguisement, allait donner lieu à une véritable* **science de la transformation des éléments**, *soit par ce qu'on appelle* **l'alchimie**, *qui commence par la transformation des métaux, et recherche constamment la transformation de la matière fondamentale, pour faire apparaitre de nouveaux état de matière ; Soit* **par le domaine de la magie,** *et dont un exemple nous est donné par Moise qui changea son bâton de berger en serpent, et qu'on reproduit immédiatement les magiciens de pharaon. Cette science de la magie pour obtenir des transformations connues ses débuts en Atlantide, avant de se propager plus tard jusqu'en Egypte.*

*Ainsi, chaque fois qu'il se produit une transformation dans la mythologie grecque, cela peut être le signe que Lucifer se trouve en cause, à l'exemple de Poséidon lorsqu'il fit apparaitre sur le bord de mer, un taureau qui effraya les chevaux d'Hyppolite, qui devinrent affolés, entrainant ce dernier à la mort.*

- ## L'immoralité sexuelle : signe du faux Zeus, Lucifer

*Alors que la plus part des dieux de la mythologie grecque se contentent d'une épouse, Zeus le dieu des dieux, et dieu des cieux, va s'illustrer par* **de multiples conquêtes amoureuses et des infidélités à l'endroit de Héra :** *immoralité qui nous sert de critère pour identifier le faux Zeus, Zeus-Lucifer, parfait imitateur du vrai Zeus, que nous avons reconnu en la personne de Jésus Christ, le juste.*

*Ainsi, la première union de Zeus fut avec Héra sa femme ; Mais en restant dans la parabole, cette déesse* **Héra** *ne cache-t-elle pas* **une anagramme** *de* **Rhéa**, *femme d'Ouranos ? Ceci pour dire qu'il s'agit au fond de* **la même déesse** *personnifiant* **la jalousie de Zeus**, *qu'on retrouve chez Chronos, et même chez Ouranos, et dont on sait qu'ils sont tous les trois, jaloux de leur pouvoir et leur position suprême, c'est-à-dire de leur gloire.*

*En effet, Jésus que nous disons être le vrai Zeus,* **n'a guère eu de femme lorsqu'il se fit homme,** *pour accomplir sa mission de sauver les hommes de la perdition éternelle, mais il n'en est pas ainsi de* **son grand imitateur**, *Prométhée Lucifer devenu Satan, qui séduisit Eve dès le commencement de la genèse biblique.*

*Le faux Zeus comptabilise de nombreuses infidélités avec des " déesses", qui sont en réalité des mortelles, mi ange mi femmes, car, les déesses nous l'avons dit servent de personnification des qualités ou ses défauts de Zeus :*

| Noms | Conquêtes amoureuses de Zeus, et enfants |
|---|---|
| *Héra* | *Déesse, sa sœur qui devient sa femme, avec qui dit-on, Zeus est en inceste, la mère d'***Arès** |
| *Métis* | *Déesse de* ***l'intelligence rusée****, engendre* ***Athéna*** |
| *Thémis* | *Déesse de la loi nécessaire au bon ordre,* ***mère*** *des* ***heures*** *et* ***les moires*** |
| *Eurynome* | *la fille d'Océan, engendre* ***3 grâces*** *(joie de vivre..) ou charités* |
| *Égine* | *Nymphe qui engendre avec Zeus* ***Eaque*** |
| *Déméter* | *Déesse, mère de* ***Corée*** *et* ***Perséphone*** *qui épousera* ***Hadès*** |
| *Mnémosyne* | *Déesse* ***titanide,*** *de* ***la mémoire****, engendre* ***9 Muses*** *éloquence, histoire, poésie, l'histoire,* |
| *Léto* | *Déesse* ***de la nuit****, engendre* ***Artémis*** *et* ***Apollon*** |
| *Maia* | *Avec laquelle il engendre* ***Hermès*** |
| *Sémélé* | ***Mortelle, Fille du roi de Thèbes*** *enfante* ***Dionysos*** *dieu du vin* |
| *Alcmène* | ***Mortelle , Alcmène fille du roi de Misène*** *mère d'***Héraclès** |
| *Europe* | ***Mortelle,*** *courtisée par* ***Radamantis, Sarpedon, Minos*** *Zeus avec qui elle a trois enfants :* |
| *Callysto* | ***Nymphe chasseresse****, pour qui Zeus* ***se transforme*** *en femme pour la séduire, et qui donne naissance à Arcas* |
| *Electre* | *Avec laquelle Zeus engendra* ***Daradanos*** *et* ***lasion*** |
| *Némésis* | ***Hélène*** *de Troie* |
| *Thyia :* | *Fille avec laquelle Zeus eut* ***Magnes*** *roi, et* ***Makedon*** *ancêtre des macédoniens* |
| *Protogeneia* | *filles de Pyrrha et Deucalion. Elle est mariée à Locrus, mais n'a aucun enfant de lui. Zeus passant par-là lui fait trois mômes :* ***Aethlius, Opus et Aetolus.*** |
| *Cassiopée* | *Cassiopée et Zeus ont eu comme descendance* ***Atymnius,*** |

*Ces multiples liaisons amoureuses de Zeus, donnent un élément qui facilite la distinction d'avec le vrai Zeus :* ***soit parce qu'il se lance dans une opération de transformation pour séduire****, soit par ses* ***actes d'immoralité sexuelle.***

***D'autres transformations*** *confirment qu'il s'agit du faux Zeus :*

*- **Zeus** remercie le taureau après avoir ravis Europe, **en le transformant** en **constellation dans le ciel.** Cela renforce bien le lien du faux Zeus, Poséidon Lucifer avec le taureau.*

*- **Zeus** transforme **Artémys** en constellation de **l'Ours**.*

## • Vrai et faux Zeus dans les 3 guerres de la mythologie

*Voici quelle va être **encore le moment de l'intervention du vrai Zeus** et du faux Zeus dans la mythologie grecque. Et là nous devons avancer par étape et voir plusieurs séquences où les acteurs (protagonistes), Zeus et ses adversaires, peuvent être inter changés dans le conflit, selon le contexte.*

*C'est d'abord **le vrai Zeus qu'on voit au premier plan** dans ces trois grandes guerres des dieux, ensuite le faux Zeus intervient de manière voilée et subtile, en opérant une inversion de l'ordre des personnages, et en prenant en compte deux contextes historiques ( l'ancien monde, et le nouveau monde ).*

***D'abord dans la guerre des titans,** c'est exclusivement le vrai Zeus dont il est question contre les titans, et qui va punir la révolte du titan **Prométhée**, lequel, nous l'avons dit, n'était pas neutre lors de cette guerre, mais plutôt **l'instigateur** même de la révolte des titans contre Zeus, lorsqu'on inverse le sens de sa neutralité ; Ensuite dans un sens inverse c'est **le faux Zeus** qui va usurper le rôle du vrai Zeus en se faisant passer pour le vainqueur des titans.*

***Ensuite dans la guerre contre les géants,** C'est premièrement **le vrai Zeus** qui va livrer bataille contre les géants et les vaincre, une guerre qui va l'opposer aux Atlantes, nés des anges en tête desquels Poséidon, et une mortelle, Mais dans une autre version, obtenu par inversion, il s'agit d'une guerre ayant eu lieu dans le nouveau monde durant l'antiquité, **où le faux Zeus** obtiendra sa revanche contre les géants, fils des anges qui l'avait autrefois vaincu dans l'ancien monde à la fin de l'Atlantide ;*

***Puis, lors de la guerre contre Typhon**, **c'est le vrai Zeus** qui envoie Typhon, contre le faux Zeus, Poséidon-Lucifer, maitre de l'Atlantide. Et, lorsqu'on regarde au nom Typhon, il n'est pas anodin de voir qu'il désigne un grand vent d'Asie en Orient,* *qui entrainent des catastrophes naturelles chaque année, notamment dans des pays comme l'Inde, parce qu'en réalité* **le dieu Typhon est dans la mythologie grecque, une personnification des catastrophes naturelles** *qui seront envoyées par le vrai Zeus pour amener à la destruction de l'Atlantide, et de l'ancien monde que Poséidon Lucifer voulu posséder et dominer entièrement.*

*Mais, par une inversion de l'ordre, il s'agit du faux Zeus qui sera vaincu par Typhon, et qui n'obtiendra sa délivrance que par l'intervention du dieu Hermès, attestant bien qu'il s'agit du faux Zeus contre Typhon.*

*Plus loin, nous reviendrons sur* **les rôles interchangeables**, *du vrai Zeus et du faux Zeus, dans ces trois guerres, qui rendent la compréhension de ces évènements complexe, en s'aidant de* ***l'inversion des rôles.***

*Et, après ces trois guerres, lorsque la terre sera apaisée au bas de l'Olympe, et que le faux Zeus va s'ennuyer d'après les récits grecs, le vrai Zeus va voir son rôle prendre fin au moment de recréer l'homme et la femme.* ***Quant au faux Zeus,*** *il va commencer* **ses opérations de conquêtes amoureuses,** *en commençant par être le séducteur qui fera tomber Eve dans le péché, et va multiplier ses infidélités notamment envers sa femme Héra.*

## Chapitre 7

## *Les 4 types de dieux grecs, 4 espèces d'arbres dans la bible*

- ***Titans, Cyclopes, Hécatonchires et Géants***

**Les Hécatonchires** *(3)*

**Les Géants** *(4)*

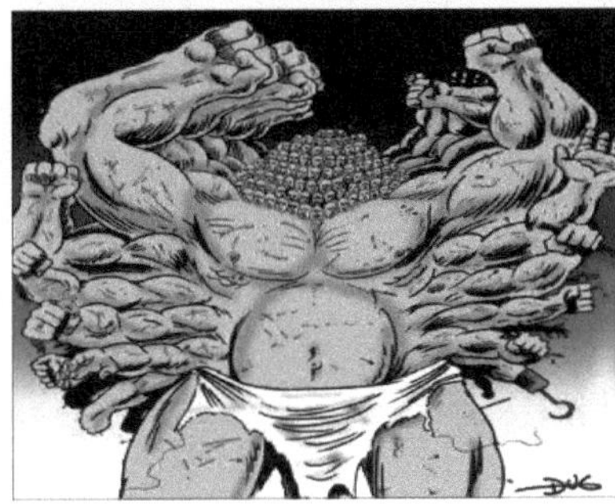

*Nous avons vu dans la naissance des dieux grecs, qu'après l'apparition des dieux en personne, notamment la trinité des Dieux suprêmes ( Ouranos Kronos et Zeus), d'autres dieux en personne sont apparus, qui* ***forment la deuxième génération des dieux****, et qui sera composée de* ***quatre types de dieux****, lesquels font la célébrité de la mythologie grecque : Il s'agit des* ***Titans, des cyclopes, des Hécatonchires,*** *et* ***des géants.***

*En effet, l'union du Dieu suprême Ouranos ( le ciel étoilé ) et de Gaia ( la terre ) va engendrer cette seconde génération des dieux qui va correspondre dans la bible* **aux anges, et non plus aux Elohim, les trois suprêmes.** *Cela veut dire que ces quatre types d'anges dieux, sont tous soumis au trois Dieux suprêmes.*

*Mais, il faut préciser que l'ordre hiérarchique entre tous ces dieux-anges est difficile à établir dans la mythologie grecque, c'est pourquoi la mythologie va se servir de l'ordre des générations, qui n'ont rien avoir avec le sens humain, pour servir à donner une hiérarchie parmi ces dieux.*

| (1) Les Titans<br>**Au nombre de 12 ( 6 titans et 6 titanides ) leur nombre n'est que symbolique, car en réalité il sert à les mettre en lien avec les 12 constellations du zodiaque qui résument l'entièreté de l'univers, parmi lesquels ces anges furent placés comme gardiens** | **Okéanos** (1) | **Théia** (2) | **Koios** (3) |
|---|---|---|---|
| | **Rhéia** (4) | **Kréios** (5) | **Thémis** (6) |
| | **Hypériôn** (7) | **Mnèmosynè** (8) | **Lapétos** (9) |
| | **Téthys** (10) | **Phoibè** (11) | **Kronos** (12) |

| ( 5) Les Cyclopes<br>**Au nombre de 3, Les cyclopes sont dotés d'un seul œil sur leur visage, et nous allons en comprendre la signification** | (1) **Brontès** |
|---|---|
| | (2) **Stéropès** |
| | (3) **Arghès** |

| (2) Les Hécatonchires<br>**Au nombre de 3, ce sont des dieux ayant chacun 50 têtes et 100 bras** | (1) **Cottos** |
|---|---|
| | (2) **Briarée** |
| | (3) **Gyès** |

| (4) Les Géants<br>**Les géants sont d'une quarantaine même si d'après le récit** | (1) **Agrios** | (2) **Alcyonée** | (3) **Alpos** |
|---|---|---|---|
| | (4 ) **Aristée** | (5) **Clytios** ; | (6) **Damysos** |
| | (7) **Égéon** | (8) **Encelade**; | (9) **Éphialtès** |
| | (10) **Eurymédon** | (11) **Eurytos** | (12) **Gration** |

| **d'Hésiode on en compte que 22, mais il semble que ce nombre vise à nous révèle qu'ils sont les descendants des paires de jumeaux atlantes. Car Platon rapporte que Poséidon, père des atlantes avait mis au monde 5 paires de jumeaux** | (13) **Hippolyte** . | (14) **Mimas** | (15) **Molios**; |
|---|---|---|---|
| | (16) **Mylinos**; | (17) **Pallas** | (18) **Pélorée** |
| | (19) **Phœtios** ; | (20) **Polybotès** | (21) **Porphyrion**; |
| | (22) **Thoas**. | (23) **Léon** | (24) **Mélissée** |
| | (25) **Mimas.** | (26) **Mimon** | (27) **Molios** |
| | (28) **Mylinos** | (29) **Olympos** | (30) **Otos** |
| | (31) **Ouranion** | (32) **Pallas** | (33) **Pancratès** |
| | (34) **Pélorée** | (35) **Phœtios** | (36) **Polybotès** |
| | (37) **Porphyrion** | (38) **Rhœtos** | (39) **Sycée** |
| | (40) **Theodamas** | (41) **Théomisès** | |

*Il nous faut dores et déjà préciser que le quatrième type de dieux, appelés géants, ne sont guère un type de dieux si particulier, mais ils sont juste ceux parmi les trois premiers groupes qui sont redescendus sur la terre après leur mission pourtant achevée sur la terre, afin d'avoir des unions avec des mortelles :*

*Une preuve permettant d'affirmer cela des géants est donnée par la mythologie grecque elle-même, d'après laquelle, les géants meurent tous durant la fameuse guère des géants contre Zeus, appelée la gigantomachie. Ils ne sont donc plus des immortels, donc des dieux, mais sont devenus des mortels puisqu'étant contaminés par la mortalité du genre humain mortel.*

*D'autres après les dieux géants, ou anges géants, seront appelé aussi géants, ce sont les fils des géants issus d'une union entre immortels et mortels, entre anges et humaine, et sont appelés cette fois-ci demi-dieux.*

*Mais, il faut dire que leur père, est premièrement Prométhée-Lucifer devenu Poséidon Lucifer, mais d'autres dieux, vont vouloir également se doter d'une race sur la terre et vont imiter celui-ci, aussi plusieurs titans, cyclopes ou hécatonchires, vont engendrer, eux aussi des enfants géants, avec des femmes hybrides, ou des nymphes, filles de Poséidon-Lucifer. Et, plus tard d'autres seront issus d'union avec des femmes génétiquement modifiées telles que les sirènes et amphitrites.*

*Si la mythologie fait des géants qui sont des demi-dieux, des dieux à part entière, c'est parce que cela représente le but de leur père Poséidon- Lucifer, de les ériger en dieux, mais aussi en héros, mais du fait qu'ils soient hybrides, ils encourent la mort physique, car ils portent en eux du sang humain mortel.*

- ## Les 4 arbres d'Ezéchiel 31, symboles des 4 types de dieux grecs

*En cherchant les fondements bibliques de la mythologie grecque, il ne faut guère s'attendre à voir les noms des dieux grecs cités dans la bible, mais il faut les reconnaitre à travers la représentation symbolique.*

*Car,* **les arbres représentent des hommes** *dans la bible notamment d'après Daniel 4 :21-22, Jérémie 17:7-8, et Matthieu 8 :24. Et la bible va employer* **la symbolique de l'arbre** *dans ses énigmes, allégories, et paraboles, qu'il nous faut pouvoir décrypter. Par cette symbolique de l'arbre,* **4 types de dieux grecs** *vont être représentés dans la bible ; une* **symbolique** *par laquelle nous avons pu démontrer qu'un récit caché de la civilisation de l'Atlantide, existe dans la bible.*

**De cette symbolique de l'arbre**, *il est ressorti qu'***un arbre, pris isolément, représente la personne d'un roi, ainsi que son règne et sa domination,** *et que,* **pris collectivement**, *les arbres représentent un peuple, une nation, ou une communauté ( d'hommes ou d'anges sur la terre ).*

*En effet, la bible présente* **des 4 catégories d'arbres,** *qui représentent* **4 catégories d'anges** *(ou dieux grecs), qui ont vécu sur la terre dans les âges pré adamiques ; Ces anges, qui devenus* **des méritants** *à la fin leur périple sur la terre, avaient été enseignés à l'école de la vie sur la terre, par le plus sage d'entre eux tous, l'ange de lumière, Prométhée-Lucifer.*

*Ces* **4 espèces d'arbres, cités en** *Ezéchiel 31, sont :* **les chênes (1), les cèdres** *(2),* **les cyprès** *(3),* **et les platanes** *(4), et qui symbolique des* **titans** *(1), des* **cyclopes** *(2), les* **hécatonchires** *(3) et les* **géants** *(4) dans la mythologie grecque.*

**" Les cèdres (1) du jardin de Dieu ne le surpassaient point, Les cyprès (2) n'égalaient point ses branches, Et les platanes (3) n'étaient point comme ses rameaux; Aucun arbre du jardin de Dieu ne lui était comparable en beauté "** *(Ezéchiel 31:8 ) ;* **" Je l'ai livré au chêne, le plus grand arbre des nations, afin qu'il lui inflige le traitement que sa méchanceté mérite, je l'ai chassé"** *( Ezéchiel 31:11) ;* **" Afin que tous les arbres près des eaux n'élèvent plus leur tige, Et qu'ils ne lancent plus leur cime au milieu d'épais rameaux,**

***Afin que tous les chênes (4) arrosés d'eau ne gardent plus leur hauteur*** *( Ezéchiel 31:14 ).*

*Le chêne* : ***les Titans (1)*** *Les cèdres* : ***les cyclopes (2)***

*Les cyprès* : ***les Ecatonchyres (3)*** *Les platanes* : ***les géants (4)***

*Les 4 espèces d'arbres évoquées par Ezéchiel, sont bien plus parlantes qu'il ne paraît à première vue ; et nous avons déjà vu à travers un arbre dans une parabole, qu'un récit de l'histoire de Lucifer nous est donné par la bible. La parabole du Cèdre : une histoire qui s'est déroulée dans le tout premier jardin d'Eden, durant la préhistoire des dinosaures, avant la destruction qui mit fin aux âges pré adamiques. Après cette destruction, arrivera un second jardin d'Eden recréé, où Adam et Eve reprendront le plan du Créateur de voir enfin une véritable humanité sur la terre.*

## • <u>Les chênes, arbres les plus forts: symboles des titans</u>

<u>Les chênes : les Titans</u>

*D'après la mythologie grecque, les titans ont pour caractéristique leur très grande force, c'est pourquoi on parle de force titanesque pour parler d'une force extraordinaire et surhumaine, une force semblable à celles dont étaient dotés les dieux titans de la mythologie grecque, ces anges qui vécurent sur la terre.*

*La bible va* ***symboliser*** *les dieux titans, qui sont une catégorie d'ange dans la bible, par* ***des arbres*** *appelés* ***chênes****, notamment en Ezéchiel 31. Or,* ***le chêne*** *est réputé pour être* ***l'arbre le plus forts de toute les forêts,*** *notamment dans l'Europe et même autour de la méditerranée, ce qui se confirme même dans la bible.*

***" Je l'ai livré <u>au chêne</u>, le plus grand arbre des nations, afin qu'il lui inflige le traitement que sa méchanceté mérite, je l'ai chassé"*** *( Ezéchiel 31:11)*

***" Afin que tous les arbres près des eaux n'élèvent plus leur tige, Et qu'ils ne lancent plus leur cime au milieu d'épais rameaux, Afin que tous <u>les chênes</u> arrosés d'eau ne gardent plus leur hauteur*** *( Ezéchiel 31:14 ).*

*Rappelons qu'un arbre symbolise* ***un homme*** *dans* ***bien des paraboles de la bible****, notamment en Daniel 4. Et si l'arbre va servir à parler des anges à présent, c'est* *parce que **les anges ont été tels des hommes,** dans l'ancien monde pré adamique. Ces anges incarnés en chair, sont les titans, que symbolisent les chênes.*

*Or, la mythologie grecque rapporte que Chronos que nous disons être un Dieu suprême de la trinité grecque, est le plus fort des titans ( lui qui est né le dernier parmi les titans, mais qui par inversion de l'ordre, est en réalité **le premier des titans** ). Chronos prendra la place d'Ouranos son père (qui n'est autre que le premier de la trinité, uni à lui si l'on inverse le sens de leur rivalité qu'on nous présente ). Donc, la trinité des Dieux suprêmes grecque est elle-même **une trinité de titans**, les Dieux les plus forts, parmi les plus forts, comme le sont **les chênes des forêts.***

*Pourtant, il faut rappeler que **titans** signifie **"qui vient du ciel",** impliquant que les titans viennent du ciel, et cela doit être compris comme le fait que les titans sont ces anges qui ont été honorés pour leur **bravoure**, et leur **loyauté** au Créateur, lors de leur passage sur la terre, et qui ont été récompensés en tant que **méritants**, en étant postés désormais dans l'univers. Cette réalité est confirmée par le fait que la guerre des titans va se dérouler intégralement dans le ciel. Pendant que ces anges furent encore sur la terre, ils feront encore leurs preuves, avant de devenir méritants de la catégorie des titans.*

*Il faut comprendre qu'Ouranos, qui personnifie le ciel étoilé, et Chronos, qui personnifie le temps et de l'espace, et Zeus Dieu des cieux, **sont tous aussi bien des titans,** en même temps qu'ils sont déjà connus comme des Dieux suprêmes de la trinité.*

*Quoique les titans soient vus comme venant du ciel, le fait qu'ils soient symbolisés par des arbres, ne doit pas nous faire perdre de vue **qu'ils ont des racines solidement plantée dans la terre**, ceci pour nous rappeler qu'ils vécurent sur terre.*

*Certes, la bible ne parle point d'anges appelés **méritants**, mais elles parlent de ceux qui **veillent**, donc des **gardiens, en Daniel 4,** ou des **vigilants**, dans le livre d'Hénoch.*

***" Dans les visions de mon esprit, que j'avais sur ma couche, je regardais, et voici, un de ceux qui veillent et qui sont saints descendit des cieux. Il cria avec force et parla ainsi : Abattez l'arbre, et coupez ses branches; secouez le feuillage, et dispersez les fruits ..** " ( Daniel 4:13-14) **;** voir aussi **dans le livre d'Hénoch** ( chapitre 4:13-14 ; chapitre 20 ).*

*Pour leurs nombreux actes de courage, de force, et de loyauté envers Zeus, démontrés sur la terre, il arriva que lors de leur remontée au ciel, les titans se virent gratifiés par le créateur d'une force encore plus grande que celle expérimentée sur la terre, c'est-à-dire* **la puissance**. *Et cette force devenue* **puissante,** *les distingua des autres méritants, des autres dieux-anges que nous allons voir, c'est-à-dire les* **cyclopes, les hécatonchires, et les géants**. *Et,* **la puissance** *dont les titans furent dotés aura désormais un effet y compris sur les éléments de la nature sur lesquels ils furent établis comme gardiens.*

*Regardons à présent toutes les références* **aux chênes** *symboles des* **dieux titans,** *et de leur force légendaire qui les rendront fameux dans la mythologie grecque :*

**"L'Eternel lui apparut parmi les chênes de Mamré, comme il était assis à l'entrée de sa tente, pendant la chaleur du jour "** *( Genèse 18:1 )*

**"Josué écrivit ces choses dans le livre de la loi de Dieu. Il prit une grande pierre, qu'il dressa là sous le chêne qui était dans le lieu consacré à l'Eternel** *( Josué 24:26 )*

**" L'ange de l'Eternel vint s'asseoir sous le chêne qui se trouvait à Ophra dans la propriété de Joas, un homme de la famille d'Abiézer. Gédéon, un fils de Joas, était en train de battre le blé dans le pressoir à raisin pour le cacher des Madianites. L'ange de l'Eternel lui apparut et dit : L'Eternel est avec toi, vaillant guerrier ! "** *( Juge 6 : 11).*

*Ces trois passages bibliques montrent un lien entre l'Eternel, le Créateur, et l'arbre le plus fort de la forêt qu'est le chêne.* **L'Eternel** *que nous pouvons voir ici comme le Dieu grec* **Chronos** *du fait qu'il soit nommé par le temps, révèle son lien avec le chêne, car il s'agit de nous dire qu'***il est lui-même un titan**. *Et c'est exactement ce que nous montre la mythologie grecque qui fait de Chronos, pourtant dieu suprême, un titan.*

*Ensuite, la bible va évoquer dans un autre passage, un peuple ayant la taille semblable à celle* **des cèdres** *et la force semblable à celle* **des chênes.**

**" Et pourtant j'ai détruit devant eux les Amoréens, dont la hauteur égalait celle des cèdres, Et la force celle des chênes ; J'ai détruit leurs fruits en haut, Et leurs racines en bas "** *( Amos2 :9 )*

*Ce peuple dont la taille, et surtout la force est comparée à celle des chênes,* **traduit une race qui a pour père des anges titans, lesquels par cette image sont réputés fort comme des chênes, et ont la taille de géants.** *Les* **Amoréens** *dont il est question ici ne sont guère* **ces dieux titans**, *mais plutôt* **leurs fils** *qu'ils* *engendrèrent dans l'antiquité avec des femmes, lorsqu'ils redescendront sur la terre, comme cela avait déjà été le cas en Genèse 6:1-4, avant le déluge de Noé.*

*Les titans, forts comme des chênes, ont donc engendré **une race sur la terre,** qui a eu une renommée légendaire sur la terre. Mais cela a commencé depuis les âges pré adamiques, dans l'ancien monde ; cette race engendrée par eux, leur fils, sont ceux-là qu'il convient d'appeler **les demi-dieux**. Mais, nous reviendrons sur tout ce qui concerne cette race dans la partie dévolue à la race des géants, que la bible appelle **les Nephilim.***

***A**u moment où éclata **la guerre des titans**, appelée **titanomachie**, ce sont ces dieux titans, ou ange titans, **à la force des chênes**, qui combattront contre Zeus le Dieu suprême, lui-même étant un titan puisqu'il forme un avec son père Chronos dans la trinité des suprêmes.*

*En revanche, lors de la seconde guerre des dieux, appelée gigantomachie, ou guerre des géants, on verra **un certain Zeus devenir faible,** car il s'agit de nous montrer qu'il est **le faux Zeus, Poséidon Lucifer, qui est devenu un dieu faible** car il s'est **uni à une mortelle**, la dénommée Clito, mère des atlantes. Et, inversement, **les géants que le vrai Zeus combattra** et vaincra sont ces dieux, qui sont redescendus sur terre, et se sont unis aux femmes.*

## • Les cèdres, arbres symboles des cyclopes, bois du temple

**Les cèdres : les cyclopes**

***Au nombre de 3,*** *les cyclopes sont des dieux géants possédant* ***un œil unique au centre de leur front****, mais ce nombre de 3 est purement symbolique, il traduit simplement l'orientation de ces êtres vers* ***la quête de spiritualité,*** *car le nombre 3 montre qu'ils sont les dispensateurs* ***de l'enseignement sur la trinité****, et de la maitrise des 3 dimensions de leur être, à savoir :* ***le corps, de l'âme et de l'esprit.***

*Les cyclopes sont tournés vers la connaissance du divin. Ils sont des prêtres, des mages, en somme des sages, à la différence de titans qui sont tournés vers* ***la force physique et la vertu du courage,*** *eux, sont tournés vers la connaissance et les sciences.*

*Et, la 2ème espèce d'arbre qui va symboliser ce deuxième type de dieux, les cyclopes, est* ***un arbre qui va allier force et grandeur et beauté,*** *qui en feront* ***un arbre majestueux*** *: il s'agit* ***des cèdres****. Les cèdres sont arbres majestueux, au bois riche, des plus précieux qui soit, et qui symbolisent des dieux autant forts, que grand par leur taille, et précieux par leur bois. Le caractère précieux de leur bois* ***traduit la sagesse*** *et la connaissance des dieux qu'ils symbolisent, classés comme les dieux savants.*

*Dans la bible,* ***le cèdre*** *est considéré comme* ***l'arbre symbole des temples, et des prêtres****, du fait qu'il ait été employé* ***pour la construction du temple de Dieu,*** *notamment par le roi Salomon : un temple consacré aux prières, aux sacrifices, et à d'adoration du Créateur, Dieu d'Israël.* ***C'est l'arbre symbole de la prêtrise****, parce que seuls les prêtres avaient le droit d'officier dans ce temple, et dont l'habillage intérieur fut fait en bois de cèdre.*

*En effet, le temple de Salomon, dont son intérieur en bois de cèdre, fut le lieu de la présence du Créateur, gardé par des prêtres sacrificateurs, ce qui fera* ***du cèdre un bois symbole de la spiritualité.*** *Or, cet arbre au bois très présent dans le temple de Salomon, sert aussi symboliquement pour parler* ***d'une catégories d'anges, qui furent les dieux grecs de l'ancien monde,*** *qui avaient développé sagesse, connaissance, et spiritualité sur la terre ; Ce qui leur permettaient de rester proche du créateur quoiqu'étant sur la terre, et lui dans les cieux.*

***Et l'œil unique*** *que les cyclopes possèdent au centre du front, dans la mythologie grecque, n'est en réalité qu'une représentation du* ***fameux troisième œil, l'œil spirituel****, qui permet de voir dans l'invisible, dans le monde spirituel, et donne accès* *à la connaissance spirituelle, et la proximité avec le Créateur. L'**œil unique au centre de leur front**, caractéristique des cyclopes, est un cryptage, signifiant que ces anges-dieux avaient développé sur la terre, **le regard spirituel,** et la connaissance spirituelle, celle des lois à la fois spirituelles et physiques, la force par l'esprit, et la prière ; **D'ailleurs, la force impressionnante dont sont dotés ces dieux cyclopes**, vient de leur maitrise ces lois spirituelles et physiques, différemment des titans qui s'employaient aux travaux physiques, et aux actes de types héroïques.*

*L'œil unique au centre du visage, appelé souvent 3ème œil, caractérise au mieux ceux qui firent de la quête spirituelle leur but, et qui devinrent des savants ; Les cyclopes sont donc des dieux qui embrassaient la vocation d'anges prêtres et sacrificateurs.*

*Les cyclopes doivent être vus comme **des magiciens,** les lois de la physique, et du spirituel, leur permettait de faire de la magie, qu'ils associaient aux recherches scientifiques, pour avoir le pouvoir d'opérer des transformations spectaculaires de la matière. C'est d'ailleurs pourquoi les cyclopes sont **des dieux bâtisseurs des mûrs gigantesques,** appelés **murs cyclopéens**, faits d'énormes blocs de pierres appelées **pierres cyclopéennes**. Et ce sont eux qui furent à l'origine de la civilisation **mégalithiques,** capable de peser des dizaines, voire des milliers de tonnes, et dont on ignore par quelle force ils furent déplacés.*

*Les cyclopes sont ces dieux qui eurent la maitrise de la construction et de l'architecture, et justement les cèdres furent des arbres utiles aux grandes constructions, dont celle du temple de Jérusalem, ou du palais du roi David.*

***" Salomon envoya alors ce message à Hiram, roi de Tyr: "Fais pour moi comme pour mon père David lorsque tu lui as envoyé des cèdres pour construire son palais "** ( 2 Chroniques 2 :7)*

***" Le bois de cèdre à l'intérieur de la maison offrait des sculptures de coloquintes et de fleurs épanouies ; tout était de cèdre, on ne voyait aucune pierre. Salomon établit le sanctuaire intérieurement au milieu de la maison, pour y placer l'arche de l'alliance de l'Eternel.** ( 1 Roi 6:18-19 )*

***" Il prendra, pour purifier la maison, deux oiseaux, du bois de cèdre, du cramoisi et de l'hysope"** ( Lévitique 14:49 )*

**_" Il fit le portique du trône, où il rendait la justice, le portique du jugement; et il le couvrit de cèdre, depuis le sol jusqu'au plafond "_** _(1 Rois 7:7)_

**_" Les quarante coudées sur le devant formaient la maison, c'est-à-dire le temple. Le bois de cèdre à l'intérieur de la maison offrait des sculptures de coloquintes et de fleurs épanouies; tout était de cèdre, on ne voyait aucune pierre "_** _( 1 Rois 6:17-18 )_

**_" Il prendra, pour purifier la maison, deux oiseaux, du bois de cèdre, du cramoisi et de l'hysope "_** _(Lévitique 14:49)_

**_Après avoir achevé de bâtir la maison, Salomon la couvrit de planches et de poutres de cèdre "_** _(1 Rois 6:9)_

**_" On couvrit de cèdre les chambres qui portaient sur les colonnes et qui étaient au nombre de quarante-cinq, quinze par étage "_** _(1 Rois 7:3 )_

**_" Le sacrificateur prendra du bois de cèdre, de l'hysope et du cramoisi, et il les jettera au milieu des flammes qui consumeront la vache_** _( Nombres 19:6)_

**_" Il revêtit de planches de cèdre les vingt coudées du fond de la maison, depuis le sol jusqu'au haut des murs, et il réserva cet espace pour en faire le sanctuaire, le lieu très saint_** _(1 Rois 6:16)"_

**_" Salomon en revêtit intérieurement les murs de planches de cèdre, depuis le sol jusqu'au plafond; il revêtit ainsi de bois l'intérieur, et il couvrit le sol de la maison de planches de cyprès"_** _( 1 Rois 6:15)_

**_"Partout où j'ai marché avec tous les enfants d'Israël, ai-je dit un mot à quelqu'une des tribus d'Israël à qui j'avais ordonné de paître mon peuple d'Israël, ai-je dit : Pourquoi ne me bâtissez-vous pas une maison de cèdre ?_** _(1 Chroniques 17:6 )_ **".**

**_" Le sanctuaire avait vingt coudées de longueur, vingt coudées de largeur, et vingt coudées de hauteur. Salomon le couvrit d'or pur. Il fit devant le sanctuaire un autel de bois de cèdre et le couvrit d'or "_**_( 1 Rois 6:20 )_

**_Et pourtant j'ai détruit devant eux les Amoréens, Dont la hauteur égalait celle des cèdres, Et la force celle des chênes; J'ai détruit leurs fruits en haut, Et leurs racines en bas"_** _( Amos 2:9)_

**_Hiram, roi de Tyr, envoya des messagers à David, et du bois de cèdre, et des tailleurs de pierres et des charpentiers, pour lui bâtir une maison_** _( 1 Chroniques 14:1 )_

*Au sujet des cyclopes, la mythologie rapporte qu'ils ont le **« cœur violent »**, cela signifie qu'ils ont développé **la discipline,** il ne s'agit pas de la violence vue comme un usage abusif de la force, **mais d'une qualité à l'astreinte,** à l'auto discipline, qui n'est pas le propre des titans, qui eux sont beaucoup plus aventuriers.*

*Les cyclopes se servaient des pouvoirs intérieurs, par **la prière**, **la méditation**, **la concentration mentale et spirituelle** afin d'accomplir tous sortes de prouesses digne des dieux, en déplaçant des blocs de pierres sur des kilomètres.*

*En outre, un détail qui serait important de relever, révélant que les cyclopes sont les anges **les plus savants qui soient**, apparait avec le nom donné aux ouvrages appelés **encyclopédies,** lesquels exposent **des connaissances** dans tous les domaines, et dont l'appellation en dit long sur ce que furent ces anges dieux symbolisé dans la bible par les cèdres.*

*Ainsi, des passages de la bible **attestent du caractère spirituel** de l'arbres qu'est le cèdre, en lien à la fois avec la construction de temple, de la quête intérieure du divin, le caractère précieux de son bois symbole de sagesse, et dont la bible se sert pour parler des anges ou dieux cyclopes de la mythologie grecque ;*

*Il n'est donc pas étonnant qu'Ezéchiel 31 fasse de Lucifer devenu Satan, un cèdre, donc un cyclope. Car, le récit caché de l'Atlantide dans la bible, objet de notre précédant ouvrage, nous aura enseigné que l'ange qui fut le grand prêtre d'Eden, est symbolisé par le plus grand cèdre du premier jardin d'Eden d'Ezéchiel 31, fut un sacrificateur en la personne de Lucifer, qu'il s'unit le premier à une mortelle sur l'île de l'Atlantide : résultat, son corps physique immortel, fut affecté par la mort du genre humain ; Qu'il fut le premier à emprunter cette voie en bravant cet interdit faite par le Créateur,*

*Ici nous voyons qu'il ne fut pas le seul, puisque plus tard d'autres anges devenus méritants, gardiens des étoiles, redescendront sur la terre, afin de suivre la même voie que lui, en s'unissant à leur tour aux filles atlantes, engendrées par lui. Ce prêtre d'Eden, cèdre majestueux, qui s'était fait dieu sur terre, assura aux méritants, de connaitre un moyen par lequel retrouver leur immortalité, et de pouvoir conserver une Jeunesse éternelle, par l'élixir de la fontaine de jouvence inventée par lui.*

*Au final, on voit à travers ces deux espèces d'arbres, le chêne, puis le cèdre, deux types de dieux grecs sont symbolisés, les titans et les cyclopes : dotés d'une force physique pour les uns, et d'une force spirituelle pour les autres.*

• **Les cyprès, arbres symboles des armées d'Hécatonchires**

**Les cyprès, arbres rangés** *en armée symbolisent* **les Hécatonchires**

*Dans le texte d'Ezéchiel 31, une troisième espèce d'arbre vient symboliser* ***le troisième type de dieux grec*** *appartenant à la seconde génération, et qu'on appelle les* ***Hécatonchires*** *: ce sont* ***les cyprès.*** *Et nous allons voir au travers de ces arbres, qu'est ce qui caractérisait ces anges dieux, qui furent si fameux dans la mythologie grecque, mais également dans la bible.*

**" Les cèdres du jardin de Dieu ne le surpassaient point, Les cyprès n'égalaient point ses branches, Et les platanes n'étaient point comme ses rameaux; Aucun arbre du jardin de Dieu ne lui était comparable en beauté"** *( Ezéchiel 31:8 ).*

**Les cyprès** *sont des arbres essentiellement décoratifs, à l'aspect effilé et élancé, leur forme amincie favorise plutôt un rapprochement entre eux, et ils sont souvent alignés le long des chemins ou des routes qu'ils servent à embellir. Plantés de manière rapprochées, leur arrangement en ordre, dans les places publiques, étant souvent de même hauteur, les rend telle une armée de soldats rangée en ordre de bataille.*

*Or,* ***les hécatonchires possèdent 50 têtes,*** *et à leur coups 100 bras alignés et resserrés le long de leur coup. Ils sont dotés d'une très grande force. Et tous leurs bras symbolisent d'abord leur nombre important, et l'alignement de ces nombreux bras, traduit un effet de groupe, et ensemble solidaire, comme les membres d'un même corps.*

*En réalité, il s'agit de 50 personnes, puisque les 100 bras sont proportionnels aux 50 tètes qu'ils possèdent. Les dieux Hécatonchires incarnent donc la force du nombre, et par leur union dans un même corps, la force de l'unité ou force d'équipe. Cette unité fait d'eux des dieux d'une force redoutable, car ils agissent toujours de manière groupée et* ***extrêmement solidaire les uns des autres.***

*Il est vrai qu'****individuellement, les hécatonchires sont beaucoup moins forts que les titans et les cyclopes****, mais leur force résidant dans le nombre et la solidarité du groupe, fait qu'ils sont collectivement puissants. Fonctionnant en* ***équipe, ils se vouent les uns les autres une loyauté sans faille,*** *au sein de leur groupe. Et, ce sont ces dieux, qui furent autrefois des anges incarnés sur la terre, qui ont formé* ***les premières armées des temps pré agamiques. Et, nos armées, telles qu'on les connaît aujourd'hui,*** *leur doivent leur organisation et leur fonctionnement, car ils ont précédé toutes les armées de la terre, avant de devenir eux aussi des méritants, et de pouvoir remonter au ciel pour former les armées des cieux dont Dieu va se servir.*

*Un seul Hécatonchire parmi les trois, traduit* ***une division armée de (50) anges*** *ou dieux. Etant sur un même corps, on comprend pourquoi aujourd'hui on parle de* ***corps armées****, car ces dieux anges fonctionnaient comme s'il formait* ***un même corps****, et une même unité. Tels sont les principes fondateurs de l'armée, des unités de légions existant dans l'ancien monde, avant que cela n'arrive dans nos organisations armées, celles de notre humanité descendant d'Adam et Eve.*

*Et, dans le récit de l'Atlantide que nous avons décrypté dans la bible, on voit la présence des Hécatonchires, évoquée à travers* ***un peuple violent*** *appelés étrangers, envoyé par l'Eternel pour* ***combattre l'Atlantide et la vaincre, avant que se produise le cataclysme marin qui sonnera la fin de l'ancien monde*** *;*

***" Voici, je ferai venir contre toi des étrangers, Les plus violents d'entre les peuples; Ils tireront l'épée contre ton éclatante sagesse, Et ils souilleront ta beauté"*** *(Ezéchiel 28.7)*

***" Des étrangers, les plus violents des peuples, l'ont abattu et rejeté; Ses branches sont tombées dans les montagnes et dans toutes les vallées "*** *(Ezéchiel 31.12)*

***Ces étrangers qui attaqueront l'Atlantide,*** *sont des groupes d'anges hécatonchires, organisés en armées, venus des territoires de l'ancienne Grèce pré historique et pré adamique, qui livreront une guerre à la race Atlante, la conduisant* *à être exterminée de la terre ( cette race ainsi que son père, le dieu Poséidon ) avant qu'arrive le cataclysme marin de la fin de l'ancien monde pré adamique.*

*Ces étrangers, hécatonchires, réputés comme les plus violents d'entre les peuples en Ezéchiel 28 :7, furent des armées dotées d'une violence dans la guerre, afin d'exterminer la race impie engendrée par Poséidon le roi cèdre d'Eden. Ezéchiel 31:12, va nous parler de ces mêmes anges, à travers les arbres que sont les* ***cyprès*** *qui sont rangés de manière alignées comme pour former une armées en ordre de bataille. Voici donc le lien des cyprès avec les anges Hécatonchires.*

**" Les cèdres du jardin de Dieu ne le surpassaient point, Les cyprès n'égalaient point ses branches...** *( Ezéchiel 31:8 ).*

*Ensuite, par le bois de cyprès dans son utilisation connue de la bible, va nous confirmer les caractères solidaires de ces Hécatonchires, ayant le sentiment de former* ***un seul corps****, le corps d'armée. Car la bible va parler des cyprès comme servant à faire* ***des lambris*** *qui sont un* ***assemblage de pièces taillées dans le cyprès****, puis reliées les unes aux autres, et rangées de manière très ordonnée, pour former soit* ***un revêtement*** *du sol, soit un* ***parquet****, ou un* ***plafond****, ou même un revêtement des murs des palais.*

**" Avec des cyprès de Senir ils ont fait tous tes lambris; Ils ont pris des cèdres du Liban pour t'élever un mât "***( Ezéchiel 27:5)*

**" Les solives de nos maisons sont des cèdres, Nos lambris sont des cyprès** *(Cantique des cantiques 1:17)*

**" Il revêtit de bois de cyprès la grande maison, la couvrit d'or pur, et y fit sculpter des palmes et des chaînettes "***(2 Chroniques 3:5).*

*** Utilisation du bois de cyprès en assemblage de pièces**

***Les lambris sont un assemblage de divers pièces de bois pour former un revêtement qui caractérisent le fonctionnement des hécatonchires en légion d'armées.***
***Ces Lambris servant à revêtir les sols, les plafonds, murs ou parquets.***

*Les Hécatonchires **se comportent exactement comme** des **lambris**, faits de bois de cyprès, en formant des groupes de centaines d'anges très solidaires, alignées au cours des combats qu'ils mènent, positionnés en rang serrés pour contrer des attaques ennemies. Et si l'on rapporte que le nombre d'Hécatonchire fut seulement de 3 **( cottos, Gyes et biaré )**, cela sert à montrer des réalités liées à l'organisation en tant que groupe ou de corps.*

*Le nombre de 3, signifie qu'ils formaient 3 corps comprenant 50 têtes et 100 bras, signifiant :*

- ***Des unités d'élites d'élite** comprenant **: 3 x 50,** c'est-à-dire **150 soldats.***
- ***D'autres unités d'élites** comprenant **: 3 x 100**, c'est-à-dire de **300 soldats***

*( et ce dernier nombre dans l'unité d'élite peut être à l'origine de **la légende des 300 dans l'armée romaine**, faisant référence à ce que fut jadis une certaine unité d'élite d'armée hécatonchires, des anges des âges pré-adamiques ).*

- ***Et des légions** comprenant : **50 x 100,** c'est-à-dire **5000 soldats.***

**Les anges Hécatonchires: fondateurs des armées de combats de Dieu**

*Images tirées du films le Seigneur des anneaux adaptation des légendes de Tolkien qui n'est pas sans lien avec la mythologie grecque*

*Mais, il convient toutefois de préciser qu'il ne faut guère confondre les anges hécatonchires, avec d'autres armées qui seront-elles, au service de Poséidon, et qui furent* **conçus génétiquement par lui, au moyen de croisements de gênes animaux et humains, ou de gênes d'anges et d'animaux,** *pour* **former ces les armées d'orcs et de gobelins, ou combattants Hurukaï** *( selon le nom qu'on leur donne dans les légendes de Tolkien.*

*C'est* **Poséidon-Lucifer qui conçus ces êtres hybrides** *pour ses ambitions de conquêtes* **mondiales, et d'assujettissement** *de tous les peuples d'anges de l'ancien monde.*

**Armées d'orc au service de Poséidon - Lucifer : film le Seigneur des anneaux**

*Tandis que les Hécatonchires étaient* **des armées d'anges**, *les orcs furent des armées conçues pour se multiplier très vite et pour servir à Poséidon-Lucifer afin de conquérir la montagne à l'extrême Nord de l'Atlantide d'une part, mais aussi pour dominer le monde entier en envahissant d'autres continents de l'ancien monde, où l'on trouvait* **plusieurs des neuf tribus d'anges sur la terre.**

*Au terme de leur temps d'école sur la terre, les anges hécatonchires symbolisés dans la bible par les cyprès, vont remonter eux aussi au ciel, pour constituer les armées des cieux, auxquelles le Créateur, l'Ouranos-Chronos-Zeus, confiera la garde des régions de l'espace céleste, des étoiles, galaxies et constellations. Ils formeront la plus grande masse des anges des cieux, plus nombreuse que les titans ( les chênes), les cyclopes (les cèdres) et même les géants ( les Platanes ).*

**"Ainsi furent achevés les cieux et la terre, et toute leur armée "** *(genèse 2:1)*

*Cette illustration de qui furent* **les hécatonchyres,** *que la bible symbolise par les cèdres, nous aura montré comment ils* **ont formé des armées célestes ;** *eux dont* *l'engagement total de chacun envers le groupe sur la terre, vaudra de hautes distinctions au moment de remonter au ciel pour être déclarés, anges méritants. Après donc leurs nombreuses expériences sur la terre, ils formeront les armées du Créateur, lequel, pourra s'appeler désormais* **l'Eternel des armées :**

**" Dis-leur donc: Ainsi parle l'Eternel des armées : Revenez à moi, dit l'Eternel des armées, et je reviendrai à vous, dit l'Eternel des armées"***(Zacharie 1 :3)*

**" L'Eternel des armées me l'a révélé : Non, ce crime ne vous sera point pardonné que vous ne soyez morts, Dit le Seigneur, l'Eternel des armées"** *(Esaie 22 :14)*

*Ce qu'il nous faut comprendre, c'est que les anges sont symbolisés par des* **arbres lorsqu'ils seront sur la terre***, et des* **étoiles** *une fois devenus méritants dans le ciel. Et, nous allons voir que ces Hécatonchires seront pour la plupart au côté de Zeus dans* **la guerre des titans, et** *feront la* **supériorité du nombre du camp de Zeus, face aux titans.**

## • Les platanes, arbres symbolisant les dieux géants

**" Les cèdres du jardin de Dieu ne le surpassaient point, Les cyprès n'égalaient point ses branches, Et les platanes n'étaient point comme ses rameaux; Aucun arbre du jardin de Dieu ne lui était comparable en beauté "** *( Ezéchiel 31:8 ).*

...

Les platanes

Les géants

*Le* ***3**$^{ème}$* ***type d'arbre*** *de la prophétie d'Ezéchiel qui va symboliser* ***le 4**$^{ème}$* ***type de dieux grecs****, est* ***le platane****. C'est par cet arbre qu'Ezéchiel va symboliser ces dieux appelés géants dans la mythologie grecque. Un arbre dont il faut déjà dire qu'il n'est aucunement réputé pour la qualité de son bois, mais* ***dont la hauteur est plus qu'impressionnante****, car pouvant mesurer jusqu'à* ***45 mètres de haut.***

*Mais il faut dire que tous les types d'arbres que nous avons vus ( chênes, cèdres, cyprès)* ***sont autant de haute taille****, et les 3 types de dieux qu'ils symbolisent ( titans, cyclopes, Hécatonchires) sont eux aussi des géants.*

*Tous ces dieux-anges devinrent autant des géants en étant déclarés méritants au terme de leur passage sur la terre, après être remontés aux cieux.* ***Mais si ces dieux devinrent tous des géants, pourquoi ce caractère semble t-il faire uniquement la spécificité du quatrième type de dieu illustré par les platanes ?*** *Il est logique de penser d'après notre regard prophétique, que le fait pour ce 4*$^{ème}$ *type de dieux d'être appelé par géants,* ***n'est pas leur véritable spécificité,*** *mais leur spécificité est plutôt* ***d'être devenus des mortels,*** *après avoir perdu leur immortalité en redescendant sur la terre, pour* ***s'unir à des mortelles hybrides,*** *mi femmes-mi ange, des nymphes atlantes, filles de Poséidon et de la femme mortelle dénommée Clito en Atlantide. Ces dieux-anges, ont perdu leur 'immortalité physique, et plus tard la possibilité de remonter au ciel après cela.*

*Certains titans, cyclopes, et hécatonchires,* ***se laisseront gagner par le désir d'engendrer avec les nymphes atlantes, une progéniture sur la terre****, qui serait comme des dieux, mais qui, en réalité, ne seront que* ***des demi-dieux*** *comme vont les nommer les grecs. Et, de leur union aux nymphes, naitront des fils qui seront des géants. Et c'est du fait de la taille* ***de leurs fils géants*** *que ce caractère a été retenu comme leur particularité. Les anges méritants pères de ces demi-dieux ont donc connu l'union sexuelle ; Ils ont violé* ***la loi du créateur interdisant toute union des anges immortels aux humaines mortelles****, avec ce risque de perdre l'immortalité du corps physique que Dieu leur avait fait don pour entrer dans la matérialité, et ils ont été ramenés, après leur mort, à de simples esprits, sans corps physiques.*

*Et, les enfants nés de ces dieux-anges méritants des cieux ayant quitté les hauteurs célestes, pour s'unir aux femmes, **devinrent eux-mêmes des géants**, qui seront des mortels dès leur naissance ( tels que **Héraclès,** fils du faux Zeus, et d'une mortelles du nom de Alcmène). Et, cette descente des méritants sur la terre, connu deux grandes vagues durant deux époques :*

1- ***Une au temps de l'ancien monde :*** *aux âges pré adamiques, sur l'île de l'Atlantide, avant la création adamique, tel qu'on le voit en Esaïe 14:*

2- ***Une après la création adamique, dans le nouveau monde****: d'abord avant le déluge de Noé, tel qu'on le voit en Genèse 6:1-4. Puis, du temps de la sortie d'Israël de l'Egypte, jusqu'à leur installation en terre promise ( les **anakim**, les **réphaïm,** les fils de **Og,** les **Goliath** )*

*L'union des anges méritant géants aux mortelles, pour lesquelles ils descendirent sur la terre, **explique pourquoi ces dieux-géants** symbolisé par les platanes, furent **les grands absents de la fameuse guerre des titans, la titanomachie**, qui se produisit au ciel. Car, suite à leur expérience sexuelle, **ils devinrent incapables** de remonter au ciel, par leur état de péché, pour avoir connu les nymphes hybrides, filles de Poséidon. C'est pourquoi lors de cette guerre, la mythologie grecque montre que ces géants **meurent tous**, à l'exeption d'un seul.*

| | | |
|---|---|---|
| (1) | **Agrios** | *Tué par les moires armées de leurs massues de bronze* |
| (2) | **Alcyonée** | *Tué par Héraclès. Le géant n'étant immortel que sur sa terre natale, Héraclès le traîne loin de sa patrie et le perce d'une de ses flèches empoisonnées ;* |
| (3) | **Alpos** | *Tué par Dionysos* |
| (4) | **Aristée** | *est le seul à survivre grâce à Gaïa qui le transforme en coléoptère* |
| (5) | **Clytios** | *brûlé par les torches infernales d'Hécate ou par le fer chauffé d'Héphaïstos.* |
| (6) | **Damysos** | *tué par Héraclès, il est t le plus rapide des géants qui est* |
| (7) | **Égéon** | *est abattu par les flèches d'Artémis;* |
| (8) | **Encelade** | *Ecrasé sur le champ de bataille par Zeus qui le projete sur l'île de Sicile où il reste emprisonné. Son haleine de feu sort de l'Etna* |
| (9) | **Éphialtès** | *Anéanti d'une flèche dans chaque œil et une flèche en plein cœur, l'une décochée par Apollon, l'autre par Héraclès* |
| (10) | **Eurymédon** | *envoyé au Tartare par Zeus, il est le chef des géants,* |

| (11) | **Eurytos** | Tué par Dionysos avec l'aide de son thyrse |
|---|---|---|
| (12) | **Gration** | abattu par les flèches d'Artémis |
| (13) | **Hippolyte** | terrassé par Hermès couronné du casque d'Hadès qui rend invisible, la kunée. |
| (14) | **Mimas** | Enseveli par Héphaïstos sous une masse de métal en fusion dont il reste prisonnier (le Vésuve) où Arès le tua de ses propres mains. |
| (15) | **Molios** | Tué par Hélios, son sang versé donne naissance à l'herbe magique Moly |
| (16) | **Mylinos** | est vaincu par le roi des dieux, Zeus, en Crète ; |
| (17) | **Pallas** | Tué par Athéna, qui l'ensevelit sous un rocher et Héraclès lui porta le coup final ; la déesse l'écorche et revêt sa peau comme une armure |
| (18) | **Pélorée** | affronta Dionysos; |
| (19) | **Phœtios** | Tué par Héra; |
| (20) | **Polybotès** | Enterré par Poséidon qui lui expédie un morceau de l'île de Cos qui devient une nouvelle île :Nisyros; |
| (21) | **Porphyrion** | Atteint d'une flèche d'Eros tente de violer Héra, Zeus le foudroie et il est achevé d'un trait empoisonné lancé par Héraclès; |
| (22) | **Thoas** | Tué par les Moires armées de leurs massues de bronze. |
| | **Les autres géants** | D'autres géants ne sont pas évoqués dans la gigantomachie, car ceux qui sont connus sont environ d'une quarantaine |

***Comme nous l'observons dans ce tableau** sur le sort des géants, élaboré à partir du récit d'Hésiode, **la quasi-totalité des géants furent tués** au cours de la guerre des géants ou gigantomachie ; Pourtant ils sont appelés dieux, et un dieu est censé être immortel, **pourquoi sont-ils donc morts s'ils sont des immortels ?** Cela démontre qu'ils ont perdu l'immortalité du corps qu'ils reçurent à leur arrivée sur terre.*

*De plus, **la guerre des géants contre Zeus** est toujours illustrée comme **ayant eu lieu sur la terre**, à l'exact l'inverse de l**a guerre des titans contre Zeus,** qui est toujours illustrée comme **s'étant produite dans les cieux**.*

*Les hécatonchires **alliés de Zeus** contre les géants, lanceront des pierres depuis les cieux contre les géants positionnés sur la terre ; Ce qui est logique puisque la majorité des hécatonchires ont gardé leur position dans les cieux en tant que méritants, et ne se sont corrompu sexuellement aux mortels, tandis que d'autres anges ( les géants ) se sont unis aux mortelles sur la terre, et ne purent par conséquent plus remonter dans les cieux. Les hécatonchires, sont demeurés des méritants dignes d'habiter les cieux, alors que les géants furent confinés sur terre.*

***En outre, on peut se demander pourquoi parmi ces dieux géants, il n'apparait pas de géantes déesses*** *? Déjà il faut dire qu'en réalité, il n'existait pas d'anges femmes qui puissent être des déesses aux origines de la mythologie grecque. En revanche, il est logique de penser que c'est lorsque ces dieux géants eurent des enfants avec les nymphes filles de Poséidon Lucifer, premier à s'unir à une fille en Atlantide sur la terre, que ce dernier reconnaitra certaines parmi ses filles, les nymphes, comme des déesses.*

*A cet effet, une spécialiste des mythologies, du nom d'**Hélène Montarde,** dira qu'aux origines de la mythologie grecque, dans les récits d'Hésiode, **il n'existait guère de déesses** : celles-ci ont été **introduites** par un brassage des cultures grecques de la méditerranée avec d'autres divinités féminines du Caucase.*

*Au final, **l'appellation de géants** doit être reconnue dans deux cas :*

*1 - **Premièrement il s'agit de tous les anges méritants** remontés dans les cieux, après leur temps sur la terre, qui sont redescendus sur terre, pour s'unir aux, mortelles, nymphes hybrides, et qui ne purent dorénavant plus remonter vers les cieux, car ayant connu l'acte sexuel interdit aux anges.*

*2- **Deuxièmement, il s'agit des demi dieux, fils et filles de ces anges géants,** engendrés avec ces nymphes descendant de Poséidon et Clito, restée la seule femme d'Atlantide après l'assassinat de ses parents par Poséidon ( voir notre premier ouvrage, la bible dévoile enfin l'Atlantide ).*

*En outre, le platane qui est **un arbre au bois de peu de valeur**, va servir à illustrer chez ces géants, **la perte de leur rang, de leur dignité**, et **de leur immortalité,** puisqu'étant devenus des mortels, et ce, en dépit de leur taille impressionnante et de leur force.*

*De surcroit, en nous révélant que les géants sont symbolisés par ces arbres appelés platanes, la bible va nous confirmer le lien entre ces anges, arbres géants, avec **l'acte sexuel** et donc avec **la reproduction de l'espèce.** En effet, **la bible ne va citer le Platane que deux fois** : une première fois dans le texte d'Ezéchiel 31, qui nous a servi pour savoir que symbolisent tous ces arbres ( chênes, cèdres et cyprès, platanes ) :*

**" Les cèdres du jardin de Dieu ne le surpassaient point, Les cyprès n'égalaient point ses branches, Et les platanes n'étaient point comme ses rameaux; Aucun arbre du jardin de Dieu ne lui était comparable en beauté "** (Ezec 31 :8).

Puis, **une seconde fois,** la bible va citer le platane **en Genèse 30:8**, où cet arbre va être directement lié à **l'accouplement des moutons** et **la naissance d'une race particulière** parmi ceux-ci :

**" Jacob prit des branches vertes de peuplier, d'amandier et de platane; il y pela des bandes blanches, mettant à nu le blanc qui était sur les branches Puis il plaça les branches, qu'il avait pelées, dans les auges, dans les abreuvoirs, sous les yeux des brebis qui venaient boire, pour qu'elles entrassent en chaleur en venant boire "** (Genèse 30 :37-38 ).

Dans ce deuxième verset, **les branches du platane** permettront à Jacob de **faire multiplier** ses brebis, par rapport aux brebis de son oncle Laban, en les faisant **entrer vite en chaleur**, et en **provoquant des naissances** de brebis tachetées.

Ainsi, le platane **symbole des géants**, se trouve lié à **l'entrée en chaleur des femelles**, **l'accouplement, et la reproduction d'une nouvelle race**; Ce qui révèle que les anges géants symbolisés par ces Platanes **ont connu l'accouplement**, et ont engendré nouvelle race sur la terre, la race des géants.

**" Jacob prit des branches vertes de peuplier, d'amandier et de platane; il y pela des bandes blanches, mettant à nu le blanc qui était sur les branches Puis il plaça les branches, qu'il avait pelées, dans les auges, dans les abreuvoirs, sous les yeux des brebis qui venaient boire, pour qu'elles entrassent en chaleur en venant boire "** (Genèse 30 :37-38 ).

Au final bien que la mythologie grecque présente **4 types des dieux**, et que la bible les symbolisent en parlant des **Chênes (1), cèdres (2), cyprès (3), et platanes (4),** on s'est bien rendu bien compte qu'en réalité, il n'a existé que 3 type de dieux, car le 4ème type de dieu, les géants, vient des 3 premiers types qui finiront par se corrompre par la sexualité ; D'ailleurs c'est ce que va reconnaitre la mythologie

*Nordique de l'Europe, à travers récits de l'écrivain anglais Tolkien, qui ne reconnait que **3 types d'anges appelés Elfs** : **les Minyar,** les **Tatyar,** et les **Nelyar**.*

*Nous l'avons déjà dit, la particularité de ces anges-dieux appelés géants, fut d'avoir quitté le ciel, de leur position de méritants et gardiens de l'univers, pour redescendre une seconde fois sur la terre, et prendre des nymphes atlantes pour femmes ; Puis, s'unissant à elles, ils furent condamnés à demeurer sur la terre, car ils perdirent le pouvoir de remonter vers les cieux, et de retourner dans l'invisibilité. Or, cela se produisit premièrement dans l'ancien monde, en Atlantide, et **deuxièmement dans le nouveau monde adamique,** notamment en genèse 6:1-4, et lors la traversée du désert par Israël pour la conquête de la terre promise.*

*La race hybride, engendrée par les dieux géants, connaitra un temps de gloire sur la terre, comme les Atlantes dans l'ancien monde, grands conquérants de jadis :*

| **Les fils des géants sur la terre** | | |
|---|---|---|
| **Les Néphilim** | **Genèse 6:1-4** | **" Lorsque les hommes eurent commencé à se multiplier sur la face de la terre, et que des filles leur furent nées, les fils de Dieu virent que les filles des hommes étaient belles, et ils en prirent pour femmes parmi toutes celles qu'ils choisirent. Alors l'Eternel dit : Mon esprit ne restera pas à toujours dans l'homme, car l'homme n'est que chair, et ses jours seront de cent vingt ans ".**<br>**"Les géants étaient sur la terre en ces temps-là, après que les fils de Dieu furent venus vers les filles des hommes, et qu'elles leur eurent donné des enfants: ce sont ces héros qui furent fameux dans l'antiquité"***(Genèse6:1-4)* |
| **Les Anachim** | **Nombres 13.33** | **et nous y avons vu les géants, *enfants d'Anak, de la race des géants;* nous étions à nos yeux et aux leurs comme des sauterelles.** |

| | | |
|---|---|---|
| *Les Réphaïm* | *Deutero nome 2 :20-21* | *Ce pays passait aussi pour un pays de Rephaïm; des Rephaïm y habitaient auparavant, et les Ammonites les appelaient Zamzummim : c'était un peuple grand, nombreux et de haute taille, comme les Anakim.* |
| *Le roi d'Og, dernier des réphaïm* | *Deutero nome 3 :11* | *Og, le roi du Basan, était le seul survivant du peuple des Rephaïm. Son lit, un lit en fer, ne se trouve-t-il pas à Rabba, la capitale des Ammonites? Il mesure 4 mètres et demi de long et 2 de large.* |
| *Goliath* | *1 Samuel 17:4* | *Un homme sortit alors du camp des Philistins et s'avança entre les deux armées. Il se nommait Goliath, il était de Gath, et il avait une taille de six coudées et un empan.* |
| *Le frère de Goliath* | *2 Samuel 21:19* | *Il y eut encore une bataille à Gob avec les Philistins. Et Elchanan, fils de Jaaré-Oreguim, de Bethléhem, tua Goliath de Gath, qui avait une lance dont le bois était comme une ensouple de tisserand.* |

# Chapitre 8

# Les 12 dieux de l'Olympe, le gouvernement des dieux sur terre

- ## Les 12 Dieux de l'Olympe et leurs attributs

**Les 12 dieux**

**Zeus** (1) **Rhéia** (2)
**Koios** (3) **Théia** (4)
**Kréios** (5) **Thémis** (6)
**Hypériôn** (7) **Théia** (8)
**la pétos** (9) **Téthys** (10)
**Phoibè** (11) **Okéanos** (12)

Le Mont Olympe

**Après avoir** *vu* **la 2ème génération des dieux grecs,** *à travers les 4 types de dieux, grecs que sont : les titans, les cyclopes, les hécatonchires, et les géants, Hésiode va parler d'***une 3ème génération de dieux appelée les dieux de l'Olympe.**

*Autant dire tout de suite l'appellation de génération, ne sert qu'à établir une autre hiérarchie parmi tous les différents dieux que nous venons de voir, et ne signifie pas que les uns sont engendrés par le autres, si ce n'est que tous les dieux sont créés par les 3 Dieux suprêmes, ( Ouranos, Chronos et Zeus ).*

**Composée de 12 dieux,** *les dieux de l'Olympe, sont des dieux majeurs parmi tous les autres dieux grecs, et forment* **le gouvernement de l'univers.** *Ils siègent sur une haute montagne, la montagne de l'Olympe, située au nord de la Grèce.*

***Cette montagne dont le vrai Zeus ( Jesus Christ, la parole ) va disposer sur la terre,*** *est à l'image de la montagne dont le Créateur dispose dans les cieux, et sur laquelle un trône est placé, appelée :* ***Sion, la montagne Sainte.***

***Parmi ces 12 dieux, on compte :***

- ***Zeus*** *: il est le roi des dieux, le dieu du ciel, qui a pour arme la foudre, et qui possède un bouclier appelé l'égide, et l'aigle est son animal emblématique ; Comme fonction, il maintient l'ordre et la justice du monde. Cependant, il n'est pas dit qu'il soit le créateur de l'univers. Il est le dieu suprême des grecs.*
- ***Héra*** *: épouse et sœur de Zeus ( Jupiter ), elle est la déesse du mariage, garante de la fécondité et de la fidélité. Elle a pour animaux emblématiques :* ***le paon, et comme autre symbole : la grenade, et un diadème.*** *Pourtant notre idée est qu'****elle n'est pas une véritable déesse,*** *car les dieux ou anges, n'existaient pas au féminin, mais uniquement au masculin, Et si la mythologie s'en sert, c'est parce que les supposées déesses permettent simplement de* ***personnifier****, une vertu, une qualité, une force agissante, un aspect du pouvoir au côté d'un dieu masculin.*

*Héra va personnifier aussi* ***la jalousie****, car elle est impitoyable envers toutes celles sur qui Zeus, son mari, jette son dévolu, Zeus. Au côté de Zeus ( du vrai Zeus cette fois), elle révèle* ***un de ses attributs caché, le dieu terriblement jaloux****, qui exige fidélité tel que nous en témoigne la bible :*

***" Tu ne te prosterneras point devant elles, et tu ne les serviras point; car moi, l'Eternel, ton Dieu, je suis un Dieu jaloux, qui punis l'iniquité des pères sur les enfants jusqu'à la troisième et la quatrième génération de ceux qui me haïssent "*** *( Exode 20:5)*

***" Vous n'irez point après d'autres dieux, d'entre les dieux des peuples qui sont autour de vous; car l'Eternel, ton Dieu, est un Dieu jaloux au milieu de toi. La colère de***

***l'Eternel, ton Dieu, s'enflammerait contre toi, et il t'exterminerait de dessus la terre"*** *( Deutéronome 6 .14-15 ).*

***" Car l'Eternel, ton Dieu, est un feu dévorant, un Dieu jaloux "*** *( Deutéronome 4:24 )*
***" Vous ne vous prosternerez devant aucune autre divinité car le nom de l'Eternel, c'est le « Jaloux » : un Dieu qui ne tolère aucun rival"*** *(Exode 34:14)*

*On voit bien un autre caractère de Zeus,* ***cette jalousie*** *qu'Héra sert à personnifier dans la mythologie grecque, et que dans la bible, l'Eternel ne tolère* ***pas de rival*** *et se montre* ***prêt à exterminer*** *qui se rend coupable d'une* ***infidélité*** *en allant vers d'autres dieux qui sont des idoles, ou autres croyances.*

*Mais cette* ***jalousie de Zeus,*** *sert à protéger un autre de ses attributs qui est le* ***diadème*** *autre emblème d'Héra, et donc* ***la couronne de Zeus****. Cela veut donc dire que Zeus est un roi, et qu'il est lui-même jaloux* ***de sa couronne,*** *qui fait sa gloire. Et le paon, autre emblème d'Héra, qui ouvre sa queue comme le rayonnement d'un soleil, est une image de* ***la gloire de la face de Zeus*** *; Toutes ces emblème d'Héra signifient que Zeus ne partage pas sa couronne, comme il est vrai dans la bible que Dieu ne partage pas sa gloire :*

***" Je suis l'Eternel, c'est là mon nom ; Et je ne donnerai pas ma gloire à un autre,*** *( Ésaïe 42 : 8 ) "*

*Un autre exemple de déesse servant à personnifier une qualité, c'est* ***Métis****, qui* ***sert à personnifier une autre qualité de Zeus : la ruse*** *( mais cette fois-ci du faux Zeus notamment ). Certes, elle ne figure pas parmi les dieux de l'Olympe, mais elle est mise en relation avec Zeus, pour montrer qu'un certain Zeus, emploie* ***la ruse*** *pour parvenir* ***à ses fins*** *: La déesse Métis sert à montrer laquelle des qualités permet de triompher même des dieux les plus forts. C'est par Métis, et donc par* ***la ruse*** *que le faux Zeus réussira à amener Chronos à vomir ses frères.*

- ***Athéna*** *: elle est une déesse de l'intelligence, des arts, de la sagesse et de la force raisonnable, mais aussi de la stratégie de la guerre. Elle a donné son nom à la principale ville, capitale de la Grèce, Athènes.*

*Athéna sert à personnifier* ***la vertu suprême qu'est la sagesse****, mais aussi* ***la stratégie de la guerre.*** *C'est la raison pour laquelle, elle est née avec une* *armure complète de guerrière ( casque, cuirasse, bouclier, épée). Car, l'armure est une stratégie de guerre, qui rend quasi invincible dans la guerre.*

*Sa naissance,* **sortie de la tête de Zeus**, *la met en lien direct avec le vrai Zeus, et révèle une de ses plus grandes vertus :* **la sagesse**.

*Disons-le encore, une déesse ne sert dans une parabole, qu'à la personnification d'un aspect lié à un dieu : son mode de vie, une de ses armes, une autre de ses qualités, un autre de ses caractères, ou l'environnement où il évolue…*

**Par Athéna, il faut comprendre que la sagesse elle-même est une armure, et l'armure la plus complète qui soit**, *faite d'armes autant offensives que défensives. Et, l'animal rattachée à d'Athéna est* **la chouette,** *car comme la chouette blanche et qui se montre la nuit,* **la sagesse est mystérieuse**, *et* **éclaire quiconque fait face aux ténèbres**.

*Un autre symbole d'Athéna est* **l'olivier,** *c'est un arbre qui renvoi encore à la sagesse, même d'après la bible. Et* **l'olivier** *montre que les dieux-anges du territoire de la Grèce du temps pré adamique,* **avait choisi la sagesse et avaient pu vaincre** *Lucifer qui avait choisi la ruse, caché derrière le personnage de Poséidon. Et, l'épisode du duel entre Poséidon et Athéna pour être choisi comme dieu de Grèce, nous montre que la sagesse symbolisée par Athéna a vaincu la force brute de Poseidon.*

- ***Hadès*** *: il est un ange, dieu des morts et du monde souterrain. Il règne sur les Enfers avec sa femme Perséphone, Il possède le casque de d'invisibilité, mais aussi l*a **corne d'abondance**, *et a pour compagnon* **un chien à trois têtes** *appelé* **Cerbère**. *Hadès est celui dont la bible conforte l'existence, comme étant le dieu du monde sous terrain en Daniel 11:38*

**" Toutefois il honorera le dieu des forteresses sur son piédestal ; à ce dieu, que ne connaissaient pas ses pères, il rendra des hommages avec de l'or et de l'argent, avec des pierres précieuses et des objets de prix "** *( Daniel 11:38)*

*Il faut toutefois dissocier* **le dieu Hadès**, *d'un autre ange dieu : l'ange de l'abîme, appelé* **Apollyon**, *un dieu que la bible fait* **roi des créatures sous terraine***s ( voir Apocalypse 9 :11, créatures que nous croyons être des Aliens ), que Lucifer alors Hermès, le dieu des voyageurs , voulant se doter d'une armées de bêtes* *redoutables, envoya sur d'autres planètes, à l'aide de son portail magnétique et quantique.*

- ***Apollon** : il est le **dieu de l'art,** de la musique, de la poésie, de la divination, de la médecine, et il est parfois identifié comme le dieu du soleil. Il possède pour arme l'arc qui lui permettra de tuer le python.*

*Comme arbre, Apollon a pour symbole le laurier. On dit que c'est le dieu le plus représentatif des grecs, et notre idée est qu'il fut le roi de l'île appelée hyperborée, car on voit un lien entre son nom avec **le pôle nord** et **la terre d'hyperborée** ( le mot pôle tirant sa racine d'a-**pol**-lon ).*

*De plus, Apollon marche avec un instrument de musique : une **la lyre** offerte par Hermès pour l'attendrir après avoir volé ses vaches. Cet instrument de musique montre que dans le fond, qu'Apollon a eu une amitié avec Lucifer, qui l'a emmené a bénéficier de sa sagesse et de ses nombreuses inventions, et a obtenu plusieurs de ses pouvoirs.*

- ***Dionysos**: il est le dieu de la vigne, du vin, de l'ivresse, et de tout autre débordement, mais aussi de l'inspiration poétique. Il a pour symboles : la vigne, le lierre, le thyrse, la pomme de pin, la panthère.*

*Il n'a pas l'air d'être un dieu à craindre, mais son pouvoir sur les masses est considérable par la joie qu'il procure, notamment par le vin dont il est le dieu, et par et l'influence du divertissement dont il est maitre, puisqu'il est le fondateur du théâtre. Dionysos est devenu incontournable parmi les êtres sur la terre et principalement parmi les hommes, et les demi-dieux, ainsi que les nymphes qu'il poussent aisément à la luxure, faisant partie de son cortège.*

- ***Héphaïstos**: il est un dieu inventeur et génial, un dieu **forgeron**, mais il faut dire qu'il n'est guère beau, puisqu'étant boiteux, mais il finira par être le mari d'Aphrodite. Il travaille les métaux, et forge des armes dans ses ateliers, même dans les volcans. Il a pour symbole **le marteau** et **l'enclume**. Mais il y'a dans son amour avec Aphrodite un secret de la science de la transformation des métaux, par une déformation, du laid, on peut faire jaillir la beauté. On peut penser qu'il est celui qui revint dans la nouvelle humanité à travers **l'ange Azazel** dans le livre d'Hénoch pour* *enfanter une descendance de demi-dieu géants, et montrer aux humains l'art de forger les épées et les armes.*

- ***Poséidon**: il est le dieu des océans, des mers, des sources d'eaux, et dieu des tremblements de terre ; **comme arme,** il possède le trident, et **il a comme animal symbolique** le taureau, le cheval et plus rarement le dauphin. Nous avons amplement vu les attributs et symboles qui se rattachent à ce dieu qui n'est autre que Lucifer, lorsqu'il fut le maître de l'élément eau de la nature. Cependant parmi les Olympiens, il va montrer un domaine stratégique du pouvoir du faux Zeus, les océans, les mers, les sources d'eau, et la terre.*

- ***Arès** : il est le dieu de la guerre, il a pour arme **une lance**, un casque, un bouclier, un glaive et une hache. Ses animaux symboliques sont **le pic vert, le chien**, **le vautour**, et **le sanglier** ( la lance et le pic vert car il est celui qui perse, le vautour, car derrière lui, les vautour sont appelés à manger, et le sanglier car autrefois une colère tenace l'animait contre les rebelles ). Arès est vraiment typique du leader des anges guerriers et violents qui vont combattre la folie des atlantes ( il est à la tête des légions d'hécatonchires ).*

- ***Artémis** : elle est la déesse de la nature sauvage et de la chasse. Au côté d'Apollon, elle sert à personnifier l'environnement dans lequel Apollon régnait, sur terre, et qui fut une terre sauvage, autrefois pleine de gibier, l'île d'hyperborée. Artémis a pour arme l'arc et les flèches, et comme animal symbole **la biche.** Et, une preuve qu'elle doit être vue de façon complémentaire des informations sur le dieu Apollon c'est la façon dont commence son nom ( par **Art**-émis), alors que justement, c'est son jumeau qui est le dieu de l'art.*

- ***Déméter** : elle est la déesse de la terre, qui personnifie les moissons. Elle a comme symbole emblématique **: le blé**, parfois **une torche** (avec laquelle elle cherche sa fille Perséphone, montrant qu'elles personnifient ensemble, **le cycle répétitif des saisons de l'année**. D'une manière allégorique, Déméter attend sa fille qui remonte du monde des morts, pour que la saison de la moisson arrive.*

- ***Hestia*** *: déesse du foyer, elle est la protectrice de la maison. Elle a pour symbole* ***le feu.*** *Elle sert à personnifier une certaine organisation déjà bien présente dans le mode de vie des dieux-anges incarnés sur en chair et vivant sur la terre. Il s'agissait logiquement des foyers constitués par des anges qui avaient pris pour femmes des nymphes, c'est-à-dire des hybrides de la descendance de Poséidon et Clito, lesquels s'étaient multipliées sur la terre à partir de l'île de l'Atlantide.*

*Le fait pour Hestia d'avoir pour emblème le feu, fait d'elle une concurrente de Prométhée ? Quelle signification donner à ce feu lorsqu'on sait que Prométhée a volé le feu et qu'Hermès est connu comme l'inventeur du feu ?*

*En effet, il faut comprendre que* ***le feu du foyer,*** *de* ***l'amour homme et femme donné aux humains*** *pour leur reproduction, a été convoité par Prométhée et Poséidon Lucifer comme il avait convoité le feu du vrai Zeus. C'est ainsi que Prométhée* ***prit pour femme la fille du premier couple humain, forma un foyer avec elle,*** *et poussa les autres anges à s'unir à ses filles nées de cette union, les nymphes atlantes. Comme il avait déjà entrainé les anges se corrompt en désirant être semblables au Créateur, et en acceptant de recevoir* ***le premier feu interdit*** *qui est la gloire de Dieu, et la position due à Dieu seul.*

*Ce mode de vie en couple adopté par Poséidon, sera celui de toute la société atlante après lui, ainsi que tous les anges qui choisirent de s'unir aux nymphes hybrides : ils auront part à ce feu interdit. Dès lors, toutes les sociétés de l'ancien monde sortant de ce modèle seront corrompues, car cela est contraire au plan divin, voulant que seuls les humains forment des foyers tel que symbolisé par la déesse Hestia.*

- ## Origine des dieux de l'Olympe : avalés par Chronos

*D'abord il faut qu'à l'origine les Olympiens, comme tous les dieux-anges au masculin,* ***viennent du 3ème ciel, siège des mondes spirituels c'est-à-dire invisibles.***

***Ces dieux olympiens sont tous, soit des titans, soit des cyclopes****, comme les suprêmes ( Ouranos Chronos et Zeus). Mais comment tout cela est-il démontré par la bible ?*

***Chronos étant un titan ( un*** *nom signifie* ***qui vient du ciel),*** *et il incarne aussi nous l'avons dit,* ***l'espace-temps du 2ème ciel*** *( ciel des étoiles et galaxies de l'univers ),* ***un ciel confié aux méritants.*** *Par conséquent,* ***entrer dans le ventre de chronos signifie entrer dans le 2ème ciel.***

***Ainsi, tous les anges dieux, olympiens ayant été avalés par Chronos, puis vomis par Chronos, signifie qu'ils viennent du 2ème ciel.*** *Avalés donc par Chronos, ils sont remontés au ciel, après leur temps passé sur la terre, avant d'être plus tard libérés par le faux Zeus,* ***pour revenir sur la terre****, et installer un gouvernement de l'univers à partir de la terre, un gouvernement qui sera rebelle au Créateur et vrai Zeus.*

***Que signifie le fait pour Chronos d'avaler tous ses fils,*** *les 12 dieux de l'Olympe, puisque nous avons montré que la deuxième génération ( titans, cyclopes, hécatonchires et géants) furent* ***tous élevés vers le 2ème ciel,*** *dans l'espace des étoiles de l'univers,* ***pour être déclarés méritants et recevoir les honneurs de la part des suprêmes*** *? Etre avalés par Chronos, et être dans son ventre traduit, que les dieux Olympiens sont remontés dans le 2ème ciel, pour être déclarés,* ***méritants et gardiens en chef du 2ème ciel****. Les Olympiens ont donc suivit exactement le même parcours que les titans, les cyclopes, et les hécatonchires.*

*Les dieux de l'olympe* ***sont retournés au ciel*** *(dans le ventre d'Ouranos), pour être déclarés, les plus forts et les plus sages, et pour être établis comme* ***gardiens*** *de l'univers, des cieux, (1), et de la terre (2), mais aussi du monde sous terrain (3).*

***Et durant cette période passée dans le ventre de Chronos,*** *les Olympiens reçurent le statut de* ***veilleurs****. Et Lucifer qui va incarner le faux Zeus après ce temps* *passé au ciel, remplira au 2ème ciel, le rôle du dieu Hermès,* ***le messager des Dieux*** *et* ***prince de l'air,*** *comme on l'a vu à travers les attributs du dieu Hermès.*

*Lucifer, alors Hermès, sera un messager entre le 3ème ciel et le 2ème ciel où tous les anges méritants se retrouvent ; Celui-ci sera un guide et un secours pour les humains, créés pour habiter sur la terre, et qui appellent à l'aide à leur Créateur.*

***Mais le véritable Dieu de l'Olympe est avant tout le vrai Zeus,*** *qui a d'abord exercé son pouvoir sur la sainte montagne céleste, et ensuite sur la terre, notamment* ***sur la montagne au nord de l'Atlantide*** *où il descendait saisonnièrement ( une sorte de mont Sinaï dans les âges pré adamique ). Mais plus tard, il détruira cette montagne du nord de l'Atlantide, puisqu'elle sera convoitée et encerclée par Prométhée-Lucifer et ses armées. C'est là que le vrai Zeus, Zeus-Jésus Christ,* ***choisira une nouvelle montagne sur la terre où il descendra, et il trouvera alors, au nord de la Grèce des temps pré adamiques****, le fameux mont Olympe. Là il se rapprochera des anges Hécatonchires de cette époque qui ne sont pas souillés avec des mortelles, et qui sont restés loyaux au Créateur, avec à leur terre des anges comme Arès et Héphaïstos, et dont il se servira pour combattre Poséidon-Lucifer et détruire toute sa race, la race atlante.*

- <u>Evolution des dieux de l'Olympe : vomis du ventre de Chronos</u>

***Les dieux de l'Olympe ont donc le même parcours que les 3 types de dieux grecs ( titans, cyclopes, hécatonchires et géants ),*** *dont ils sont les plus forts, les majors, mais sont mis à part pour montrer qu'ils sont au-dessus d'eux tous, à la fois plus forts que les titans, et les cyclopes.*

*C'est pendant leur durée* ***dans le ventre de Chronos parmi les titans, les cyclopes et hécatonchire****, que les Olympiens lanceront* ***une opération de séduction****, et gagneront principalement les titans, afin de pousser ces derniers à aspirer au rang de Dieux suprêmes, et à participer à une révolte contre l'Eternel.*

*Cette séduction sera opérée par le faux Zeus, et se fera avec* ***la ruse personnifiée par le déesse métis****. Métis est la ruse mise en œuvre par le faux Zeus, Lucifer pour* ***entrainer tous les olympiens****, et les titans contre le vrai Zeus, mais cette ruse n'aura abouti qu'à les faire perdre leur position au 2ème ciel pour être précipités sur la terre avec leur chef.* ***Une chute sur la terre qui arriva lors de la guerre des***

***titans.** Cette révolte sera lancée par le faux Zeus, enregistrera une défaite de du faux Zeus, Prométhée-Lucifer et des titans.*

***La séquence du vomissement de Chronos** par une ruse du faux Zeus qui l'a fait boir un vomitif, montre que la révolte des olympiens contre le 3ème ciel, sera vite matée, et que les Olympiens **seront précipités sur la terre, avec les titans qu'ils ont séduits dans le ventre de Chronos.** Voici le premier encodage de la fameuse guerre des titans, la titanomachie, et qu'il faut donc rattacher à cette guerre.*

***Mais le faux Zeus va usurper plus tard la position de maitre de l'Olympe**, par le fait qu'il réussira plus tard à délivrer ses amis les titans du tartare, et prendra le contrôle du nouveau monde, lors de **son succès d'avoir entrainé Adam et Eve** à obéir à sa voix, plutôt que celle de leur créateur dans le nouveau jardin d'Eden.*

*C'est dans le nouveau monde, fort de son succès d'avoir réussi à séduire Adam et Eve, que Prométhée Lucifer passera véritablement pour Zeus, et sera considéré comme le dieu de l'Olympe. Et il sera réputé avoir ramener dans son camp tous les anges qui l'avaient combattu dans l'ancien monde.*

*Mais, c'est à travers la bible, que l'on comprend comment le vrai Zeus, Jésus Christ, 3ème de la trinité des Elohim, les suprêmes, nous mènera au sort final du faux Zeus et son gouvernement des ténèbres, **qui seront détruits à jamais**, tel que cela a déjà été écrit dans le livre de l'Apocalypse.*

*Lucifer chassé de la montagne céleste va mettre en place son trône sur la terre et installer son gouvernement : le gouvernement de la montagne de l'Olympe.*

*En ayant montré que les titans sont symbolisés dans la bible par des chênes, en d'Ézéchiel 31, un passage de Genèse vient illustrer **le fait que le Créateur lui-même bien qu'étant un Dieu suprême, se positionne lui-même au rang de titan.** Cela apparaitra au moment où l'Eternel viendra vers son serviteur Abraham :*

**" L'Eternel lui apparut parmi les chênes de Mamré, comme il était assis à l'entrée de sa tente, pendant la chaleur du jour "** *( Genèse 18:1)*

*Ici, il est dit que **le Créateur apparu parmi les chênes.** Par une interprétation allégorique, on comprend que le fait pour lui d'apparaitre parmi les chênes, révèle que **l'Eternel apparait au milieu des titans,** et qu'**il est lui-même un titan**.*

*Et ce va être confirmé par le fait que l'Eternel montre qu'il est un guerrier, un combattant puissant, **car tel est la force des titans**. En effet, la bible montre que* *l'Eternel va marcher à la tête de son peuple, et combattre lui seul toutes les armées ennemies d'Israël, et les titans sont connus pour être des guerriers redoutables, au regard de la guerre qu'on les attribue, la fameuse guerre des titans :*

**" Ne les craignez point; car l'Eternel, votre Dieu, combattra lui-même pour vous. "** *(Deutéronome 3:22 ) ;* **L'Eternel combattra pour vous; et vous, gardez le silence** *( Exode 14:14) ;* **L'Eternel paraîtra, et il combattra ces nations, Comme il combat au jour de la bataille** *( Zacharie 14:3) ;* **Au son de la trompette, rassemblez-vous auprès de nous, vers le lieu d'où vous l'entendrez; notre Dieu combattra pour nous** *( Néhémie 4:20) ;* **Avec lui est un bras de chair, et avec nous l'Eternel, notre Dieu, qui nous aidera et qui combattra pour nous. Le peuple eut confiance dans les paroles d'Ezéchias, roi de Juda** *( 2 Chroniques 32:8) ;* **Oui, dit l'Eternel, la capture du puissant lui sera enlevée, Et le butin du tyran lui échappera; Je combattrai tes ennemis, Et je sauverai tes fils** *( Esaïe 49:25) ;* **Puis je combattrai contre vous, la main étendue et le bras fort, avec colère, avec fureur, avec une grande irritation** *( Jérémie 21:5 ) ;* **Repens-toi donc; sinon, je viendrai à toi bientôt, et je les combattrai avec l'épée de ma bouche** *( Apocalypse 2:16 )*

*Maintenant,* ***il ne faut guère ignorer qu'un ange a toujours voulu passer pour un titan****, quoi n'en n'étant pas un à l'origine,* ***c'est le chef des cyclopes****, Poséidon Lucifer, le cèdre d'Ezéchiel 31. La parabole d'Ezéchiel va montrer d'ailleurs qu'il réussira à surpasser en force, tous les chênes, les cèdres et les platanes, c'est-à-dire tous les autres anges.*

*Cet ange savant, le cèdre d'Eden, Poséidon Lucifer, voulu se faire Dieu suprême, alors qu'il ne fut qu'un ange,* ***de la catégorie des cyclopes symbolisée par les cèdres,*** *c'est-à-dire les anges qui furent des prêtres et des savants.*

*En étant un cyclope, cet ange continuait de pousser la science pour atteindre la maîtrise des forces naturelles, notamment de l'énergie. Prométhée Lucifer, devenu Poséidon Lucifer, puis Hermès Lucifer allait montrer sa capacité à soulever* ***la masse des eaux*** *et* ***déclencher : tsunamis****,* ***raz de marée****, tremblements de terre, et* ***en propulsant les vents.***

*Puis, maitrisant* ***la puissance de feu,*** *en se faisant passer pour Zeus, il allait pouvoir rechercher la soumission des tribus d'anges sur la terre, qui voulaient demeurer loyaux au créateur.* ***Ce dompteur de la foudre,*** *pensait briser la résistance de tributs d'anges encore sur la terre, se donnant un statu de titan qu'il ne tenait aucunement du Créateur.*

*Et, toute cette ambition, nous l'avons dit était alimentée par le désir effréné de posséder les richesses de la terre, et celui de devenir semblable au Créateur ; Et plutôt que demeurer à son service dans les cieux, il s'en éloigna pour préparer l'instant où il renverserait le Créateur, ce qui nous l'avons dit sera mis en échec.*

*Par ailleurs, il est important d'aborder* ***la signification du nombre 12 des olympiens****, comme précédemment* ***celle des 12 titans :***

*Nous l'avons vu à l'occasion du décryptage autour du dieu Hermès, le nombre 12 est le nombre de l'universalité, faisant référence au temps avec* ***les 12 heures du jour*** *et* ***les 12 heures*** *de la nuit, mais aussi les* ***12 mois de l'année****. Et, au plan astronomique il fait référence aux* ***12 constellations du zodiaque.***

*Aussi, voir 12 dieux de l'Olympe signifie donc qu'ils rythmaient la vie au quotidien, les cycles annuels, les cycles des saisons, une manière de dire qu'ils faisaient la pluie et le beau temps, pour dire d'une manière prétentieuse sans doute. Et au plan astronomique, cela signifie qu'ils étaient maitres de l'univers, puisqu'arrivant même à placer les constellations comme lorsque Zeus remercie le taureau de lui avoir servi pour enlever la déesse Europe et en fit la constellation du taureau, ; ou lorsque la déesse Artémis transforma Orion, le géant chasseur en constellation, indignée après qu'il ait tenté de l'embrasser. On voit donc l'immense pouvoir des Olympiens sur l'univers en arrangeant les étoiles en constellation, ce qui est sans aucun doute exagéré, car la bible révèle que seul le Créateur a fait les constellations.*

## - Ces dieux détenteurs d'une force ou d'un pouvoir surnaturel

*A partir des dieux Olympiens, on observe que* ***les dieux sont chacun détenteurs d'un pouvoir spécifique, au-delà du fait d'être immortels****, soit par d'une force physique, ou d'une maitrise d'un phénomène ou d'un élément de la nature.*

*Bien sûr, ils sont d'abord reconnus comme possédant des qualités extraordinaires, de bravoure, d'intelligence, de ruse, par lesquelles ils triomphaient aisément face à toute adversité, ce qui étaient observés, et rapporté au vrai Zeus par des anges veilleurs.*

*Titans, cyclopes, hécatonchires ont une force véritablement surhumaine, les titans détiennent une force sur les vents, et olympiens, sur un élément de la nature, ou encore un domaine d'activité important de la vie quotidienne de ceux qui vivent sur terre.*

*Tant par leur force que leurs pouvoirs surnaturels, les dieux furent reconnus comme* ***parvenant par leur mérite personnel****, pour les avoir développé par eux-mêmes tout au long de leur périple sur la terre. Et cet aspect du mérite personnel des anges-dieux est une chose qui ressort de* ***l'idée même des jeux Olympiques inspirés par la mythologie grecque****. Ces jeux Olympiques que les nations organisent, et dans lesquels différents sportifs sont en compétition dans divers domaines aboutissent aux distinctions et aux honneurs des plus forts et des plus vaillants dans chaque discipline.*

*Aussi, les jeux Olympiques ne rappellent-ils pas* ***comment les dieux furent hissés au rang de méritants dans les cieux,*** *et comment ils furent récompensés et honorés par le vrai Zeus, juge des anges dieux ? De cette manière on comprend comment le Créateur et Dieu suprême, récompensait les anges dans les cieux* ***selon les actes démontrés sur la terre face aux épreuves de la vie terrestre, et élevait les plus illustres auprès de lui,*** *à une position dans les cieux. Les récompenses du vrai Zeus étaient faites en leur confiant un domaine de la création, en tant que veilleurs dans le ciel, autour des astres, ou des planètes. Et, cet aspect ressort de la bible comme un principe qui prévalait pour les anges sur la terre, des millénaires avant qu'Adam fut créé, et va différer du principe applicable par Dieu aux humains auxquels il fera grâce par son amour.*

*Ces mérites reconnus par le vrai Zeus, comme par Yahvé, le Dieu de la bible, est un aspect très important qui déterminera notre compréhension de l'histoire des âges des anges dieux sur la terre, et de la hiérarchie des dieux grecs.*

*Toutes ces honneurs et distinctions octroyées par le vrai Zeus,* ***seront imités plus tard toujours par le faux-Zeus****, qui se fera passer même pour celui qui élève les héros demi dieux et les humains au rang de dieux du panthéon grec, sur sa montagne.* ***Et Les attributs des dieux grecs, leurs caractéristiques, leurs symboles, leurs armes, leur animal représentatif,*** *indiquent les domaines spécifiques où le pouvoir de chaque dieu fut autrefois reconnu, et donne ainsi l'occasion d'examiner leurs liens avec les anges déchus de la bible, dont les plus illustres sont les dieux de la mythologie grecque.*

*Nous n'aurions pas fermé ce chapitre sans parler de la chose la plus représentative des jeux Olympiques, et* ***qui met à l'honneur un dieu plus que tous les autres*** *:* ***la flamme dite olympique****. Cette flamme permet de démontrer que* ***Prométhée,*** *et donc Lucifer, se trouve hautement magnifié* ***par la mythologie grecque****. Car, par la place qu'occupe cette flamme au sein de jeux, laquelle parcourt plusieurs pays du monde, sur les cinq continents, fait l'éloge incessant à Prométhée d'avoir apporté le feu à l'humanité, sans comprendre dans quel chaos il a entrainer l'ancien monde et maintenant notre monde actuel. Et, les élites dirigeantes de ce monde, continuent de mettre sur son histoire un vernis qui cachent les drames monstres dont il est devenu au final le porteur, un porteur de ténèbres.*

## Chapitre 9
## Les 3 grandes guerres du temps des dieux sur terre

*À présent il est important de comprendre les 3 grands évènements qui ont articulé l'histoire des dieux de la mythologie grecque, et qui permettent de faire un* ***découpage*** *des temps pré adamiques* ***en trois âges****.*

### La guerre des titans : révolte de Lucifer et ses anges contre Dieu.

*Premièrement il convient de comprendre* ***l'étymologie du nom Titan****, qui selon Daniel E. Gershenson, veut dire probablement* ***" celui qui habite dans les cieux "*** *; Deuxièmement,* ***la Titanomachie****, qui signifie en grec ancien* ***" le combat contre les Titans "****, qui représente un épisode de la mythologie grecque* ***racontant la lutte entre les Titans,*** *la seconde génération de dieux grecs menés par Cronos, face à Zeus allié aux Hécatonchires et aux Cyclopes.*

*Les titans qui vont soulever* ***cette première grande guerre de la mythologie grecque*** *qui marquera la fin du premier âge pré adamique, sont les suivants :*

*(1)* ***Océanos****, l'aîné, maître des eaux ;*
*(2)* ***Koios****, « celui qui pense » ;*
*(3)* ***Crios****, qui se tient à l'ouest ;*
*(4)* ***Hypérion****, « celui qui est au-dessus », le feu céleste ;*
*(5)* ***Japet****, « celui qui précipite », ancêtre des humains ;*
*(6)* ***Théia****, « la divine », créatrice des métaux précieux ; ( personnification)*
*(7)* ***Rhéa****, épouse de Cronos ; ( personnification)*
*(8)* ***Thémis****, « la loi divine », qui préside à la justice ; ( personnification)*
*(9)* ***Mnémosyne****, « celle qui se souvient »,fondatrice du langage (personnification)*
*(10)* ***Phébé****, « la brillante », couronnée d'or, l'éclat de la Lune ; (personnification)*
*(11)* ***Téthys****, qui préside à la fécondité marine ; (personnification)*
*(12)* ***Cronos****, né en dernier, qui émasculera son père avec une faucille et le détrônera.*

*Déjà, il faut dire* ***au sujet du titan Chronos,*** *qu'il n'est guère* ***opposé à Zeus****, dans la guerre des titans, puisque nous avons vu par la règle d'inversion,* ***qu'il forme plutôt un avec Zeus au sein de la trinité*** *des Dieux suprêmes (Ouranos-Chronos-Zeus). Mais dans cette guerre,* ***Chronos vient nous situer par rapport au lieu où s'est produit cette guerre :*** *l'espace du 2ème ciel où il y'a étoiles, galaxies, et constellations. Ainsi, étant avec les titans, Chronos ( dieu du ciel ) atteste que les titans sont montés au ciel pour lancer leur révolte contre le Tout Puissant, Zeus.*

*Et, si les récits grecs rapportent que* ***préalablement Chronos avait d'abord enfermé les cyclopes*** *et* ***les Hecatonchires dans le tartare****, cela ne vise qu'à nous montrer que tous ces anges, afin de devenir méritants,* ***ont dû préalablement passer avec succès une épreuve déterminante : celle d'entrer dans le tartare et d'affronter les ténèbres les plus noirs****, comme* ***une initiation****.*

*Et cette épreuve tant redoutée, était cruciale* ***pour être admis comme méritant****. Mais, les méritants pouvaient réussir cette* ***épreuve en obtenant d'abord une flamme sacrée*** *qui les permettait de s'éclairer dans ces ténèbres et de s'en sortir.* ***Ainsi Chronos les déclarait méritant après leur descente au tartare.***

*Dans la bible, le roi David nous donne à penser qu'il a traversé ces ténèbres :*

***" Quand je marche dans la vallée de l'ombre de la mort, je ne craints aucun mal "*** *( Psaume 23 :4 ) ;*

*De même, Job, bien que néant pas un ange, nous conduit à penser qu'il a aussi traversé ces ténèbres du tartare, parce que l'Eternel lui reconnait de savoir la demeure des ténèbres :*

***" Où est le chemin qui conduit au séjour de la lumière ? Et les ténèbres, où ont-elles leur demeure ? Peux-tu les saisir à leur limite, Et connaître les sentiers de leur habitation ? Tu le sais*** *...( Job 38 :19-21) ".*

***Et, au terme de cette guerre, après l'enfermement des cyclopes et des Hecatonchires dans le tartare,*** *les récits grecs rapportent* ***que ces mêmes titans furent libérés pour être envoyés dans les champs Elysées*** *( un lieu de repos dans la mort ), cela nous amène à comprendre que les titans* ***obtiendront un jour de Zeus, une libération ;*** *Cela arriva par la faute d'Adam, censé être* ***le nouveau maître du monde****, mais qui les a concédés ses clés à Prométhée Lucifer, dès lors qu'il a obéis à Prométhée en mangeant du fuit défendu.*

*Au cours de* ***cette première grande guerre des dieux grecs****, qui va être déclenchée dans* ***le 3ème ciel, et se poursuivre jusqu'au 2ème ciel,*** *autour des étoiles, des constellations et galaxies,* ***deux Dieux vont s'affronter*** *: l'Eternel ( et vrai Zeus ) contre Prométhée, à la tête des titans.*

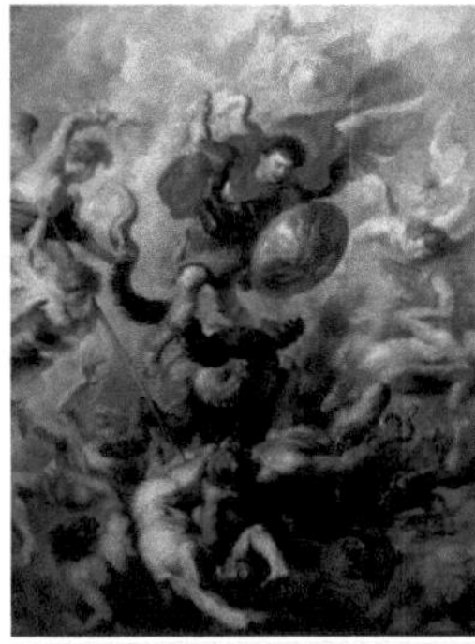

**Anges déchus par Pierre Paul Rubens 1319 Alt Pinakothek de Munich**

**La chute des Titans par Jacob Jordaens vers 1636-1638 Musée Prado Madrid**

*Par cette révolte,* ***Prométhée cherchera à prendre la place de Zeus,*** *alors qu'on le décrit neutre, ce qui est faux. Et, chronos, allié en apparence des titans, vient nous planter le décors d'une guerre qui a lieu au ciel et non pas sur la terre.*

***Zeus*** *aura pour alliés dans son camp,* ***les cyclopes,*** *ainsi que les armées d'hécatonchires, cela signifie qu'il a dans son camp,* ***la plus grande partie des méritants des cieux****,* ***les plus nombreux des armées célestes.***

***Prométhée-Lucifer,*** *que l'encodage met à place de Chronos à la tête des titans, va réussir à les séduire, en leurs* ***promettant de devenir eux-mêmes des dieux suprêmes****, chacun s'imaginant déjà pouvoir régner sur des masses de créatures composées génétiquement par Prométhée, et envoyés sur des planètes de l'univers.*

***Quant à Atlas au sein des titans****, il n'est guère un titan, quoique son père, Prométhée-Lucifer devenu Poséidon- Lucifer, l'ait introduit dans le récit de cette guerre, afin de lui donner* ***un rôle prépondérant****, puisqu'il est son premier fils, et en réalité un demi dieux, nullement un titan.*

***Bibliquement,*** *cette guerre des titans, est* ***le grand conflit céleste qui a éclaté au ciel,*** *et qui à trait à la révolte de Lucifer et ses anges contre l'Eternel ( Ouranos-Chronos -Zeus) ; Conflit qui sera évoqué en Apocalypse 12 :1,* ***où la supériorité en***

***nombre des alliés de Zeus face aux titans** lors d'une bataille, va confirmer que c'est bel et bien cette révolte contre l'Eternel qui fut menée par le Dragon :*

***"Sa queue entrainait** le tiers des étoiles du ciel, **et les** jetait sur la terre" (Apocalypse 12:1)*

***Les Hécatonchires,** alliés de Zeus, **dotés de 50 têtes et 100 bras**, formant nous l'avons vu, des légions d'armées célestes, montre aussi que le camp de Zeus **fut bien plus nombreux**, que ses adversaires du camp de Prométhée et ses titans.*

***Ce premier conflit des dieux grecs attesté par la bible, dépeint** la réalité du **nombre d'anges présents dans les deux camps** qui s'affrontèrent : un camp composé du **tiers des anges méritants**, alors que l'autre camps, bien plus nombreux, fut **du 2 tiers des méritants**. Et c'est le tiers des anges de l'Eternel et du vrai Zeus, parmi tous ceux qui avaient occupé les régions des étoiles en devenant méritants, après leur passage sur la terre, qui se révoltèrent contre le dieu suprême.*

*Aussi, Cette guerre est celle qui est appelée **" la guerre des étoiles" ( star wars)** du film du grand réalisateur de cinéma **Georges Owrell**.*

*Bien sûr, **nous avons déjà vu une première séquence de cette guerre** dans la parabole **décrivant Chronos entrain de vomir les Olympiens** qu'il a avait avalés. Et par là nous devons comprendre, que les dieux de l'Olympe sont en réalité eux-mêmes des titans, mais qu'ils en sont les plus illustres et les plus fort parmi les titans ; raison pour laquelle on parle **de combats des titans,** car il s'agit de dire que **c'est titans contre titans**, et par conséquent, que **les Olympiens, eux-mêmes, sont des titans.***

*Un autre encodage de cette guerre, apparait nous l'avons vu, lorsque **Prométhée ayant volé le feu, symbolisant la gloire de Dieu**, dû aussitôt s'enfuir et venir sur la terre pour le partager à tous. Ce vol se produit au cours de la guerre des titans, qui montre qu'il y'a **une répétition de ce que fut le premier grand conflit de la mythologie grecque.***

*C'est en **Apocalypse 12** que **cette guerre de titans** a lieu dans la bible, un conflit entre les armées de Prométhée Lucifer, le Dragon et les armées célestes de Dieu.*

***" Sa queue** ( celle du Dragon ) **entraînait le tiers des étoiles du ciel, et les jetait sur la terre "** ( Apocalyse 12 :4 )*

*Et plus loin au verset 7 qui suit, il nous est annoncé un autre prochain conflit, qui opposera de nouveau les anges de l'Eternel, et ceux de Prométhée Lucifer, puisque nous avons montré que celui-ci* ***a réussi à obtenir sa libération des titans enfermés dans le tartare,*** *jusqu'à la création du nouveau monde adamique, après qu'il ait réussi à amener Adam à manger du fruit défendu, et obtenu les clés du séjour des morts, pour délivrer du tartare, ses alliés*

*Lors de cette guerre, les* ***Hecatonchires*** *de leur 100 bras, lancèrent contre les titans des pierres géantes et remporteront cette bataille.* ***Là aussi c'est un encodage pour dire que la défaite des titans arriva en étant précipités avec des pierres sur la terre,*** *ce qui permet un autre rapprochement avec Apocalypse 12 ;4 qui décrit le tiers des anges soutenant le dragon Prométhée,* ***projetés sur la terre.***

*" **Sa queue** (du dragon) **entraînait** <u>**le tiers**</u> **des étoiles du ciel, et les jetait sur la terre** " ( Apoc 12:4 )*

*Jésus va évoquer cette guerre d'un ancien âge, en montrant que Satan avait déjà été vaincu une fois par lui*

*" **Jésus leur dit : Je voyais Satan tomber du ciel comme un éclair** " ( Luc 10:18)*

***Les titans qui perdront le combat contre Zeus****, en étant précipité sur la terre, avec leur chef Prométhée-Lucifer, seront tous* ***enfermés par dans le Tartare*** *: un lieu qui se définit comme* ***un puit ténébreux sans fin****, conduisant* ***au-dessous des enfers.***

*C'est ce que confirme la bible en disant que les anges ayant perdu la guerre de* ***la révolte*** *de Satan, furent tous précipités* ***dans une fosse en*** *Ezéchiel 31:16.*

***" Par le bruit de sa chute j'ai fait trembler les nations, Quand je l'ai précipité dans le séjour des morts, Avec ceux qui descendent dans la fosse ; Tous les arbres d'Eden ont été consolés dans les profondeurs de la terre, Les plus beaux et les meilleurs du Liban, Tous arrosés par les eaux "*** *( Ezéchiel 31:16 ).*

***" Ils te précipiteront dans la fosse, Et tu mourras comme ceux qui tombent percés de coups, Au milieu des mers " (*** *Ezéchiel 28:8* ***)***

*Le mot* ***" précipité"*** *qu'on retrouve dans plusieurs textes des Ecritures Saintes, s'agissant de ce conflit entre Lucifer et L'Eternel, illustre bien* ***la violence de cette guerre****, et comment les armées de Prométhée ont été vaincues.*

*Dans la bible, la* ***division des anges du ciel en 3 parties égales,*** *dont le tiers (1/3) rangé du coté de Prométhée, et le deux tiers (2/3) aux cotés de Zeus, lors de cette guerre, est* ***bien illustrée dans la mythologie grecque*** *par le fait, qu'un seul type de dieux sur les trois types existant, va se révolter contre Zeus. Car, nous l'avons dit, le* ***4ème type de*** *dieux, appelé géants, n'est pas un type diffèrent, puisque* ***ces géants font déjà partie des 3 groupes qui ont juste la particularité d'avoir perdu leur immortalité après*** *avoir couché avec des mortelles sur la terre. C'est d'ailleurs pourquoi les géants sont les grands absents de la guerre des titans, et ne seront présents que lors de la guerre des géants.*

*En résumé, trois (3) types d'anges prirent part à la fameuse guerre des titans contre Zeus (* ***titans, Cyclopes*** *et* ***Hecatonchires****), Et 2 types d'anges parmi les trois, correspondant au 2/3, combattront au côté de Zeus (Cyclopes et Hecatonchires), tandis qu'un seul type d'anges sur les trois types, correspondant au tiers (1/3) des anges, s'opposeront à Zeus (* ***les titans****). Le 4ème type de dieux, qui n'est guère un type, sera absent de la guerre.*

| ***Les 4 types de dieux et la guerre des titans*** | | | |
|---|---|---|---|
| ***3 types d'anges réellement présents*** | | | ***4ème type absent*** |
| ***Titans*** | ***Cyclopes*** | ***Hécatonchires*** | ***Géants*** |
| *1* | *2* | *3* | |
| ***1/3 au côté de Prométhée*** | ***2/3 au côté de Zeus*** | | ***Absents de la guerre*** |
| ***Défaite*** *des titans et de Prométhée-Lucifer* | ***Victoire*** *des cyclopes & hécatonchires, au côté du vrai Zeus* | | *Absents* |
| ***"Sa queue entrainait le tiers (1/3) des étoiles du ciel, et les jetait sur la terre"*** *(Apocalypse 12:4); Les étoiles symbolisent les anges dans la bible ( que les grecs appellent dieux ).* | | | |

*Si symboliquement, le nombre d'anges ( ou dieux ) est divisé en* ***3 types****, plutôt qu'en 4, la réalité est que les effectifs d'anges au côté de Prométhée Lucifer, tout comme ceux au côté du vrai Zeus, comprennent aussi bien des titans, des cyclopes, et des hécatonchires.*

*Donc, les titans au côté de Lucifer, furent plus nombreux que les titans au côté du vrai Zeus, puisque c'est principalement à ces titans que Prométhée Lucifer s'employa à faire croire, qu'en le soutenant contre le vrai Zeus, ils deviendraient eux aussi des dieux suprêmes, et seraient adorés par le créatures inférieures, notamment les êtres mortels de l'ancien monde.*

*Aussi, **la distinction des 3 types d'anges** dans la guerre des titans, permet de présenter cette guerre d'une manière plus simpliste, en donnant une idée de **la proportion des anges** rebelles au côté de Prométhée-**Lucifer : d'un tiers de l'ensemble des anges du ciel,** contre **deux tiers d'anges loyaux au vrai Zeus**, Jésus Christ. Mais si les titans furent majoritaires au côté de Prométhée Lucifer, dans la réalité ils y'avait tout aussi bien des cyclopes et des hécatonchires dans les deux camps.*

*Un passage de la bible, en Genèse 2 : 1, lors de la seconde création, montre que les **anges sont déployés dans chacun des cieux,** dont nous savons qu'il y'en a trois d'après la bible :*

***" Ainsi furent achevés les cieux et la terre, et toute leur armée "** ( Genèse 2:1)*

*Cela signifie, que **chacun des 3 cieux** qui composent toute la création, allait **se voir affecter une armée d'anges méritants**. Cette affectation qui avait commencé dès l'ancien monde de Genèse 1:1, ce monde qui a fini détruit par immersion.*

## ** La Gigantomachie : une guerre en deux périodes*

*La Gigantomachie, est la deuxième grande guère de la mythologie grecque, qui va maintenant faire intervenir le 4ème type de dieu grecs, à savoir* ***les géants,*** *ceux-là qui furent absents de la guerre des titans. C'est* ***une guerre qui doit être vue en deux phases*** *: une phase pré adamique, dans l'ancien monde, et une autre phase post adamique, dans le nouveau monde.*

## *1- guerre de la Grèce des dieux contre l'Atlantide*

***Les Gigantomachie,*** *est un nom qui signifie littéralement* ***« combat entre Géants »****, il s'agit d'****une autre guerre*** *de la mythologie grecque, qui vient après la* ***Titanomachie.***

*Il convient de dire au sujet des Géants qu'ils sont des créatures issues du sang d'Ouranos castré par son fils Chronos, et reçu par la terre Mère (Gaïa), et qu'ils sont caractérisés par une stature gigantesque, et une force exceptionnelle.*

*C'est une guerre qui va opposer deux camps : d'une part les anges hécatonchires, formant* ***les armées de la Grèce pré adamique****, contre les anges qui se sont corrompus par des unions sexuelles avec des nymphes atlantes, ainsi que les atlantes, première race de demi dieux, c'est-à-dire hybride, ayant eux aussi le caractère de géants.*

*Notre précédent ouvrage portant sur l'Atlantide dans la bible, a déjà montré comment les anges peuplant* ***la Grèce pré adamique****, que Platon considère comme ses ancêtres, sans doute abusivement,* ***vont lancer une guerre contre l'empire de l'Atlantide*** *avide d'Hégémonie, et de conquête, sur toute de la terre de l'ancien monde.*

*La Grèce pré adamique, du temps où les anges-dieux vécurent sur terre,* ***peuplée des armées d'Hécatonchires****, menées par des chefs tels que* ***Arès*** *et* ***Héphaïstos****, et qui avait choisi de* ***suivre la sagesse*** *(personnifiée par Athéna), plutôt que la corruption avec les mortelles, prendront la mer, pour attaquer l'île de l'Atlantide, et* *livrer une guerre contre* ***la race atlante corrompue****, engendrée par Poséidon-Lucifer, ( race que la bible appelle* ***la race des méchants****, en Esaïe 14: 20 ;* ***les étrangers****, ou* ***les plus violents des peuples*** *( Ezéchiel 28 :7 et Ezéchiel 31:12).*

*Comme nous l'avons vu pour la guerre des titans, cette guerre des géants, a été codifiée de plusieurs manière, notamment dans la séquence où* ***Poséidon s'oppose à Athéna****, afin de savoir lequel des deux donnera son nom à la ville d'Athènes ; Ce duel symbolise le conflit entre* ***peuples de l'Atlantide*** *et* ***habitants de la Grèce pré adamique****, et révélant quel avait été le choix de chacun de ces deux peuples.*

*Dans cette caricature,* ***Athéna va vaincre Poséidon, parce que les anges*** *hécatonchires de Grèce avait choisi la sagesse, contre les atlantes qui avaient choisi la corruption sexuelle.*

*En appelant ce conflit,* ***guerre des géants****, la mythologie grecque veut* ***mettre à l'honneur les géants atlantes*** *contre les Olympiens de la Grèce pré adamique, tout l'appellation guerre des titans met à l'honneur les titans, et non pas le camp du vrai Zeus gagnant de cette guerre*

## 2- Revanche de Lucifer contre les vainqueurs de l'ancienne Grèce

*La guerre des géants va connaitre une autre version* ***en opérant cette fois-ci une inversion de l'ordre ;*** *et là, elle va opposer maintenant,* ***le camp de Lucifer déguisé en faux Zeus*** *devenu* ***maitre de l'Olympe*** *dans le nouveau monde adamique,* ***opposé au camp des géants*** *qui sont les enfants des anges qui l'avaient autrefois vaincu lorsqu'il était le dieu de l'Atlantide.*

*En effet, les anges victorieux de la fin de l'Atlantide, sont revenus sur terre dans le nouveau monde pour s'unir aux mortelles, filles d'Adam, commettant la même faute que Poséidon Lucifer, avait commis le premier, en prenant une mortelle pour femme.*

*Un héros demi dieu du nom d'Héraclès va appuyer cette version de la guerre des géants dans le nouveau monde, car étant le fils du faux Zeus, il va réussir à renverser l'issu du combat et donner la victoire au faut Zeus, son père.*

*En effet, une prophétie avait annoncé que les dieux Olympiens n'arriveraient à vaincre les géants que lorsqu'un demi dieu interviendrait dans leur camp. Et puisque* ***ce demi-dieu est Héraclès****, un héros appartenant chronologiquement au nouveau monde, cela nous projette désormais* ***dans l'humanité adamique.***

***En réalité, Héraclès n'a pu être présent lors de la guerre des géants,*** *puisqu'il nait dans le nouveau monde adamique, et que la guerre des géants, elle, arriva dans sa première version plutôt dans l'ancien monde pré adamique. Aussi la mythologie l'introduit Héraclès dans ce conflit, à tort, mais non pas dans sa deuxième version, puisqu'elle veut montrer un nouvel ordre établit avec le faux Zeus dans le nouveau monde, tout en montrant* ***la supériorité d'un demi-dieux ( Héraclès)*** *face aux dieux de l'ancien monde, qui, à cause des unions sexuelles, ont perdu leur force et leur immortalité physique.*

*Héraclès n'a donc pas pris part à la gigantomachie originelle, mais il sert dans cette séquence à établir* ***une égalité entre les demi-dieux, fils des anges, et leur père : les anges dieux qui, du fait du sexe, ont perdu l'immortalité de leur corps physique****.*

*En outre, Héraclès, ce demi dieux et héros, a été introduit dans la guerre des géants pour relier l'histoire de l'ancien monde finie tragiquement, et celle du nouveau monde qui* ***va voir une sorte de revanche des demi dieux, qui reviennent comme des héros*** *( lesquels nous le verrons seront pour la plus part des fils initiés de Prométhée Lucifer, le faux Zeus ).*

*Il faut relever qu'au cours de la guerre des géants, quelques-uns des géants parvinrent* ***à se saisir de Zeus****, ce qui révèle* ***du coup qu'il s'agit bien du faux Zeus*** *dans cette seconde version, et non plus du vrai Zeus comme dans la première version de l'ancien monde.* ***Ce faux Zeus n'eut de salut qu'avec l'aide du dieu Hermès****, qui n'est autre que Lucifer lui-même ; Hermès vient là à son tour confirmer qu'il s'agit du faux Zeus dans la seconde version, tout en se donnant un caractère héroïque.*

*Ainsi, dans cette deuxième version codée par inversion, ce n'est plus le vrai Zeus* ***qui est maitre de l'Olympe*** *tel que dans l'ancien monde, mais c'est le faux Zeus, qui a obtenu* ***d'une certaine manière sa revanche*** *par rapport à sa défaite dans* *l'ancien monde : d'abord parce que d'après la bible, **il a gagné le pari de réussir à obtenir les clés du séjour des morts**, en poussant Adam et Eve à lui obéir plutôt qu'à leur Créateur, ce qui **lui permit de libérer ses anciens alliés du tartare,** ainsi que les démons. C'est désormais Prométhée-Lucifer, qui sera le nouveau maître du nouveau monde, à la place d'Adam, et le désormais maitre de l'Olympe.*

*Une fois le nouveau monde recréé, le faux Zeus va obtenir sa liberté, en arrachant à Adam son autorité pour cause de sa désobéisse à Dieu eu égard au fruit défendu. Et puisque ses adversaires dans l'ancien monde, notamment plusieurs parmi les hécatonchires, qui avaient exterminé les atlantes, **vont se corrompre dans le nouveau monde,** le faux Zeus va saisir l'occasion de devenir le maitre de ces derniers, et de dominer sur leurs enfants, les géants, et les conduire à dévorer les humains et d'appeler sur eux le jugement divin décidé par l'Eternel.*

*Ces anges hécatonchires qui furent les alliés du vrai Zeus Créateur, vont redescendre sur la terre, pour coucher avec les filles d'Adam, et vont engendrer avec elles, de fils géants appelés Néphilim en Genèse 6 :1-4. C'est dans le nouveau monde, que le faux Zeus, Prométhée Lucifer, va pouvoir obtenir sa revanche contre ces anges Hécatonchires et leurs enfants.*

*Et, pour se convaincre qu'il faut entendre **les géants comme étant premièrement des anges**, il suffit d'un jeu de mots : **car en isolant la lettre ( T )** du mot GEANT, on obtient qu'il reste le mot GEAN ; Et si l'on permute simplement ces deux syllabes **GE - AN** , on obtient le mot **AN-GE.** Dès lors le mot GEANT ne cachent plus qu'il s'agit d'abord des anges, mais qui sont devenus comme des demi-dieux, c'est-à-dire leurs fils obtenus avec des mortelles.*

*Cette appellation de Géants a donc été élargie à leurs fils, demi dieux, ou Néphilim d'après la bible ( des fils obtenus par unions sexuelle aux filles des hommes). Le nom de géant peut donc être entendu comme dieux et demi dieux.*

*Voici donc quelles sont les deux perspectives du conflit de la gigantomachie, ou guerre des géants, dans ses deux versions, ancien monde et nouveau monde :*

| La gigantomachie | | |
|---|---|---|
| | **Le camps des géants** | **Le camps des Olympiens** |
| *Ancien monde*<br>*Pré adamique* | **Les demi dieux**<br>*les Atlantes* | **Le Vrai Zeus et ses alliés sur la terre**<br>*Athéna, Arès, Héphaïstos, Héraclès* |
| *Nouveau monde*<br>*adamique* | **Les anges de la Grèce pré adamique**, *souillés par le sexe :* **Arès & Héphaïstos et leur bataillon**<br>*Ainsi que leur fils géants, obtenus avec les humaine* | **Le faux Zeus, devenu Seigneur de l'Olympe** |

*Le poète Hésiode va finir par nous révéler un élément fondamental au cours de cette guerre contre les géants : celui que* **la quasi-totalité des géants furent tués** *; un constat qui met en lumière que ces anges, censés être immortels, ont perdu leur immortalité physique, sans que la mythologie grecque ne nous dise la raison de la perte de leur immortalité,ce à quoi nous éclaire la bible qui va nous permettre de comprendre que cela est dû à leur union aux nymphes, c'est-à-dire à des mortelles.*

### • La guerre des dieux contre Typhon, ou la fin de l'ancien monde

*Cette troisième guerre, n'est pas une guerre au sens militaire comme des deux précédentes ( titanomachie et gigantomachie), mais une guerre cosmique,* **dont les acteurs sont :**

**Dans le premier camp,** *le déchainement des éléments de la nature, (* **catastrophes naturelles, vents, tempêtes, feux** *)* **personnifiées par le dieu Typhon**, *et provoquées par le vrai Zeus dans sa colère, décidant de mettre fin à l'orgueilleuse et méchante Atlantide, et tout l'ancien monde.*

**Dans le deuxième camp**, *tous les anges dieux sur la terre, qui tremblent en voyant les malheurs s'abattent sur la terre.*

***La signification de Typhon dans la mythologie grecque, est premièrement « la fumée »**, qui est une divinité primitive malfaisante, **fils de Gaïa** ( la Terre) et du **Tartare** ( la fosse de ténèbres). Selon les légendes, il est considéré comme le **Titan des vents forts et des tempêtes**. Cela élargi la liste des titans dont on voit qu'elle composé de 12 dieux qu'au sens purement symbolique.*

*Le dieu Typhon, combine donc **noirceur des ténèbres, fumée, vents forts, et tempêtes**, Toutes choses qui témoignent des **phénomènes catastrophiques et apocalyptiques**, qui emmèneront à la fin de l'ancien monde, du temps des dieux sur la terre, et de la civilisation qui aura occasionné tout ce gâchis : l'Atlantide.*

***La fumée crachée par Typhon, accompagnée de son corollaire la cendre, ne rappelle-t-elles pas ce volcan destructeur de la montagne de l'extrême nord de l'Atlantide** qui cracha une fumée, laquelle recouvrit toute l'île, annonçant la fin inéluctable de cette civilisation corrompue de l'ancien monde :*

***" ... Je fais sortit du milieu de toi un feu qui dévore, je te réduis en cendre sur la terre ... "** ( Ezéchiel 28:18 )*

***Image de la montagne en feu de l'Atlantide annonçant la fin de l'ancienne monde pré adamique***

***Et, est-ce une coïncidence que le nom Typhon soit donné en appellation des vents d'orient actuels ?*** *Cela n'est-il pas pour rappeler ce vent d'orient qui déferla sur l'Atlantide et sonna la fin de l'ancien âge ?*

***" Tes rameurs t'ont fait voguer sur les grandes eaux : Un vent d'orient t'a brisée au cœur des mers"*** *( Ezéchiel 27:26 )*

*A présent, Inventorions d'autres éléments de description du dieu Typhon qui caractérisent les catastrophes naturelles de l'Apocalypse de l'ancien monde pré adamique, où les dieux vécurent sur la terre comme des humains :*

1- ***Typhon signifie vents forts, où tempetes***

2- ***Ses yeux crachent du feu****, ce feu est le signe du feu volcanique, qui se produisit avec l'éruption du grand volcan, à la montagne de l'extrême nord de l'Atlantide, et dont la cendre couvrit l'île et détruisit nombre de ses habitants.*

3- ***Typhon est noir*** *: c'est le signe des ténèbres qui vinrent sur la terre à la fin de l'Atlantide, ce qui est normal puisqu'il nait de Gaia personnifiant la terre, et de Tartare personnifiant l'abime de ténèbres, dans les profondeurs bien en -dessous des enfers.*

4- ***Typhon et ses têtes de dragon*** *: cela traduit déjà qu'une guerre totale c'est-à-dire cosmique, est livré à Poséidon et l'Atlantide, car le dragon évolue dans les quatre milieu air, eau, feu et terre.*

***- La 1ère phase de la guerre, inversion du sens, Zeus envoie Typhon***

*En effet, premièrement, Zeus envoie Typhon sonner la fin de l'ancien monde*

***- La 2ème phase de la guerre, va dans le sens du récit***

*Tel que cette guerre est décrite par Hésiode, Typhon va se saisir de Zeus et prendra l'ascendant dans cette bataille. Ceci parce qu'il s'agit du faux Zeus contre lequel les catastrophes naturelles, du feu volcanique, de la cendre crachée, et des ténèbres vont s'abattre contre l'Atlantide, contre ses habitants et conte Poséidon Lucifer, le faux Zeus.*

*Mais, la suite du récit va voir la victoire à l'arrachée de ce faux Zeus, dans le sens où il va être enfermée, et nous l'avons vu avec Prométhée, et Hermès va lui permettre de s'évader, même si une autre version nous révèle qu'en réalité ce sont* **les moires déesses personnifiant le destin** *qui vont mettre fin à la capture de Zeus par Typhon.*

# Chapitre 10
# Les déesses : de simples personnifications

*Tout comme la bible n'admet pas l'idée d'anges femmes, la mythologie grecque n'a reconnu jusqu'à un certain temps uniquement des dieux au masculin, jusqu'à ce que les déesses soient introduites à une certaine époque de l'antiquité. C'est ce qui ressort des recherches menées par* **Hélène Montardre** *dans son volume sur la mythologie grecque aux éditions Milan ; D'après cette dernière,* **c'est par le brassage des cultures des peuples de la Grèce antique,** *avec d'autres peuples venus* **du Nord, du Caucase**, *que* **les déesses ont été introduites dans la mythologie grecque.**

*Ont-ils souhaité rendre le récit de la mythologie grecque, beaucoup plus populaire chez les femmes ? On est en droit de le penser, lorsqu'on sait que la philosophie, et l'histoire ont été pendant des siècles, des domaines propres aux hommes. En introduisant des dieux aux féminin, les récits grecs de la mythologie capteraient l'attention de nombreuses femmes et les éviteraient d'être séduites par des divinités féminines vénérées ailleurs.*

## Une parité entre dieux et déesses introduite par les grecs

*Quelques observations permettent de confirmer que les déesses ont bel et bien été introduites dans les récits de la mythologie grecque, qui sont les suivantes :*

**1**- *Lorsque la guerre des titans ne renvoie pas à l'idée que* **Zeus s'attaque aux titanides,** *mais seulement aux titans vus au masculin. C'est ce qui apparait dans les tableaux des peintres illustrant la guerre des titans, aucunes déesses ne s'y trouvent.*

**2- Les anges hécatonchires,** *ne sont jamais au féminin, ils sont tous évoqués comme étant uniquement au masculin.*

**3- On n'observe pas de déesses, parmi les cyclopes** *enfants de Gaia la terre, leur nombre est de trois, et tous les trois ne sont évoqués qu'au masculin. Idem pour* *tous les cyclopes qui ont fait face à Ulysse dans l'Odyssée, ou Enée dans sa recherche d'une nouvelle patrie, après la prise et l'incendie de la ville de Troie.*

***4- Mieux encore, parmi la quarantaine de géants** cités dans la mythologie grecque, on ne voit apparaitre aucune déesse qui soient géantes. Tous les géants semblent n'exister qu'au masculin.*

***En revanche, ce sont les nymphes** qui naitront à partir de l'île de l'Atlantide, dont **la mère de toutes, est la mortelle dénommée Clito,** fille du premier couple humain sur terre, que Poséidon prît pour femme, après avoir fait disparaitre ses parents.*

*Une lignée de nymphes, hybrides mortelles, car mi anges mi humaines, sera engendrée, et que Poséidon, dans son déguisement de faux Zeus, **voudra élever au rang de déesses.***

*C'est plutôt à travers ces mortelles que Poséidon voudra immortaliser, qu'il élèvera certaines au rang de **déesses.** Et, cela arrivera à plusieurs nymphes, filles de Poséidon, qui se sont unies à d'autres anges méritants, les ayant pris pour femme à leur tour. **Les plus belles, les plus habiles aux arts magiques pourront être érigées au rang de déesses,** et le resteront même après leur mort.*

*Aussi est-il logique de réaffirmer, comme nous l'avons déjà montré, que des déesses n'existent nullement au sens propre, mais **servent à personnaliser les forces agissantes de la nature, des vertus cardinales, des qualités exceptionnelles d'un dieu,** ou des attributs reconnus à certains dieux.*

## . La déesse Aphrodite :

*Elle est **la déesse de l'amour, de la beauté féminine, et du plaisir** qu'elle personnifie, mais en plus, elle révèle une histoire, celle d'un amour interdit qui a commencé dans les âges pré adamiques, et finit par faire tomber un ange, et se rependre comme un fléau dans les communauté d'anges de l'ancien monde.*

*Pas plus qu'Athéna, Aphrodite n'est pas réellement une déesse, mais elle personnifie **l'amour, la beauté et le plaisir,** mais en même temps **l'origine de cet amour et cette beauté.** Et, elle doit être distinguée **du dieu Eros,** qui lui aussi personnifie **le désir, mais au sens plus large, comme force d'attraction entre les choses,** tandis qu'Aphrodite personnifie plus spécifiquement le désir entre des* personnes. Et l'amour et le plaisir déclenché par la beauté féminine, arriva pour **la première fois** sur l'île de l'Atlantide, **lorsqu'une fille va entrainer la passion d'un ange**, dans le premier jardin d'Eden situé au milieu des mers de l'Océan.

En effet, lorsque le premier couple humain du nom d'**Evenor** et **Leucippe,** fut créé sur l'île de l'Atlantide, ils engendrèrent **une fille dénommée Clito**. C'est alors qu'un amour passionnel se déclencha chez Poséidon, qui tomba de désir pour cette jeune fille, ce qui l'emmena à perdre tout sens de la sagesse. Et Cet amour pour la jeune Clito, entraina le phénomène du désir, inconnu des anges jusque-là, et qu'Aphrodite personnifia.

Ainsi, Aphrodite peut être considérée comme ce phénomène d'amour ou du désir, déclenché par la beauté féminine tel que cela apparu avec la fille née du premier couple créé en Atlantide. Nous ne disons pas qu'Aphrodite représente directement, la jeune Clito, mais plutôt l'amour et le désir que Clito suscita chez Poséidon ; et **la beauté féminine** allait être **un objet de convoitise suscité chez les communauté d'anges peuplant la terre, par les nombreuses filles hybrides qui descendraient de cet amour interdit, et le plaisir d'union entre Poséidon la jeune Clito.** En même temps, cet amour et ce plaisir interdit attirait les anges par le fait qu'**il leur ouvrait la porte d'un miracle, celui de la procréation humaine**, c'est-à-dire d'être les pères d'une race à leur ressemblance, et à la ressemblance divine ( une chose qui n'était réservé qu'aux hommes).

....

## Pourquoi Aphrodite sort elle de l'écume d'une plage ?

*Déjà, d'après le récit d'Hésiode, Aphrodite est engendrée par Ouranos, et elle sort directement de* ***la semence d'Ouranos qui tombe dans la mer,*** *sans aucune union avec Gaia ( la terre ), cela est une parabole pour dire que* ***l'origine de la première femme de l'ancien monde, créée directement par Dieu****, se trouve au milieu des mers, car cela va se passer sur une île perdue en plein océan.*

*Et si la déesse Aphrodite est décrite comme* ***apparaissant sur le rivage, avec les vagues de la mer****, cela nous révèle* ***sa provenance****, car l'amour passionnel et le désir suscité par beauté de la femme eut lieu pour la première fois sur* ***une île perdue dans l'océan atlantique****, au milieu des mers, et qui fut l'île de l'Atlantide. Ensuite, de cette île,* ***ce phénomène se propagea*** *comme une séduction, avec les filles hybrides qui naitront* ***et prendraient les rivages*** *pour arriver à d'autres continents peuplés d'anges.*

*Et, puisque tous les autres anges incarnés en chair, habitants les autres continents de la terre,* ***verront arriver pour la première fois, des filles de toute beauté,*** *dérivant sur leurs plages par des bateaux. Et, l'arrivée de ces filles nymphes, objet de désirs, sera donc symbolisée par Aphrodite voguant au creux d'une coquille saint jacques, dans laquelle, symboliquement, elles ont dérivé.*

*En effet, à l'origine, l'être féminin suscitant le phénomène de désir, commença sur l'île de Atlantide, située au cœur des mers d'un océan. Et les anges incarnés sur la terre verront* ***les filles hybrides, venant par la mer,*** *et commenceront à être à l'épreuve du charme, et du désir passionnel, suscité par la beauté de ces dernières.*

*Ainsi, Aphrodite va personnifier en même temps* ***le pouvoir de séduction propagée par toutes les nymphes, sur la terre de l'ancien monde.***

*L'arrivée de ces nymphes descendant de Clito,* ***sera un temps d'épreuve*** *pour de nombreux peuples d'anges encore sur la terre, qui* ***fera tomber plusieurs d'entre ces anges ; ces nymphes les entraineront à perdre l'immortalité biologique de leur corps physique, en devenant les femmes des anges****. Cependant, de nombreux anges se garderont de tomber dans la séduction des nymphes, préférant garder leur corps physique immortel, et s'assurer de devenir eux aussi des méritants, à la fin de leur périple sur la terre.*

*Plusieurs des anges déjà présents sur l'île de l'Atlantide, qui ont vu Poséidon emprunter le premier,* ***la voie maudite de l'union à une mortelle,*** *et qui furent proches de la fin de leur temps sur terre, essayaient de se donner pour mission de faire en sorte qu'il revienne de ses errements, retardant eux aussi leur départ pour* ***l'ascension vers le ciel des méritants.***

*Aussi, la déesse Aphrodite doit être vue comme* ***ce pouvoir de séduction féminin,*** *ayant* ***fini par entrainer les anges à la corruption sexuelle****. Et puisque la première corruption sexuelle d'un ange eut lieu sur l'île de l'Atlantide, situé* ***au cœur de l'océan****, par l'union de Poséidon et une humaine mortelle, depuis ce temps,* ***la mer est regardée*** *par la mythologie grecque* ***comme étant à l'origine du désir sexuel qui a entrainé les anges à leur chute. Et l'écume de la mer*** *aussi, est vue comme étant trompeuse, puisque sensée inspirer la pureté par sa blancheur, on voit qu'elle est le symbole au contraire de cette séduction qui a occasionné le ravage du désir sexuel, provoqué par les nymphes chez les anges.*

*Il faut dire que les descendantes de Poséidon et Clito, les nymphes atlantes,* ***ont continué de se multiplier jusqu'à quitter l'île de l'Atlantide par la mer, et migrer progressivement vers d'autres terres, où elles pourraient séduire des anges.*** *Et les anges qui se corrompaient avec elles par le sexe, seraient désormais sujets au vieillissement, ce qui rendraient Poséidon désormais incontournables, car il fut le seul qui avait l'eau miracle, qui donnait une jeunesse quasi éternelle, entretenue dans sa fontaine de jouvence au centre de la capitale Atlante.*

## L'écume de la mer : une impureté dans la bible

*L'écume de la mer rejetée par sur les plages avec son aspect de blancheur immaculée, apparait paradoxalement* ***comme une impureté dans la bible****, et* ***révèle qu'un désir sexuel déviant s'est propagé comme de l'écume,*** *entrainant plusieurs anges de la terre de l'ancien, monde à être souillés. Car l'écume apparait sur tous les continents. Et, on peut penser d'ailleurs que cette écume par sa blancheur, rappelle comment l'organe sexuel masculin rejette sa semence au cours de l'acte sexuel :*

**" Qu'il a réservé pour le jugement du grand jour, enchaînés éternellement par les ténèbres, les anges qui n'ont pas gardé leur dignité, mais qui ont abandonné leur propre demeure "** *( Jude : 6 ). ;* **Ce sont des écueils dans vos**

***agapes, faisant impudemment bonne chère, se repaissant eux-mêmes. Ce sont des nuées sans eau, poussées par les vents; des arbres d'automne sans fruits, deux fois morts, déracinés; des vagues furieuses de la mer, rejetant l'écume de leurs impuretés; des astres errants, auxquels l'obscurité des ténèbres est réservée pour l'éternité "*** *(Jude :12-13 ).*

*Cette écume dérivant sur les plages, témoigne de l'arrivée d'êtres séduisantes sur d'autres continents, qui ont entrainé plusieurs des anges encore sur la terre, à ne plus remonter au ciel à la fin de leur temps d'école sur la terre ; Et, même des anges méritants ont abandonné leur position dans les cieux, pour redescendre s'installer sur la terre, et constituer par cette corruption des dieux qu'on appellera les géants, et qui perdront tant leur jeunesse éternelle, que leur immortalité biologique.*

*Cette image d'Aphrodite sortie de l'écume, ou sortie de la mer, ressort encore d'une représentation d'un texte d'Apocalypse, décrivant une femme prostituée* ***assise sur la mer.*** *Chez cette femme prostituée d'Apocalypse, on retrouve l'idée de* ***l'impureté sexuelle qui sort de la mer****, et d'****une grande séduction.*** *Cela témoigne de ce que fut la grande séduction des nymphes, objets de désirs, qui sortaient des mers, et provenant de l'Atlantide :*

***" Il me transporta en esprit dans un désert. Et je vis une femme assise sur une bête écarlate, pleine de noms de blasphème, ayant sept têtes et dix cornes. Cette femme était vêtue de pourpre et d'écarlate, et parée d'or, de pierres précieuses et de perles. Elle tenait dans sa main une coupe d'or, remplie d'abominations et des impuretés de sa prostitution. Sur son front était écrit un nom, un mystère : Babylone la grande, la mère des impudiques et des abominations de la terre "*** *( Apocalypse 17:3-5).*

***" Et il me dit : Les eaux que tu as vues, sur lesquelles la prostituée est assise, ce sont des peuples, des foules, des nations, et des langues. Les dix cornes que tu as vues et la bête haïront la prostituée, la dépouilleront et la mettront à nu, mangeront ses chairs, et la consumeront par le feu "*** *( Apocalypse 17:15-16).*

*De plus, la prostituée d'Apocalypse est* ***parée d'or,*** *ce qui permet* ***un autre rapprochement avec Aphrodite****, qui elle sera la gagnante d'un pari* ***lié à une pomme d'or,*** *pour déterminer qui est la plus belle parmi les déesses* ***; Une pomme d'or qu'Aphrodite*** *utilisera encore pour distraire en pleine compétition, une héroïne du nom d'****Atalante,*** *restée jusque-là imbattable à la course, notamment pour faire gagner son concurrent* ***Hippomènès,*** *en jetant la pomme d'or au sol.*

***Et la pomme d'or qu'Aphrodite gagna,*** *est connue pour provenir* ***du jardin des Hespérides*** *: un jardin qui n'est en réalité que l'appellation dans la mythologie grecque de* ***l'île de l'Atlantide****, et dont les Hespérides sont des nymphes Atlantes, filles d'****Atlas****, le* ***premier fils de Poséidon****, et le premier* ***roi de l'Atlantide.***

*Aphrodite est donc une référence au drame qui se produit par le désir, que provoqua la première fille en Atlantide, et toutes les nymphes engendrées par elle. Mais, la plupart des anges échapperont aux attraits sexuels des nymphes venant d'Atlantide par les mers.*

## - La déesse Métis :

*Elle est une* ***déesse personnification*** *de* ***la ruse et la prudence****. Et, elle montre une aptitude mise en avant par le père des dieux, et qui fait que la seule force ne règle pas tout, mais par la ruse permet d'arriver où la force ne parvient pas. C'est de Métis que naitra la déesse Athéna, qui elle représentera la stratégie de la guerre, spécialement pour mener des batailles, et gagner des guerres.*

## - La déesse Athéna :

*Fille de Zeus et de Métis, elle est une* ***déesse personnification*** *de la vertu de la sagesse, mais aussi la stratégie de la guerre. Elle est fille de Zeus et de Métis, et, si elle nait* ***en sortant directement de la tête de Zeus****, c'est pour dire que la sagesse est* ***la réflexion du vrai Zeus*** *: une sagesse que le faux Zeus a corrompu par le choix de* ***la ruse*** *( personnifiée par la déesse Métis sa concubine).*

*Et, aussitôt qu'elle est née, Athéna est* ***déjà revêtue d'une armure*** *complète (casque, bouclier, cuirasse), c'est que c'est Zeus, le vrai, qui a inspiré l'armure aux anges sur terre, comme première stratégie de guerre. L'armure complète fit que la force ne fut plus désormais la seule chose pour faire gagner des guerres, mais le sagesse appelée* ***stratégie****. Le vrai Zeus l'inspira la stratégie de l'armure, aux anges de la Grèce pré adamique, appelés en Ezéchiel 28:7 et Ezéchiel 31:12,* ***les plus violents des peuples*** *( Ces anges qu'il utilisa pour attaquer les Atlantes).*

*Déesse fille de Zeus, Athéna montre que la sagesse* ***et la stratégie de la guerre*** *viennent de* ***Zeus,*** *que celui-ci accorda* ***cette sagesse aux anges*** *habitants le territoire grec de l'ancien monde où les anges vivaient sur la terre. Ces anges que Platon prendra à tort pour ces plus lointains ancêtres. C'est pourquoi les* *hécatonchires qui occupaient cette Grèce préhistorique étaient de grands guerriers, et formaient une redoutable armée.*

*Par ailleurs, on s'aperçoit qu'Athéna possède sur son bouclier* ***un animal symbole de la sagesse : le serpent. En effet ce symbole*** *est identique à celui donné par la bible* ***où il est dit que le serpent était le plus rusé,*** *mais dont la véritable interprétation* ***tirée du judaïsme, dit le qu'il fut le*** *plus sage parmi les animaux.*

## - La déesse Artémis :

*Dans la religion grecque antique, elle est jumelle du dieu Apollon, déesse de la nature sauvage, de la chasse, et des accouchements. Au côté du dieu Apollon elle personnifie l'****un environnement sauvage*** *du territoire où régnait le dieu Apollon, dans les âges pré adamiques où les anges furent sur la terre ;*

*Artémis personnifie les forets sauvages de* ***l'île d'hyperborée*** *territoire d'Apollon, avec une nature abondante, pleine d'animaux, mais qui aujourd'hui, se trouve sous les glaciers de l'arctique ; Ce territoire à la nature sauvage, qui a été révélé dans* ***la fameuse carte de Piri Reis*** *(9*), laquelle fait apparaitre cette île telle qu'elle existait jadis sans les glaciers, sûrement avant la grande inondation de la fin de l'Atlantide.*

*D'autre part, tandis qu'****Apollon est vu comme le pôle nord de la terre,*** *Artémis, sa jumelle, révèle le féminin,* ***c'est-à-dire le du pôle Sud****. Et les ces jumeaux, Apollon et Atémis, traduisent delà dans la mythologie l'existence d'une puissance, qui fonctionne de pair, un pôle positif, et un pôle négatif, et qui est le magnétisme (l'Arctique et l'Antarctique). Ces deux dieux jumeaux révèlent l'existence d'un magnétisme terrestre, fait de deux bornes, mâle et femelle, dont les dieux de la mythologie étaient déjà bien conscients, et qu'ils employaient notamment comme armes, dans les arts magiques également.*

*L'appellation Arctique et l'Antarctique, révèle chacun le mot "****Arc****". Et justement cela révèle pourquoi Apollon et Artémis sont les deux des dieux Archers.*

*Par ailleurs, on observe que le mot* ***"pôle" peut logiquement*** *tirer sa racine du nom* ***"A-pol-lon".***

| ***Polarité*** | ***Apollon*** | ***Artémis*** |
|---|---|---|
| *Jumeaux mâle et femelle pour montrer le **plus** et le **moins*** | *pôle nord (+)* | *Pôle sud (-)* |
| | *Ce qui se révèle au grand jour* | *Ce qui se cache comme la forêt sauvage* |
| | *Racine du mot **pôle*** | *Racine du mort **Art*** |

*On peut se demander pourquoi Apollon est autant vénéré par les grecs, alors que son territoire est au fond du nord de la terre. Aujourd'hui, l'île d'hyperborée étant maintenant couvert de glace, il convenait à Apollon de jouer un rôle dans notre humanité descendant d'Adam, en cherchant désormais à influencer les peuples de la Grèce, la Turquie, et de la méditerranée en générale.*

## - La déesse Déméter :

*S'agissant de cette déesse, se référer au chapitre des dieux olympiens.*

## - La déesse Hestia :

*Elle personnifie **le foyer, protectrice de la maison**, qui a pour symbole le feu (conf. le chapitre des dieux olympiens )*

## - La déesse Rhéa :

*Elle est une titanide, femme du Dieu suprême Chronos. On dit qu'elle est la mère des dieux, déesse de **la fertilité**, de **la maternité**, et de **la génération**. Elle personnifie donc **la procréation**, ou **la reproduction**, que Lucifer a désiré afin d'engendrer une race sur la terre ;*

*En réalité, nous pensons que placé à côté du Dieu Chronos, **Rhéa personnifie le pouvoir créateur de Chronos lui-même**, puisque nous avons dit : les déesses n'ont pas existé réellement mais ce qu'elles représentent doit être attribué directement au Dieu auquel elle est plus proche. **Cela signifie que tous ces pouvoirs qu'on attribue à Rhéa, sont détenus en réalité par Chronos.** Et cela est cohérent avec ce que nous défendons, à savoir que Chronos est le créateur de l'homme et la femme, et de la reproduction ; Pouvoir qu'il partage avec Ouranos et Zeus dans la trinité des Elohim.*

*Une autre chose au sujet de Rhéa, est que si l'on applique **la permutation des lettres** du nom **"Rhéa"**, on obtient **"Héra"** dans la logique d'une anagramme. Et* *cela révèle que leur mari, Chonos et Zeus, participent ensemble de la même personne de la trinité, qui est l'Eternel.*

## - La déesse Héra :

*Elle est la femme de Zeus, personnifiant* ***le mariage****, mais aussi* ***le pouvoir, et la souveraineté,*** *qui font* ***la royauté.*** *C'est pourquoi Héra est représentée avec* ***un sceptre****, et assise sur* ***un trône****. Placée au côté de Zeus, elle sert de parabole pour nous dire que Zeus est roi, car Zeus,* ***le vrai Zeus, n'a en réalité aucune femme.***

*Lorsque le prince Paris de Troie fît son choix de qui est la plus belle parmi les trois déesses :* ***Aphrodite, Héra, et Athéna,*** *cela fut une parabole pour dire qu'il choisit entre* ***trois choses : souveraineté (1), victoire à la guerre (2), et désir (3).*** *Héra, voulant pousser Paris à la choisir, offrira au prince Paris son lit, non pas pour les plaisirs amoureux que promet Aphrodite, mais pour* ***le pouvoir*** *et* ***la royauté****.*

*C'est donc ainsi qu'une déesse* ***personnifie les attributs*** *royaux détenus par le dieu dont elle est la plus proche : le pouvoir et la souveraineté du Dieu suprême Zeus.*

*Nous avons vu qu'étant parmi les dieux de l'Olympe, Héra est* ***très jalouse,*** *de de sorte que toutes celles dont Zeus est épris, elle planifie leur mort. Mais cela est une autre parabole pour dire que* ***Zeus ne partage pas sa gloire****, et que ceux qui se tournent vers d'autres dieux, seront punis. Et cela rejoint tout ce qui est dit au sujet de l'Eternel, le Dieu de la bible*

## - La déesse Théia :

*Théia, dans la mythologie grecque, est la Déesse de la lumière céleste et de la couleur du Ciel qu'elle personnifie. C'est une Titanide ( une des fille du Ciel et de la Terre) et l'une des douze divinités primordiales. Elle engendre Hélios qui est le dieu du Soleil personnifié, souvent représenté avec une couronne rayonnante et chevauchant un char à travers le ciel. Elle personnifie donc le ciel dans ses différentes couleurs.*

## - La déesse Perséphone :

*Elle est la déesse du monde souterrain, et des Enfers ; elle est également associée* ***au retour de la végétation lors du printemps*** *dans la mesure où chaque année, elle passe* ***huit mois*** *sur terre, puis* ***quatre mois*** *( l'hiver, sans végétation) dans le royaume souterrain avec Hadès.*

*La mythologie grecque détaille l'enlèvement de Perséphone par Hadès et la quête entreprise par sa mère, la déesse Déméter, pour la retrouver.*

*Perséphone possède comme domaine l***es fameux Champs Élysées***. Cela veut dire que mis à part l'enfer où elle règne avec le dieu Hadès, elle règne aussi sur un autre lieu souterrain qui est* ***le séjour des morts,*** *et qui peut être assimilé à ces* ***Champs Élysées****, et que la bible considère comme* ***le sein d'Abraham*** *ou* ***le Paradis.*** *Mais comme toutes les déesses, elle n'échappe pas à la personnification,* ***celle de l'alternance des saisons au côté de la déesse Déméter sa mère,*** *et du rôle des lieux en dessous de la terre dans cette alternance, et pas que les effets du soleil.*

*Elle personnifie également* ***la disparition d'un être cher****, car Perséphone est enlevée par le dieu Hadès, et recherchée par les siens, notamment par sa mère Déméter.*

## - La déesse Séléné :

*Elle est la déesse de la Lune, et la fille des titans Hypérion et Théia et a pour frères Helios ( le soleil) et Eeos ( l'Aurore). Elle est souvent assimilée à Artémis même si elle personnifie plutôt l'astre lunaire lui-même, de la même manière que son frère, Hélios est assimilé à Apollon. Elle forme avec Artémis et Hécate une triade. Séléné représente la* ***pleine lune****, Artémis le* ***croissant de lune****, et Hécate la* ***nouvelle lune****.*

## - La déesse Mnémosyne :

*C'est une Déesse personnification de la mémoire, une chose très importante pour les anges qui voulurent être des dieux, car ils désirent rester dans la mémoire, et avoir une renommée à travers les âges, afin que leur nom ne soit jamais oublié. Mais c'est une chose contre laquelle l'Eternel s'insurge dans la bible, en parlant aux anges déchus qui se prirent pour des dieux, en proclamant qu'il effacera leur mémoire et qu'"* ***on ne souviendra plus d'eux*** *" en Esaïe 14:20.*

*Et, l'Eternel empêchera aux anges-dieux qui recherchent toujours* ***à se faire un nom*** *sur la terre, en poussant les humains à bâtir une tour en Genèse 9:11, par une multiplication des langues parmi ces humains. Toutefois, la mémoire des dieux a été gardée par* ***les neuf esprits des nymphes Muses*** *qui personnifient les choses par lesquels la mémoire se perpétue.*

## - La déesse Maïa :

*Elle est la mère du dieu Hermès, qui n'est lui-même qu'une autre incarnation après Prométhée et Poséidon, du même Lucifer devenu le Satan de la bible.*

*Cette déesse personnifie un caractère de ce même Lucifer, qui par son orgueil et sa prétention,* ***voulu se faire Dieu.*** *Car, Lucifer qui est Hermès, le fils de Maya, va être le premier à prétendre être «,MAYA » en inversion « AYAM» ou « I AM» qui veut dire* ***"Je suis"****, Nom par lequel l'Eternel ordonna à Moise qu'on l'appelle, et le nom par lequel Jésus lui-même se révèla en Jean 8:58.*

**" Dieu dit à Moïse: Je suis celui qui suis. Et il ajouta: C'est ainsi que tu répondras aux enfants d' Israël: Celui qui s'appelle "je suis" m'a envoyé vers vous ...."** *( Exode 3:14 )*

**" Jésus leur dit: En vérité, en vérité, je vous le dis, avant qu'Abraham fût, "je suis"** *( Jean 8:58 ).*

| **Maya nous donne ce qui a fait de Lucider, un diable** | | | |
|---|---|---|---|
| **Né de :** | **inversion** | **Décryptage** | **Signification :** ceux qui disent être Dieu |
| **maya** | **ayam** | **l'am** | "Je suis" : **le nom de Dieu** |

*Tous cela dit, on peut se demander qui sont ces esprits appelés déesses aujourd'hui dans notre humanité ? Nous pouvons affirmer qu'il s'agit des nymphes mortes, qui peuplaient l'ancien monde, devenues de simples esprits, lorsque Zeus détruisit l'Atlantide, et tout l'ancien monde. Ces esprits des nymphes retrouvèrent le pouvoir d'influencer notre monde, dans la nouvelle humanité, au moment où son nouvel occupant, Adam a désobéit à l'Eternel dans le nouveau jardin d'Eden.*

## Chapitre 11

## Les nymphes : des êtres et non des personnifications

*D'après la mythologie grecque, il ressort que les nymphes sont* **des filles gracieuses et bien faites, séduisantes, et en âge de se marier.** *Les nymphes ne sont pas des personnifications, mais elles sont profondément liées au désir personnifié par Aphrodite ; car ce sont elles qui vont* **rependre le désir,** *dans le monde des anges pré adamiques, à l'exemple de* **la nymphe Daphnée qui sera follement désirée par Apollon** *qui voudra l'épouser, mais il n'arrivera qu'à susciter chez elle que du mépris ; résultat : Apollon va la punir pour son mépris en la transformant en un arbre.*

*De plus, les nymphes sont* **insouciantes, chantant, filant, se promenant dans les eaux et les forêts**. *Elles ont une vie extrêmement longue, vivant des milliers d'années.* **Elles sont l'équivalent des fées dans d'autres mythologies.**

*Ce sont de jeunes femmes hybrides ayant existé premièrement dans les temps pré adamiques, des descendantes de Poséidon et de Clito, et après elles, de leurs filles d'autres anges.*

**Puis dans un second temps,** *les nymphes naquirent dans l'antiquité, parmi la descendance adamique cette fois-ci, par l'union des anges qui bravèrent l'interdit de descendre sur la terre, pour prendre des filles adamiques.*

*Les nymphes ne servent pas à personnifier ces forces de la nature comme le font les déesses Athéna, Aphrodite, ou Héra, mais elle sont concrètement rattachées à un élément de la nature, un lieu, ou un phénomène naturel, sur lequel elles ont* **un pouvoir magique**, *et* **un contrôle parfait** *( nymphes des rivières ; nymphes des montagnes ; nymphes des bois ; nymphes des prairies ; nymphes des nuages...). Ces pouvoirs magiques, elles l'héritent de celui dont* **elles descendent toutes**, *c'est-à-dire Poséidon, lui-même initialement Prométhée-Lucifer.*

## *Quelques célèbres nymphes de la mythologie grecque :*

***Égine : la nymphe qui donna naissance à Éaque**, enfant qu'elle eut avec Zeus ( mais le faux Zeus). Or, **Égine** est elle-même la fille du **dieu-fleuve Asopos** ( un ange ) et de **la nymphe Métope**.*

*Sans doute Zeus-Lucifer ayant le pouvoir de la jeunesse éternelle, lui-même eu pour concubines ses propres filles, unies siècles plus tard avec d'autres anges.*

***Les nymphes des montagnes :** ce sont les premières nymphes qui furent créés par Zeus, même si nous le verrons, d'après Hésiode ce sont plutôt les nymphes des jardins appelées nymphes meliennes qu'il considère comme les premières nymphes.*

***Les nymphes coryciennes :** ce sont des nymphes des grottes, au même titre que les nymphes oréades, dont elles font partie. Ce sont les trois **naïades** des sources sacrées de l'antre corycien du mont Parnasse en Phocide. Elles s'appellent **Corycia, Cléodora** et **Mélaïna.** Leur père est Céphise ou Plistos.*

***Les nymphes Muses :** qui sont les neuf filles de la déesse Mnémosine, les nymphes qui président aux neufs arts ( nymphe de la belle voie, nymphe de l'histoire, nymphe de la poésie et de l'érotisme, nymphe de la tragédie et du chant, nymphe de la rhétorique et de l'éloquence, nymphe de la comédie, nymphe de la danse, nymphe de l'astronomie ).Elles ont la charge de conter l'histoire des dieux olympiens. Nous reviendrons sur ces dernières dans nos lignes.*

***Les nymphes néréides :** ce sont des nymphes marines, filles de l'ange Nérée et de la nymphe Doris, une Néréide sur un taureau marin portant un présent pour les noces de Poséidon et Amphitrite.*

***Les nymphes pégées :** ce sont les naïades peuplant les sources d'eau. Elles furent responsables de l'enlèvement d'Hylas. Elles sont aussi souvent appelées **crénées** quand elles protègent les fontaines. Parmi elles, on peut citer : **Cassotis, Albunée, Aganippe, Appia, Castalie.***

***La Nymphe Œnone :** c'est elle dont fut épris le prince Paris de Troie lorsqu'il fut encore pasteur, fille du fleuve **Cébren** qui était capable de prévoir l'avenir, et avait la renommée d'être une femme d'une grande sagesse et une guérisseuse réputée. Comme tous les amoureux Pâris lui promit un amour éternel.*

***La nymphe Nephélée :** une nymphe des nuages qui enfanta des jumeaux ( Phrixos et Hélé ), nés de son union avec le roi **Athamas.** Cette nymphe enverra un bélier* *ayant une toison d'or afin qu'il transporte les deux enfants loin de leur père, car sa deuxième épouse de celui-ci désirait les tuer. Et quoiqu'on ne dise pas d'où venait cette nymphe, Nephélée, tout porte à croire qu'elle venait de l'Atlantide, le pays de l'or, et détenait une science magique supérieure pouvant téléporter des êtres.*

*Et, rappelons-le, l'Atlantide fut* ***un royaume de jumeaux****, et que* ***c'est d'elle que descendra tous les héros grecs****, qui entreront* ***dans un bateau appelé Argo****, pour se mettre en* ***quête de la toison d'or du bélier*** *qui avait transporté ses jumeaux loin de la femme de leur père qui souhaitait leur mort.*

*D'autres nymphes sont individuellement connues, telles que :*

***- La nymphe Amphitrite :***

***- La nymphe Calypso,***

***- La nymphe Circé,***

***- Echidna, la monstrueuse,*** *dont le nom nymphes est appliqué deux fois, de façon étonnante,*

***- Les nymphes appelées sirènes.***

*Au final, pour la mythologie grecque, les nymphes apparaissant comme des puissances assurant des médiations entre le monde divin et monde humain ; les nymphes jouent ce rôle d'intermédiaire notamment, quand les dieux se séparèrent des hommes.*

- ***Qui serait la mère de toutes les nymphes ?***

*Après avoir vu ces quelques nymphes, dont la liste en réalité parait sans fin, il est intéressant de savoir* ***qui peut être considérée comme ma mère des toutes ces nymphes.*** *Serait-ce la déesse Gaia, la terre ? Serait-ce la déesse Aphrodite ? ou serait-ce une autre déesse de la mythologie ?*

*La réponse est non, si l'on considère que toutes ces déesses ne sont que des personnifications, l'une de la terre, l'autre de l'amour et de la beauté, et les autres des vertus, ou qualités, ou des lieux etc.*

*Néanmoins, puisqu'****Aphrodite,*** *est liée à* ***la première femme****, créée en Atlantide, dont la fille, Clito, fut* ***la première qui entraina l'amour les anges-dieu présents sur la terre,*** *dont Poséidon ; Et puisque celle-ci fut* ***la première femme à s'unir à un immortel****, et de laquelle naitront* ***les premières nymphes*** *qui sont les*

*Hespérides atlantes.* ***Ainsi, la mère de toutes les nymphes*** *est donc Clito, la jeune fille née sur l'île d'Atlantide.*

***Et la première fille****, sera en même temps, la mère des premiers demi-dieux, les dix rois atlantes, fils de Poséidon.* ***Et les nymphes Hespérides****, qui seront les gardiennes* ***du premier jardin d'Eden*** *de la bible.*

*Ainsi, la mère de toutes les nymphes fut Clito, et la mère de ce phénomène pouvoir du désir qu'engendre la beauté féminine et la séduction ; Pouvoir, qui fera tomber plusieurs anges-dieux, dans la mort biologique de leur corps, qui fut un don d'Ouranos-Chronos-Zeus.*

## • La naissance des nymphes

*Les Nymphes sont premièrement citées comme* ***habitantes de montagnes****, puis Hésiode nous conte la naissance des* ***Nymphes méliennes lors de la castration d'Ouranos****. Cela suggère donc qu'il y'a deux versions au sujet de leur naissance les nymphes.*

*Nous pensons que* ***la version de la naissance des nymphes par la castration d'Ouranos****, est celle qu'il faut tenir pour vraie, dans sa parabole. Car, cela les rapproche immédiatement d'Aphrodite, née aussi de* ***la castration d'Ouranos.*** *Et ceci signifie que* ***les nymphes méliennes,*** *ou* ***nymphes des prés,*** *sont rattachées* ***à un jardin*** *: un Jardin qui deviendra celui des* ***Hespérides*** *et où pousseront* ***les fameuses pommes d'or*** *( les pommes d'or qui servent de parabole le l'existence d'une science magique), dont la terre de l'Atlantide était devenu le berceau dans l'ancien monde des temps pré adamiques.*

*Par ailleurs, le mot* ***mêlé****, qui signifie* ***mélangée****, ne tire-t-il pas sa racine en français de celui des nymphes* ***méliennes,*** *qui sont* ***le fruit d'un mélange*** *entre une mortelle et un immortel, un ange et une jeune femme.*

*Nous pensons que* ***l'autre version de la naissance des nymphes, sur les montagnes****, ne vise qu'à* ***attribuer leur paternité à Zeus****, mais au faux Zeus, puisque c'est* ***sur le mont Hélicon*** *qu'Hésiode va entendre les louanges rendues à ce Zeus par des nymphes,* ***et qu'il va recevoir le récit de la théogonie fondatrice de la mythologie grecque****.*

***Les montagnes ne peuvent donc être le lieu de naissance originelle des nymphes****. C'est pour donner la primauté à ce faux Zeus, considéré lui-même comme né sur une montagne ( le mont Ida ), et résidant sur une montagne ( le mont Olympe) que les nymphes sont considérées comme nées d'une montagne.*

## *Les nymphes détiennent des pouvoirs magiques*

*Il découle de tous ce qui précède que les nymphes vont avoir une place très importante* **dans le plan de Poséidon-Lucifer, pour corrompre par leur beauté, leur charme, et leur séduction,** *tous les anges qui voulaient rester loyaux au Créateur, et qui vivaient encore sur la terre jusqu'à la fin de l'Atlantide.*

*Les nymphes ont d'abord un* **premier pouvoir, celui de la séduction par la beauté, et du désir qu'elle provoque,** *et qui sera vu comme une arme d'assujettissement par Poséidon. Elles vont propager leur pouvoir du désir et de séduction,* **personnifié par la déesse Aphrodite**, *partout dans tous les recoins de la terre.*

*En plus de leur pouvoir de séduction par leur beauté,* **des secrets et des pouvoirs magiques sont donnés aux nymphes par leur père**, *mais aussi leur mère, les premières nymphes de l'Atlantide ; Des pouvoirs qui viennent d'abord du père de toutes les nymphes, Poséidon-Lucifer, et des autres anges unis à ses filles-nymphes.* **Des pouvoirs magiques et des secrets qui se transmirent au fil des siècles, entre demi-dieux et nymphes**, *afin que bien qu'étant des mortelles, elles aient des pouvoirs bien plus grands que plusieurs des anges, qui ne désiraient que rester sages et loyaux envers la trinité des Dieux suprêmes.*

*C'est ainsi qu'on rapporte qu'***une nymphe dénommée Nephélé** *envoya* **un bélier doté d'une toison d'or afin de transporter ses enfants jumeaux**, *dans un autre pays, loin de la femme de son ancien époux.* **Un belier à la toison d'or,** *traduit déjà que cette nymphe à* **un pouvoir de transformation des éléments de la nature en métaux précieux**, *ce qui est le plus grand pouvoir de ce temps, et montre que c'est là que débuta la science qu'on appelle l'alchimie.*

*Ensuite cette* **nymphe appelée Nephélé** *a aussi le pouvoir de faire* **s'envoler ce bélier dans les airs**, *et le faire voyager vers des terres lointaines, en somme de transporter des êtres vivant dans les airs ; résultat : ce bélier aura néanmoins permis à la nymphe de sauver l'un de ses deux fils qui deviendra un roi, puisque l'autre mourut presqu'au bout de ce long voyage.*

*Nous pensons qu'il peut exister un lien entre le nom de la nymphe* **néphélée** *et le nom* **nephlim,** *et qui lui donne sa racine. N'y a-t-il pas lieu de penser que Nephélé est un indice qui renvoie à la* **chute des anges** *qui sont redescendus pour prendre des femmes humaines adamiques et avoir des enfants avec celles-ci ?*

*Les nymphes séduisent, et elles ont le pouvoir d'envouter des anges qui prennent des risques, et manquent de sagesse :*

*Un constat révélateur mérite d'être fait : celui que quoiqu'il existe des nymphes des montagnes, des jardins, des forêts, des nuages, des grottes, on peut observer que* ***les nymphes des eaux sont de loin les plus nombreuses****, et pour cause,* ***l'eau est en lien avec leur première*** *origine,* ***puisque les premières nymphes naquirent de la jeune fille Clito, qui s'était unie à Poséidon sur l'île de l'Atlantide, située au cœur des mers, en plein milieu de l'Océan Atlantique****. Et, Poséidon étant le père de toutes les nymphes, leur présence dans les eaux est tout à fait compréhensible.*

*A cet effet, des récits grecs de la mythologie rapportent que* ***des nymphes des eaux*** *enlevèrent dans l'eau le héros* **Hylas** *compagnon d'Héraclès, au cours du voyage dans l'Argonaute pour la quête de la toison d'or.*

**toile de John William Waterhouse**

## Les nymphes ont - elles aussi existé dans l'humanité adamique ?

*Dans la mythologie grecque, on montre bien l'existence des nymphes dans le nouveau monde ? C'est-à-dire dans l'humanité descendant d'Adam, avec ces nymphes qui* ***interviennent dans les contes de l'Iliade et l'Odyssée ; des contes renvoyant aux légendes qui se serait déroulées durant la Grèce antique.***

*Partant de là, ces nymphes ne peuvent plus être engendrées pas de Poséidon,* ***comme c'est le cas de la nymphe Calypso,*** *mais elles descendent d'autres anges qui avaient gardé leur corps biologique à la fin de l'ancien monde, et qui sont* *redescendus dans le nouveau monde, pour unir aux filles descendantes Adamiques dans la nouvelle humanité. Ainsi, ce qui était déjà arrivé dans l'ancien monde en Atlantide, se reproduisit de nouveau dans l'antiquité : le péché sexuel des anges commis pour la première fois par Poséidon a réussi à entrainer de nouveaux anges sur la terre.*

*On pourrait penser que la bible est silencieuse sur **l'existence physiques des nymphes,** mais nous croyons que c'est parmi les **demi-anges néphilim, ou demi-dieux,** en genèse 6, lorsque, les anges s'unirent aux filles des hommes et que des héros appelés nephilim furent engendrés. C'est d'abord là en Genèse 6 qu'on peut entrevoir leur existence. Pour nous, **le terme nephilim implique tant des êtres au masculin**, que **des êtres au féminin.***

*Mais, rappelons d'abord que la bible ne mentionne pas toutes ces femmes qui descendirent d'Eve, la première femme. On pourrait penser qu'elle elles n'aient pas existé, et ce, jusqu'à la génération de Noé, dernier homme avant le déluge. Quand bien même les fils de Noé sont cités nommément, aucun des noms ni de sa femme, ni de ses belles filles qui échappèrent avec lui au déluge, n'apparait dans la genèse. Nous n'avons donc aucun nom de femme après Eve, jusqu'à Sarah la femme d'Abraham. Ce n'est qu'à partir d'Abraham, qu'on commença à citer le nom des femmes, telle que Sarah sa femme, Rebecca femme d'Isaac, ainsi que Rachel et Léa épouses de Jacob.*

*Il est donc logique de penser que si la bible occulte de citer les femmes de ce temps, elle ne le fera pas non plus pour les nymphes Néphilim, ou femmes hybrides, nées de l'union anges et humains en Genèse 6 :1-4. Cela est d'autant plus une réalité qu'aucune femme n'est citée dans les généalogies de la descendance adamique. Alors, comment s'attendre qu'on cite une nymphe, ou qu'en en fasse allusion à celle qui sont qu'à moitié des femmes. En disant tout cela, nous ne pensons pas que la bible fait de la femme peu de cas, mais qu'elle est toujours vu plutôt à travers l'homme.*

*L'omission des noms des femmes, n'entraine-t-elle pas également celle de l'existence des néphilim au féminin, ou des nymphes. Cela nous permet de dire que la descendance adamique visitée par les anges, a connu des nymphes, dont la présence est occultée comme du reste cela arrive souvent dans la bible.*

*Une autre analyse qu'on peut faire consiste à tirer la conséquence de **l'emploi du mot race** pour désigner les être mis anges mi humains. Ce mot d'après sa définition induit des êtres avec des caractères transmissibles d'une génération à la suivante, ce qui induit la capacité de se reproduire entre eux, et donc d'avoir un sexe masculin* *et féminin. Donc, l'Eternel en parlant des géants ou néphilim, mi anges mi humains, en terme de* **race des méchants***, nous amène à déduire par-là, l'existence* **même des nymphes***, ou des* **géantes***.*

**" Voici ! il arrive avec dix mille de ses saints, pour juger toutes les créatures pour détruire <u>la race des méchants</u>, et réprouver toute chair à cause des crimes que le pécheur et l'impie ont commis contre lui.** *( Livre d'Hénoch chapitre 2) "*

*Et, bien d'autres références* **au mot race** *sont faites dans la bible :*

**Esaïe 14:5 ; 14:20 et dans le livre d'Hénoch ( Hénoch 10:5 ; 15:2&5 ; 22:7-8 ; 39:1 ; 46:4 ; 114:11 ; 116:3 ; 83:8 ; 92:11; 105:10 & 21) ;**

## Les muses :

**Il y'a un intérêt pour nous à parler des nymphes appelées Muses, parmi tous les groupe de nymphes qui existent.** *Car, ce sont elles qui ont donné au poète grec Hésiode tout le récit de la naissance des dieux de la mythologie grecque ; récit dont elles ont servi à conserver la mémoire, personnifiée par leur mère.*

*Les muses sont au nombre de neuf, et on dit qu'elles sont* **les filles de Zeus** *et de la déesse Mnémosyne,* **mais il est clair pour nous qu'il s'agit du faux Zeus,** *qui n'est autre que* **Prométhée devenu par après Poséidon,** *le père de toutes les atlantes et des nymphes ; car, rappelons-le, le vrai Zeus, n'a ni femme, ni enfant, au sens commun des humains, quoiqu'on appelle ses anges créés par lui* **" fils",** *tant qu'ils continuent de lui rester* **fidèles et loyaux** *(Genèse 6:1-2, Job 1:6).*

*Quant à la déesse* **Mnémosyne, la mère des Muses, qui personnifie la mémoire***, elle personnifie* **au côté de Zeus-Lucifer***, tout l'intérêt qu'il porte dans la conservation de la mémoire de ses actions, et de sa gloire qu'il veut éternelle.*

*Mnémosyne, comme les autres déesses n'est donc pas leur véritable mère, mais personnifie l'intérêt majeur de Zeus pour la mémoire. Peut-être une nymphe descendant de Clito, la mère commune à toutes les nymphes de l'ancien monde, et que Zeus a élevé au rang de déesse, quoiqu'elle ne soit qu'une nymphe mortelle.*

*Voici donc les noms de ces nymphes et leur spécificité.*

1- **Calliope** *: qui a une belle voix et qui incarne la* ***poésie épique****,*
2- **Clio** *:* ***" la célèbre"****, et qui incarne* ***l'histoire*** *;*
3- **Érato** *:* ***"l'aimable"*** *qui incarne* ***poésie lyrique*** *et* ***érotique,***
4- **Euterpe** *:* ***"la toute réjouissante"*** *qui incarne* ***la musique*** *;*
5- **Melpomène** *:* ***"la chanteuse"*** *qui incarne la* ***tragédie*** *et* ***le chant*** *;*
6- **Polymnie** *: "celle qui dit des hymnes incarnant rhétorique et éloquence" ;*
7- **Terpsichore** *: "la danseuse de charme" qui incarne la* ***danse*** *;*
8- **Thalie** *: " la florissante, l'abondante" qui incarne* ***la comédie*** *;*
9- **Uranie***, nom qui vient de Ouranía,* ***"la céleste"*** *et qui incarne* ***l'astronomie****.*

*Notons au sujet de ces nymphes* ***qu'elles incarnent ces arts*** *et* ***ne les personnifient pas,*** *ce qui confirme qu'elles sont des êtres existant réellement contrairement à leur mère qui, elle, sert de parabole, en personnifiant la mémoire.*

*Il faut dire qu'****après la destruction de l'ancien monde, les nymphes muses comme*** *toutes les nymphes de ce, sont mortes, et sont devenues des esprits qui vont errer dans les lieux souterrains jusqu'à la création du* ***nouveau monde****, où elles auront l'occasion, grâce à la désobéissance d'Adam et Eve, de ressortir de leur enfermement, pour jouer un nouveau rôle comme des* ***esprits génies,*** *ou* ***gardiennes*** *des divers lieux, comme autrefois, continuant* ***à œuvrer dans l'invisible****, pour* ***influencer la nouvelle humanité****.*

*De cette manière, elles vont se manifester aux hommes initiés, aux prêtres traditionnels, aux poètes, artistes, souvent à la recherche de pouvoirs qu'elles détiennent encore, et qu'elles donneraient en échange de sacrifices d'animaux, et parfois humains, lors de rituels à caractères mystiques.*

## - Les nymphes Hespérides, gardiennes des pommes d'or

**Les Hespérides** *sont parmi toutes nymphes celles qui, le plus, donnent un échos de la légende de l'Atlantide****,*** *qui n'est plus un mythe puisque nous avons démontré que la bible contient un récit de cette civilisation des âges pré adamiques, qui évolua sur une île abritant* **le premier jardin d'Eden** *d'Ezéchiel 28:13 et d'Ezéchiel 31:9 ; un jardin d'Eden dont Platon dira que le sol fut d'une fertilité prodigieuse, faisant* *pousser toutes sortes de fruits, et que Poséidon-Lucifer transformera pour ériger son royaume : le royaume de l'Atlantide.*

*Et, après avoir dit qu'Aphrodite est la personnification de l'amour interdit et de la séduction qui eut lieu au travers de la première fille de l'île de l'Atlantide, qui entraina pour la première fois, la chute d'un ange en la personne de Poséidon Lucifer, nous avons dit que ce dernier perdit l'immortalité de son corps physique pour devenir un mortel en s'unissant à cette mortelle du nom de Clito,*

*C'est là, avec la fille d'Evenor et Leucippe, le premier couple créé sur la terre dans le premier jardin d'Eden, sur l'île de l'Atlantide, que l'union d'un ange et d'une femme engendra pour la première fois une race hybride :* ***la race des atlantes.*** *Ces atlantes allaient bientôt conquérir le monde, et les nymphes atlantes allaient se multiplier et se rependre sur la surface de la terre, par les mers. Elles allaient porter le l'amour et la séduction féminine personnifiée par la déesse Aphrodite, par les mers, comme une écume, vers des rivages lointains.*

*Il faut donc comprendre que* ***les nymphes ont voyagé par les mers,*** *rependant le désir avec leur arrivée sur d'autres terres occupées par les anges.*

***Les nymphes Hespérides****, gardiennes d'un jardin aux pommes d'or, permettent d'évoquer* ***le jardin d'Eden pré adamique****, mais aussi le berceau de la magie de la transformation de la matière en or. Car si ce jardin fut réel, ces pommes d'or sont* ***une parabole pour dire que de l'or coulait sur cette île jardin d'Eden****.*

***En effet, cette île abondait en orichalque****, qui d'après nous est* ***un cristal aux reflets de feux à l'aspect de l'or****. Et le mot orichalque est lui-même composé du mot "****or****" et* ***calque****, car ce matériau assimilé à de l'or* ***n'était que du cristal*** *et renvoyait des reflets à l'aspect de l'or comme Platon l'a décrit dans son récit de l'Atlantide. Ainsi l'orichalque ne fut guère de l'or en réalité, mais a fait dire son aspect doré et flamboyant, que l'Atlantide était* ***une terre où coule de l'or****.*

*C'est pourquoi ce jardin des hespéridés légendaire, sur l'île de d'Atlantide, suscitait* ***une grande fascination*** *chez de nombreux peuples d'anges des autres continents, qui n'aspiraient qu'à fouler un jour ce territoire,* ***et voir la cité couverte d'or*** *et* ***d'orichalque****, du jardin des Hespérides. Ce jardin suscitait tant d'espoir chez les anges que du mot "****Hespérides****", on a tiré le mot "****espérer****" et* ***"espérance"*** *en langue française.*

*De plus, le récit grec de la mythologie, situe ce jardin des Hespérides,* ***au bout du monde****. Or, le bout du monde d'après les grecs, se trouvait,* ***au-delà des colonnes d'Héraclès****, donc au sortir de la méditerranée par le détroit de Gibraltar, ce qui rejoint l'orientation de l'Atlantide, d'après Platon. Le jardin des Hespérides comme l'Atlantide, sont tous deux situés vers la mer du couchant du soleil, c'est-à-dire à l'Occident.*

*Mais, il nous faut expliquer pourquoi* ***l'Afrique du nord*** *est vue par les grecs, comme le lieu où fut situé le fameux jardin des hespéridés.*

*En effet, à la fin du 2ème âge de l'ancien monde, l'île de l'Atlantide fut frappée* ***par l'irruption du grand volcan de la montagne située à l'extrême nord de l'île ; Un volcan qui embrasa la Montagne, accompagné d'un affaissement de plus de la moitié de l'île dans l'océan atlantique.*** *Aussi, Plus de la moitié du territoire atlante fut perdu, devenu un immense marécage.*

*Face à cette catastrophe provoquée par le vrai Zeus, et puisqu'ayant perdu leur terre,* ***des populations atlantes ont dû migrer vers une nouvelle terre****, pour* ***se réfugier en Afrique du Nord****, en Mauritanie, au Maroc, jusqu'en Egypte. Ces réfugiés de l'Atlantide ont fait dire que la terre du Maroc jusqu'à la Mauritanie fut autrefois l'Atlantide, ne comprenant guère, ce qui les amena sur ces terres d'Afrique.*

***L'Afrique du Nord a donc été le refuge des migrants atlantes,*** *après les terrible catastrophe qui frappa l'île. Et cela explique la présence de* ***l'œil de richat*** *qui est un relief observé par satellite dans le désert de Mauritanie, ressemblant étonnement à la géographie de la capitale atlante, Poseidonis, avec ses cercles concentriques. Mais il semble que là aussi ils aient subi des phénomènes ont stoppé leur projet de bâtir là un nouveau royaume.*

## Les autres évocations de l'or, rappelant la magie de l'Atlantide

### 1- La toison d'or dans l'histoire de Jason :

*Ce n'est guère un hasard si la mythologie grecque rapporte qu'une nymphe envoya* ***un bélier doté d'une toison en or****, car les nymphes descendant à l'origine de Poséidon-Lucifer, sont* ***détentrices des grands secrets sur la magie, et l'alchimie,*** *notamment celui de la transformation de la matière en or.* ***L'or sert à la transmission de la royauté, mais aussi de la longévité***

*Des secrets pour lequel plusieurs des héros grecs iront* ***à la recherche de la fameuse toison d'or,*** *ce qui va nécessiter d'eux un long voyage, qu'ils vont faire en empruntant un navire appelé Argo, qui signifie rapide. Et dans cette quête plusieurs vont mourir.*

### 2- La pomme d'or, Aphrodite, et le choix du prince Paris :

*Une autre apparition de l'or, sous la forme d'une pomme, va être à l'origine de la 4ème guerre de la mythologie grecque : il s'agit de la pomme d'or, par laquelle une discorde va avoir lieu, occasionnée par la déesse Eris, et qui va déterminer laquelle parmi les trois déesses, Héra, Athéna et Aphrodite, laquelle est la plus belle.*

*Cette pomme d'or a été lancée par la déesse Eris, qui la tient du jardin des Hespérides, et déclenchera une discorde, pour savoir qui des trois déesses est la plus belle tel que cela est écrit sur cette pomme d'or ?*

*Alors que Zeus ne souhaite pas juger de cette question entre les trois déesses,* ***c'est le prince Paris qui va choisir Aphrodite parmi les trois****. La discorde entre les trois déesses, occasionnée par la pomme d'or,* ***n'est pas le seul effet de cette pomme d'or, mais tel un mauvais sort****, cette pomme d'or va aussi engendrer un amour interdit, entre le prince Paris, et Hélène, reine de Spartes, la plus belle femme de Grèce, ce* ***qui finira par déclencher la guerre la plus meurtrière de l'antiquité de la mythologie grecque, et du nouveau monde adamique.***

## • L'introduction des déesses dans la mythologie grecque

*Il faut dire que les déesses n'ont guère toujours existé dans la mythologie grecque. Mais les anges vivants sur la terre, ont fini par maitriser des éléments de la nature, tels que l'eau ( présidé par Poséidon ), le soleil ( présidé par Hélios) pour d'autres, même des activités telles que la guerre (présidé par Arès ).*

*Et, les déesses apparurent pour montrer un de* ***leur attribut majeur****, ou* ***leur pouvoir*** *sur le domaine sur lequel un dieu domine : dieu des enfers ( Hadès) , dieu des océan ( Okéanos ).*

*Certains anges ont été placés par le Créateur pour présider aux vents, certains pour présider à la neige, et d'autres pour présider à telle ou telle activité.*

*C'est aussi ce qu'on peut tirer du* **livre d'Enoch qui rapporte que** *les anges président au phénomènes de la nature ou aux activités des hommes, aux prières, aux actions, et peuvent intervenir, et jouer un rôle dans l'activité humaines.*

## Chapitre 12
## Des demi-dieux dans l'ancien et le nouveau monde

*L'existence même des demi-dieux rappelle une réalité déjà bien présente dans la bible, celle que les dieux, des êtres d'abord spirituels, soient autant capables de s'incarner en chair, et* **ont pu engendrer des fils avec des femmes de la descendance adamique.** *C'est cela qui apparait en Genèse 6, où* **des anges** *descendirent sur la terre, et prirent pour femmes des humaines, eux, qui pourtant furent des immortels, et qui étaient encore appelés "* **fils de Dieu**", *ce qui signifie par-là que jusque-là, ils furent encore loyaux et fidèles au Créateur.*

***" Lorsque les hommes eurent commencé à se multiplier sur la face de la terre, et que des filles leur furent nées, les fils de Dieu virent que les filles des hommes étaient belles, et ils en prirent pour femmes parmi toutes celles qu'ils choisirent. 3 Alors l'Eternel dit : Mon esprit ne restera pas à toujours dans l'homme, car l'homme n'est que chair, et ses jours seront de cent vingt ans".***

***"Les géants étaient sur la terre en ces temps-là, après que les fils de Dieu furent venus vers les filles des hommes, et qu'elles leur eurent donné des enfants : ce sont ces héros qui furent fameux dans l'antiquité"*** *( Genèse 6:1-4).*

*Or, ces anges-dieux qui prirent des femmes, engendrèrent* **des êtres hybrides, mi anges, mi humains**, *qui seront* **des mortels**, *et qui vont se distinguer du commun des mortels* **par leur taille extraordire d'une part,** *mais aussi par* **leur force** *et* **leurs capacités** *à* **poser des actes héroïques, en faisant des exploits sur humains** *; C'est pourquoi, la bible nous révèle que plusieurs d'entre eux* **devinrent des héros qui furent fameux dans l'antiquité**. *Et, nous verrons que ces êtres* **mi anges, mi humains** *deviendront pour plusieurs* **des rois de l'antiquité** *( tels que le géant roi de Og en Deteuronome 3 :1-11 ; ) :*

***" Og, roi de Basan, était resté seul de la race des Rephaïm*** *( Deutéronome 3 : 11) ".*

*Ces demi-dieux, sont ceux que nous rencontrons de la mythologie grecque, tels que* **Persée, Héraclès, Thésée ; Jason, Orphée et la liste est longue.**

***Ces demi dieux sont connus dans la bible sous le nom de* : *néphilim*, *réphraïm*, *anakim*** *( Nombres 13:28 &33 ; Josué 11:21), et certains sont personnellement cité dans la bible, tels que **Arba** l'ancêtre d'**Anak** ( Josué 15 :13) , le roi d'**Og** ( Deuter. 3 : 11), les deux frères **Goliath**, (1 Samuel 21:9 ; 2 Samuel 21:19).*

*Cependant nous avons dit que bien avant la création même d'Adam, la race de demi dieux, race hybride, mi anges mi humains, a existé dans le premier jardin d'Eden d'Ezéchiel 28 et 31, le même jardin connu dans la mythologie grecque comme le jardin aux pommes d'or des Hespérides.*

*Et, en ce temps dans l'ancien monde, **Atlas est le premier de toute cette race Hybride** des demi-dieux, que le prophète Esaïe va appeler **la race des méchants ( en** Esaïe 14 :20 ), et que le livre d'Hénoch appellera exactement de la même manière, montrant qu'ils sont bien tous des demi dieux, ou des demi anges.*

- ***Atlas le porteur de la voute céleste : titans ou demi dieux ?***

*Atlas, est donc le plus illustres de ces demi-dieux hybrides, qui existèrent. Cependant la mythologie grecque fait de lui **un titan**, condamné à porter sur ses épaules le poids de **la voûte céleste**, et donc le poids de **tout l'univers,** en punition par le vrai Zeus, **pour avoir mené les titans à la bataille contre les dieux de l'Olympe**, afin de renverser Zeus.*

*Mais, il y'a là encore* ***une véritable parabole*** *autour d'Atlas, dont il nous faut comprendre le sens caché, car elle rend compte des réalités de la haute préhistoire, et permet de décoder l'histoire de ce premier demi-dieux.*

*D'abord, le fait pour Atlas de* ***porter cette voûte céleste*** *est une punition, mais cela révèle* ***deux choses en même temps****, comme les deux faces d'une pièce de monnaie. Porter cette voûte céleste signifie d'abord* ***autre chose qu'une punition*** *;*

*Cela veut dire :*

1- **Que le faux Zeus, qui Poséidon Lucifer a, au contraire donné la maitrise de l'ensemble des lois de l'univers, notamment de l'astronomie, et de l'astrologie,** *à son fils Atlas. Car en portant la voûte céleste sur ses épaules mais aussi contre sa tête, cela signifie que dans la tête d'Atlas, est attaché un poids de connaissance des cieux, qui confère* ***une maitrise de l'univers.***

   *Et puisqu'Atlas a constamment cette voûte à sa tête, c'est qu'il est devenu* ***le gardien de cette voûte céleste*** *et donc le gardien de la connaissance de l'univers. Tel est le sens crypté de la parabole d'Atlas portant la voûte céleste.*

   **En même temps,** *cela signifie qu'Atlas porte tous les autres dieux positionnés dans toutes les parties de l'univers., et qu'il est de ce fait* ***plus puissant*** *qu'eux tous, notamment les titans, les cyclopes et les hécatonchires, qui sont à l'intérieur de cette voûte céleste. Au regard de tout cela, on fait d'Atlas, un égal des dieux suprêmes ( les dieux de la trinité : Ouranos, Chronos et Zeus ) qui sont eux-mêmes, dans les cieux.*

   **Sans doute, l'affirmer est une prétention démesurée,** *et ne correspond ni à la vérité, ni à la réalité,* ***mais au désir de son père, Prométhée Lucifer****, devenu Poséidon-Lucifer, et le faux Zeus, de voir son premier fils Atlas, le premier atlante, qui n'est en rien un dieu, et non plus un titan,* ***d'élever celui-ci au rang de dieu suprême****. Atlas n'est qu'****un demi-dieu****, un hybride, né de Poséidon et la jeune mortelle Clito, fille du premier couple humain créé en Atlantide.*

2- **Dans un autre sens,** *le fait de porter cette voûte céleste, signifie* ***bel et bien une punition venant du vrai Zeus contre Atlas****, lors de la défaite des titans, à la fin de l'Atlantide. Zeus, qui a jugé toute la race corrompue des atlantes, a fini par détruire l'Atlantide,* ***et envoyé cette race*** *sous la terre* ***dans les***

***profondeurs souterraines**. Et, dans ce sens, peut s'agir en réalité du globe terrestre et non pas de la voûte céleste comme décrit par les récits grecs. Par conséquent, Atlas serait sous le globe terrestre, comme il nous est arrivé de le penser, à première vue.*

*De manière voilée, **Atlas pourrait porter le globe terrestre**, comme pour dire qu'**Atlas est sous la terre**, Et c'est cela qui est **conforme à la vérité qui ressort du livre d'Esaïe** selon lequel : tout ce peuple de la race des méchants, la race atlante pré adamique, est envoyé dans **une fosse souterraine**, comme les titans vaincus par le vrai Zeus.*

*En effet, dans la bible, derrière le passage d'Esaïe 26:20., il apparait que Lucifer, à la fin de l'Atlantide est précipité dans les profondeurs de terre, où il rejoint le peuple de l'Atlantide dont Atlas, son premier fils.*

***" Je te précipiterai avec ceux qui sont descendus dans la fosse, Vers le peuple d'autrefois. Je te placerai dans les profondeurs de la terre, Dans les solitudes éternelles, Près de ceux qui sont descendus dans la fosse, Afin que tu ne sois plus habitée ; Et je réserverai la gloire pour le pays des vivants "** ( Ezéchiel 26:20 ).*

***Aussi, le peuple atlante, du nom du premier demi dieu, Atlas, croupis sous la terre, dans la fosse**, c'est-à-dire **dans le tartare**. Une image subtilement entretenue comme un message subliminal : **Cet Atlas, sous la voûte céleste,** est de manière inversée : **Atlas, sous l'écorce terrestre ;** Dis encore autrement **: Cet Atlas, sous le ciel,** est en réalité **un Atlas sous la terre.***

***En outre, Atlas et son frère Ménoétios se sont battus aux côtés des Titans,** contre les dieux de l'Olympe et, lorsque les Titans ont finalement été vaincus, beaucoup d'entre eux ont été confinés dans le Tartare ( profond gouffre souterrain utilisé comme cachot ), dont le frère d'Atlas.*

*Cependant, Atlas a eu un destin différent, et Zeus l'a **condamné à se tenir sur le côté ouest de Gaia ( à l'occident de la terre)** et **à porter les cieux sur ses épaules** pour empêcher ces deux éléments de revenir à leur première étreinte. Et les statues représentant Atlas dans cette position s'appellent des **Télamons** ou **Atlantes**, et symbolisent son châtiment et sa peine quotidienne.*

*Plus tard, le récit de la mythologie va rapporter également* ***qu'Atlas va confier cette voûte céleste qu'il porte*** *à* ***un autre demi dieu*** *qui est* ***Héraclès****, pour un court moment. A ce stade, cela signifie dans le langage de la parabole,* ***qu'il y'a eu une transmission de la connaissance détenue par Atlas, au dieu Héraclès*** *lui aussi* ***fils par initiation du faux Zeus, Poséidon Lucifer,*** *et qui naitra dans la nouvelle humanité adamique.*

*En effet, Héraclès sera en quête de* ***la pomme d'or,*** *signifiant qu'il est en quête* ***du plus secret magique, celui de l'illumination, et la transformation de la matière en or*** *; Alors, sa rencontre avec Atlas, va lui donner ce secret qui n'est autre que la connaissance des cieux, de l'astronomie, des pouvoirs des étoiles et des constellations.*

***Et,*** *Atlas va croiser le héros* ***Héraclès, lors de son 11ème travail,*** *ce qui nous emmène également à comprendre que par cette rencontre, une* ***transition de temps se fera*** *entre* ***le temps des demi-dieux rois****,* ***dont Atlas est le plus grand,*** *et un autre temps qui sera* ***le temps des demi-dieux Héros,*** *et qui débutera dans la nouvelle humanité,* ***du nouveau monde adamique.***

***Ce même Atlas*** *croisera également un autre demi dieu,* ***le héros Persée, nous emmenant*** *à comprendre par leur rencontre que la même* ***transition de temps*** *se passe entre* ***le premier demi-dieux de l'ancien monde, Atlas,*** *et le premier héros demi-dieux du nouveau monde adamique qui est Persée.*

| ***Transition ancien monde - nouveau monde*** | |
|---|---|
| *Ancien monde* | *Nouveau monde* |
| *Atlas* | *Persée* |
| *Atlas* | *Heraclès* |

***Le temps des demi dieux****, de l'ancien monde va se poursuivre avec les temps des* ***demi dieux*** *du nouveau monde Adamiques, jusqu'à ce qu'arrive le temps des hommes que nous connaissons jusqu'alors :*

1- ***Temps des dieux sur la terre*** *( qui est le premier des temps pré-adamique)*
2- ***Temps de rois*** *( ou les demi dieux sont des rois )*
3- ***Temps des héros*** *( ou les demi dieux sont des héros )*
4- ***Temps des hommes*** *( où les demi dieux n'existent plus que dans la mémoire)*

***" Parlons à présent du frère d'Atlas, Ménétios. On apprend de la mythologie qu'Atlas avait pour frères : Epiméthée, Prométhée et Ménétios. Il était aussi le père de la nymphe Calypso et de Maia, qui était une des Pléiades et la mère du dieu messager Hermès."***

***Hésiode rapporte que Ménétios, frère d'Atlas, était orgueilleux, et qu'il est foudroyé par Zeus et plongé dans l'Érèbe, « pour châtier sa méchanceté et son audace sans mesure ». Un écrivain de mythologie du nom d'Apollodore place cette scène dans le cadre de la Titanomachie et parle du Tartare plutôt que de l'Érèbe.***

*Or, nous interprétons ces faits au sujet de ce* ***Ménétios,*** *qu'il sert plutôt au côté de son frère Atlas, de moyen détourné pour* **révéler plus amplement les raisons du déclenchement de la fameuse guerre des titans :** *la titanomachie ;* **cet orgueil** *qu'on prête à ce Menétios n'est pas sans nous rappeler que l'orgueil est ce qui entraina Lucifer à sa chute,* **précipité par Dieu dans la fosse**. *Et,* **le nom** *même de Ménétios, ne donne-t-il pas la racine du mot "***méner** *" et sa forme passée "***méné***" ? Ceci pour dire qu'il est celui qui a mené à la révolte des titans contre Zeus. Par conséquent, au côté d'Atlas, il donne la raison de la chute de son père, et père d'Atlas : Poséidon-Lucifer, antérieurement Prométhée-Lucifer.*

*Atlas, fils de Poséidon, est lui-même* **dans le langage énigmatique**, *un remplaçant de Poséidon son père, antérieurement Prométhée, puisqu'on le dit :* **le plus puissant des titans**. *Atlas tient donc la place de Prométhée qu'on a écarté en disant qu'il était neutre dans la guerre des titans. Dans ces deux optiques,* **Atlas** *et* **Ménétios** *qui seront le meneur de cette guerre. Ils servent donc de couverture pour voiler la personne de Prométhée leur frère.*

*Ainsi, placé au côté d'Atlas, Ménétios vient continuer de compléter par association d'indices concordants, les éléments de l'histoire de Prométhée lui-même qu'on veut cacher. Il faut donc toujours faire attention à tous ceux qui gravitent autour de Prométhée, ou de Poséidon, ainsi qu'au sens de leur nom, car ils peuvent servir d'encodage pour préciser le contexte dans lequel ce dieu a agi au cours de son histoire pré adamique et plurimillénaire jusqu'à notre humanité adamique.*

***Et, d'après la mythologie grecque, Atlas était lui-même le fils du titan Japet et de Clyméné. Japet « celui qui précipite », est un Titan, fils d'Ouranos (le Ciel) et de Gaïa (la Terre), père des Titans Prométhée, Épiméthée, Ménétios,***

***Hespéros et Atlas, époux d'une fille de son frère Océan, l'Océanide Clymène ou d'une autre Océanide du nom d'Asia.***

*Or, d'après nous, dire qu'Atlas est* ***fils de Japet*** *n'est pas contredire l'affirmation selon Platon, qu'il est le* ***fils de Poséidon****. Car si en effet de son côté paternel, il est bel et bien fils de Poséidon, nous croyons que* ***de son côté maternel****, il est également* ***petit-fils de Japet****. Atlas il a donc également pour* ***grand-père maternel, Japet, qui n'est autre que le premier homme né sur l'île de l'Atlantide****, qui ici porte un autre nom que celui donné dans le récit de Platon qui le niomme Evenor.* ***Japet est donc l'autre nom d'Evenor, le premier homme crée dans l'ancien monde, qui disparaitra lui et la première femme*** *au moment précis où leur unique enfant , une fille appelée* ***Clito****, sera en âge de procréer, et qui deviendra la femme du dieu Poséidon, et la mère du peuple hybride Atlante.*

*Voici donc comment comprendre qu'****Atlas*** *est à la fois,* ***fils de Poséidon****, et* ***petit-fils de Japet****. De plus, le nom Japet signifie «* ***celui qui précipite*** *»****.*** *Et, s'il l'on dit de* ***Japet*** *qu'il est* ***«*** *celui qui précipite », c'est pour révéler, que* ***ce premier homme*** *est celui* ***qui entrainera la chute du père d'Atlas :*** *Poséidon-Lucifer antérieurement, Prométhée Lucifer.*

*Car, c'est lorsqu'arriva* ***Japet, ce premier homme créé sur terre en l'Atlantide*** *(appelé Evenor par Platon), que Poséidon-Lucifer allait trouver l'occasion d'entrainer sa propre chute. Puisque,* ***en se liant à la fille de Japet, le premier homme*** *créé en Atlantide, et de nature mortelle, Poséidon-Lucifer allait se corrompre avec une mortelle, et perdre son immortalité biologique. Chose qui entrainera* ***sa déchéance****, et Japhet est donc une cause de la perte de la position de Lucifer auprès de Dieu.*

*Ainsi, nous croyons que par* ***le nom Japet « celui qui précipite*** *», il faut plutôt entendre* ***Japet « celui à cause duquel quelqu'un sera précipité »*** *: quelqu'un qui n'est autre que Poséidon-Lucifer anciennement Prométhée. La personne de Japet révèle donc l'histoire de l'Atlantide cryptée par* ***la règle de l'à peu près ;*** *Une histoire de l'Atlantide dont nous avons donné la version biblique dans nos deux précédents ouvrages ; Et une Atlantide sans laquelle il n'aurait guère été aisé de comprendre l'essentiel de la mythologie grecque.*

| Le sens premier  | Le sens caché<br>**par la règle de l'à peu près** |
|---|---|
| Japhet "celui qui précipite" | Japhet "celui à cause duquel on précipite Lucifer " |

*Dans la guerre des titans contre le vrai Zeus, bien que nous affirmions qu'Atlas et tous ses frères atlantes ( tous des fils de Poséidon) n'aient aucunement pris part à cette guerre, Zeus les jugera comme* ***une race corrompue****, les fera* ***exterminer par les hécatonchires*** *de la Grèce pré adamique, et* ***les enverra dans le tartare****, fosse sous terraine, au moment de la destruction finale de l'ancien monde.*

***Dans l'odyssée d'Homère, Atlas est décrit comme un esprit mortel supportant les piliers séparant la terre du ciel.***

*Ce détail est important et coïncide avec le fait qu'Atlas* ***ne peut pas être un dieu****, mais plutôt un demi-dieu, puisqu'il est mortel comme le dira Homère.*

***Dans la Théogonie d'Hésiode, Atlas porte les cieux dans le lointain coin ouest du monde des Hespérides, des déesses connues pour leur magnifique chant.***

*Ce jardin des Hespérides, est en réalité* ***le premier jardin d'Eden*** *présent sur l'île de l'Atlantide, et dont parle la bible en Ezéchiel 28v13 et Ezéchiel 31:8-9.*

*Plus tard,* ***Atlas sera associé aux montagnes Atlas*** *(situées au Nord-Ouest de l'Afrique, sur le territoire actuel du Maroc, de l'Algérie et de la Tunisie), la légende disant que le Titan aurait été transformé en une énorme montagne rocheuse par Persée, qui aurait, pour ce faire, utilisé la tête de Méduse et son regard pétrifiant et mortel.* ***Cette version de la pétrification d'Atlas est une parabole, pour montrer la volonté de son père Poséidon d'immortaliser Atlas****, et dans le même temps cela confirme bien qu'il est mort, puisque devenu une montagne.*

*En effet, après la destruction de l'Atlantide, dont Atlas fut le plus grand roi, il a fallu à Poséidon l'ériger en mémorial, en faisant de lui la Montagne de l'Atlas. Lui, dont le père, Poséidon devenu le faux Zeus, a voulu donner faussement le statut de plus puissant parmi les titans.*

**Ensuite, Atlas est connu comme étant le père des Hespérides, les nymphes gardiennes des pommiers d'or. La déesse de la Terre, Gaïa, aurait donné ces arbres à Héra comme cadeau de mariage et les aurait placés dans un endroit secret. Cependant, un oracle aurait dit à Atlas qu'un fils de Zeus allait un jour voler les pommes d'or gardées par ses filles. Pour empêcher cela, Atlas ne permettait à personne de visiter sa maison. Persée lui aurait un jour demandé l'hospitalité sur ses terres et Atlas les lui aurait refusées pour cette raison. De rage, Persée aurait pris la tête de la Gorgone Méduse et immédiatement transformé Atlas en une chaîne montagneuse du nord-ouest de l'Afrique, l'Atlas.**

*Mais, il est logique de penser que* **cette légende autour de la dispute d'Atlas et Persée qui le transformera en Montagne,** *en l'exposant à tête de méduse,* **soit juste une parabole** *ayant* **pour but d'immortaliser Atlas,** *car en appelant une montagne du nom d'Atlas, Il n'y'a guère de fait préhistorique, mais la mythologie trouve là, un monument naturel qui conservera la mémoire du demi-dieu, des âges et des millénaires durant, tant qu'existera le monde.*

*De plus, si Atlas est une chaine de montagne, il ne peut en même temps porter la voûte céleste.* **Car, c'est au travers d'Atlas et de son jardin des Hespérides** *que le mythologie grecque* **plante le décor de l'Atlantide**, *dont l'histoire est devenue assez vague chez les Grecques, force est de le reconnaitre ; Une Atlantide que* **les grecs n'ont pas connu de près**, *tels Egyptiens qui en ont conservé la mémoire, et le récit détaillé, et que leurs prêtres transmettront à Solon, historien et grand-oncle de Platon.*

*De l'autre côté,* **Persée ne peut avoir accès aux secret d'Atlas,** *qui sont les secrets de la science des cieux, de l'astronomie et de l'astrologie ; sciences des étoiles et des planètes, et des deux applications les plus puissantes qu'on peut en tirer, qui sont d'une part* **la science magique** *et d'autre part,* **l'alchimie.** *Ce qui se justifie, car* **Persée n'est pas réellement le fils de Lucifer**, *au sens* **littéral comme l'est Atlas**, *mais le fils d'un autre ange unis aux filles adamiques du nouveau monde. Persée est un fils dont le faux Zeus, Lucifer, a simplement* **usurpé la paternité** *par* **un rituel d'initiation magique à sa naissance**. *Idem, pour Héraclès dont le faux Zeus n'est pas le père au sens littéral, mais un père, par* **rituel d'initiation magique**.

*Car dans l'humanité adamique le faux Zeus ayant perdu tout pouvoir de s'incarner physiquement, ou biologiquement et donc de s'unir dans la chair à une quelconque* *femme, comme **il l'avait fait sur l'île de l'Atlantide**, pour engendrer la race atlante. Il ne devint père que par les droits que lui confèrent des rituels de possession médiumniques, ou par des rituels de substitution magique.*

## *L'écho de la race atlante : Hespérides et jardin des pommes d'or*

***L'autre mythe connu d'Atlas** est celui dans lequel il intervient au **onzième des douze travaux d'Héraclès ( Hercule** ).*

***En effet, Héraclès qui ayant été chargé par le roi Eurysthée de voler les pommes d'or des fabuleux jardins des Hespérides, filles d'Atlas. Ces jardins étaient sacrés pour Héra et gardés par le létal dragon aux cent têtes, Ladon. Sur les conseils de Prométhée, Hercule aurait demandé à Atlas de prendre les pommes pour lui pendant que lui et Athèna soutiendraient la voûte céleste à la place du Titan, lui permettant de se reposer un peu de sa tâche et d'avoir la liberté de voler les pommes. En revenant avec les pommes, Atlas n'aurait pas été très heureux à l'idée de reprendre sa tâche et aurait essayé de laisser Hercule avec le poids des cieux sur ses épaules. Ce dernier aurait finalement réussi à tromper le Titan en le convainquant d'échanger les places un instant, le temps de se procurer des coussins à placer sur ses épaules pour pouvoir mieux supporter le poids. Mais une fois la substitution faite et Atlas à nouveau chargé du fardeau, Hercule aurait pris les pommes d'or et aurait couru rejoindre Mycènes. Dans certaines versions de l'histoire, Hercule aurait plutôt construit les dits piliers d'Hercule pour maintenir le ciel éloigné de la terre, libérant Atlas de son fardeau***

***Le jardin des Hespérides, tableau de Riccardo Meacci***

*Or, **Hespéris** est **l'Occident, le couchant du soleil personnifié**, et en donnant cette orientation du lieu où se trouvent ces nymphes filles d'Atlas, on a un indice clair que ce jardin des Hespérides était **à l'Ouest**, et par conséquent à la limite occidentale du monde. Ce qui correspond donc au même emplacement géographique tel que décrit par Platon comme celui où était située, jadis l'Atlantide.*

*Et dans la langue française, le mot " **espérance"** semble tirer sa racine du nom Hespérides, une des raisons de penser que ce fameux jardin gardé par ces nymphes, aurait suscité **tous les espoirs** des peuples d'anges de l'ancien monde, qui y voyaient **un endroit paradisiaque**, où se trouvaient **la plus grands des phénomènes magiques, ou l'or semblait couler à flots**. Cela n'est guère étonnant, car ce fut le premier jardin d'Eden, où vécu le plus sage des anges qui développa la puissance magique, et les secrets de l'alchimie. C'est donc dans le jardin des Hespérides que se cache chez les grecs, **le mystère de la première civilisation de la terre,** l'Atlantide, et de sa capitale, **ville recouverte d'or.***

## Atalante, demi dieu héroïne, échos de l'Atlantide

*Enfin, Atlas est comme le révèlera Platon, **le père du peuple Atlante**, et bien qu'en dehors de Platon, l'Atlantide soit peu relatée par les poètes grecs Hésiode et Homère, l'écho de l'Atlantide et de son peuple, les atlantes, **raisonne à travers l'héroïne demi-dieu nommée Atalante**.*

*En effet, cette **Atalante, héroïne grecque,** n'a **jamais été battue à la course**, comme à la chasse, et de plus, elle est **la seule femme à bord du bateau Argo**, qui **regroupe le plus grand nombre de héros demi-dieux grecs (une cinquantaine tous de genre masculin)** ; Ce qui d'après nous est révélateur **qu'Atalante soit la mère de tous ces demi-dieux, et qu'elle soit antérieure à tous les demi-dieux, et donc que l'Atlantide a précédé tous les héros grecs.***

### • *L'Atlantide : l'idée fausse d'un pays de la transformation en or*

*Après avoir établi le lien entre le jardin des Hespérides, un jardin des pommes d'or, et la terre où naquit Atlas, roi de l'Atlantide, il nous faut* ***comprendre l'importance de l'or et de la magie du cristal*** *qui avait lieu dans ce jardin.*

*Le métal précieux que constitue l'or, permet de montrer à travers de cette image qu'il fut le berceau d'un pouvoir magique, détenu par la première royauté d'essence divine. Et l'évocation de la pomme d'or, permet de parler de ce pouvoir magique inouïe.*

***La pommes d'or sert*** *d'abord pour nous* ***parler de ce secret magique*** *présent dans ce fameux jardin des hespérides, mais aussi et en même temps, pour nous* ***parler de la première des royautés d'essence divine de la terre****.*

*Il en est de même* ***s'agissant de la toison d'or,*** *en quête de la quelle se mettra* ***le héros Jason*** *et toute* ***l'expédition de la cinquantaine de héros grecs*** *ayant embarqués le bateau appelé Argonaute.* ***Cette toison d'or*** *révèle la quête d'une* ***magie supérieure, pour laquelle tous les héros*** *vont braver les dangers afin de la retrouver.* ***Et cette toison d'or permet à Jason d'obtenir la royauté, et fait de l'or un métal précieux utile au transfert de la royauté sur la terre.***

***Cette toison d'or était celle d'un bélier envoyé par Zeus,*** *pour sauver les fils en danger, d'une nymphe. La toison d'or qui finira par être gardée par un dragon, ce qui n'est pas sans nous enseigner que les dragons* ***furent en ce temps de redoutables gardiens de trésors d'or.***

# Chapitre 13
# Les 5 âges de la mythologie grecque

*Notre précédent ouvrage, nous aura permis de présenter déjà* ***les évènements marquants des âges de l'ancien monde*** *qui permettent de corroborer, une chronologie de la mythologie grecque en* ***5 âges,*** *comme le poète grec Hésiode.*

***1er âge : l'âge d'or,*** *âges des anges-dieux sur la terre de l'ancien monde*
***2ème âge : l'âge d'argent,*** *âge des anges sur terre appelé à prendre fin.*
***3ème âge : âge d'airain,*** *âge des demi-dieux, rois et conquérants pré adamiques*
***4ème âge : âge des héros ;*** *demi-dieux du nouveau monde adamique.*
***5ème âge du fer : âge des hommes,*** *de l'antiquité tardive.*

*D'une manière générale, l'ancien monde pré adamique se découpe* ***en trois âges****, et le nouveau monde adamique* ***en 2 âges****, qui font* ***5 âges au total****, et qui correspondent au découpage des temps de la mythologie grecque par Hésiode.*

## • Le premier âge : l'âge d'or

*Le premier âge, appelé* ***l'âge d'or,*** *va commencer par la venue sur la terre des anges, incarnés en chair, comme nous l'avons dit, envoyés avec Prométhée-Lucifer, afin que celui-ci les enseigne dans toute la sagesse divine.*

*Et nous croyons, que l'évènement qui va marquer* ***la fin de ce premier âge****, est* ***la defaite de Prométhée-Lucifer*** *dans sa tentative de renverser le Créateur, (l'Ouranos Chronos Zeus ) dans les cieux, et* ***sa chute du ciel vers la terre****.*

*La révolte lancée par lui au ciel, va essuyer une défaite écrasante, puisqu'il sera projeté sur la terre, accompagnée* ***à sa chute, d'un astéroïde qui frappera la terre****. Et, c'est ce qui arriva dans la mythologie grecque, suite à la guerre des titans qu'il eut dans le ciel, appelée la titanomachie.*

*C'est à ce moment que pris fin le premier l'âge, l'âge d'or, le plus bel âge que les anges avaient connu sur la terre, depuis qu'ils furent envoyés par Zeus, avec Prométhée le grand enseignant des anges.*

*Bien sûr, à la fin de cet âge d'or, le premier homme fit son apparition sur la terre, en la personne de* **Japet** *et sa femme* **Clyméné** *( que Platon appelle par Evenor et Leucippe). Ce premier couple humain sera créé sur l'île de l'Atlantide qui fut le premier jardin d'Eden ; mais Poséidon les fera disparaitre, car, voulant disposer de leur jeune fille, pour en faire sa femme, et engendrer avec elle* **la race atlante***. Il avait en effet l'ambition de garder pour lui le jardin d'Eden, afin d'y bâtir son propre royaume.*

*Ainsi* **le 1er âge** *de la mythologie grecque,* **commença par la venue des anges sur la terre,** *et s'achèvera par* **la chute de Prométhée** *et* **de l'astéroïde sur la terre.** *La qualification d'âge d'or, signifie jusque-là, les êtres célestes vivaient dans la parfaite pureté de* **l'influence divine en eux***, et qui se traduit par les succès qu'ils avaient connus avec les enseignements de Lucifer, et les temples que celui-ci avait bâti en Eden, et que les anges avaient su imiter partout ailleurs, sur la terre.*

## • Le deuxième âge : l'âge d'argent

*Le deuxième âge, est appelés l'âge d'argent, car Prométhée Lucifer et plusieurs des anges qui se sont révoltés avec lui,* **ont perdu la pureté de la nature divine en eux,** *et de plus,* **chassés du ciel***, ils perdront leur position de méritants, et seront* **enfermés par Zeus dans le tartare.**

*Mais, alors qu'il est laissé en liberté pour avoir la chance de se repentir et libérer ses compagnons,* **il va tenter cette fois-ci, de prendre possession de la montagne de Zeus, à l'extrême nord d'Eden,** *en massant des armées face à cette montagne. Et là encore, il va essuyer* **une seconde défaite,** *car la montagne de l'extrême nord va se transformer en* **volcan dévastateur***, qui crachera de la cendre au point de recouvrir toute l'île de l'Atlantide, faisant de nombreux morts parmi son peuple, les atlantes.*

*L'éruption volcanique de cette montagne achèvera de détruire la montagne, et s'accompagnera d'un affaissement d'une grande partie du continent atlante sous les eaux ; Conséquence : sur* **les dix royaumes** *que comptait l'Atlantide, cinq royaumes vont perdre leurs territoires, devenant* **d'immenses marécages***. Alors, les royaumes sinistrés ayant survécu,* **migreront vers les terres d'Afrique du Nord***, notamment au Maroc et en Mauritanie, où l'on observe une formation géologique appelée* **"œil de Richat "***, faite de cercles concentriques, ressemblant à la capitale atlante. Et, d'autres atlantes sinistrés, toujours avides de domination vont conquérir les terres d'Egypte, et formeront* **la royauté d'Osiris et d'Isis***, roi et reine atlantes, lesquels seront les bâtisseurs des 3 pyramides de Gizeh.*

*Ainsi, le 2ème âge de l'ancien monde, l'âge d'argent, commença par cette chute de Lucifer, et celle de l'astéroïde sur la terre, et s'acheva par la grande éruption volcanique de la montagne de l'extrême nord de l'Atlantide, convoitée par Poséidon.*

*Le vrai Zeus, qui aura changé* ***la montagne fameuse du Nord de l'Atlantide,*** *en montagne volcanique, l'aura totalement détruite, mettant en échec la tentative de Poséidon-Lucifer de s'y asseoir, dans le but de montrer à la face du ciel, et de tous les anges sur terre, qu'il tient sa revanche, après sa défaite lors de la guerre des titans, et qu'il possède désormais cette montagne, connue comme étant le sanctuaire de Dieu sur terre ( souvenons-nous que Poséidon est celui qui désira tout posséder sur la terre pour lui ).*

*Or, puisque le vrai Zeus aura détruit sa montagne sanctuaire, à l'extrême nord de l'Atlantide, il* ***va se déplacer vers une nouvelle montagne****, qui sera située cette fois-ci,* ***au nord de la Grèce pré adamique,*** *non loin des anges qui auront la réputation d'être restés jusque-là, les plus loyaux à lui, et fidèles à ses lois, et à ses principes divins.*

*La nouvelle montagne de Zeus* ***sera la fameuse montagne de l'Olympe****. Et le peuple d'anges qui peuplaient jadis ces territoires de la Grèce pré adamique, sont le peuple que la bible appelle* ***" les plus violents des peuples"*** *en Ezéchiel 28 et 31 : un peuple d'anges prêt à défendre de toutes leurs forces, leur liberté, et leur loyauté envers le vrai Zeus.*

**La Montagne de Olympe ( Nord de la Grèce)**

### • Le troisième âge : pourquoi un âge d'airain ?

*Le troisième et dernier âge de l'ancien monde pré adamique, appelé* **âge d'airain, commence après l'éruption du grand volcan, et va voir** *Poséidon et son peuple les atlantes, se lancer à la conquête du monde, en vue de soumettre tous les territoires habités par les anges, et dominer la terre entière, en voulant les amener tous, à se prosterner devant lui.*

*Cet âge, qualifié d'âge* **d'Airain** *par Hésiode,* **va voir la race de Poséidon***, des demi-dieux hybrides, les atlantes, premiers rois du monde, mener des guerres de conquête, et renverser violement des royaumes d'anges sur la terre, jusqu'à se confronter à la seconde plus grande civilisation de la terre après l'Atlantide,*

*Cette civilisation avec laquelle l'Atlantide échangeait abondement au plan commercial, appelée* **empire de Mû***, sera située sur l'immense continent au milieu de l'océan pacifique et indien, aujourd'hui disparu.*

**Les anges de Mû** *était devenus un royaume où régnaient des prêtres savant (* **qui deviendraient pour la plus part des cyclopes** *), refusant de se plier à l'Atlantide, et de lui faire allégeance, se préparant au contraire à l'affronter.*

**Mû fut cet empire** *dont un chercheur du nom de* **James Churchward** *a affirmé l'existence, cette civilisation qui nous a laissé des vestiges sur* **l'île de Pâques** *où l'on retrouve d'énormes statues de pierre appelées* **Moai** *; statues aux visages très attristés, sans doute d'avoir perdu dans la guerre contre l'Atlantide, l'entièreté de leur territoire durant le 3ème âge. Mû fera tout ce qui fut en son pouvoir* **pour résister à l'Atlantide mais sera entièrement vaincue.** *(ce qui donnera à Poséidon Lucifer le titre de vainqueur des nations ).*

**Et, après la destruction du continent de Mû** *par Poséidon,* **et galvanisé par sa victoire,** *celui-ci allait désormais faire face* **aux peuples de la Grèce pré adamique,** *le peuple qui se montrait* **le plus vaillant de la terre***, prêt à résister aux visées hégémoniques de l'Atlantide, et son dieu protecteur qui tenterait de devenir le maitre du mont Olympe, un mont détenu par le vrai Zeus, Jésus Christ.*

*Et mesurant bien que* **son redoutable adversaire, le vrai Zeus,** *siégeait* **sur le mont Olympe,** *Poséidon Lucifer allait employer* **trois différentes stratégies** *:*

1- **la séduction par les nymphes,**
2- **l'arme de la terreur par les monstres,**

*3- **l'infiltration de ce peuple par l'imitation parfaite du vrai-Zeus,***

*Poséidon aura bien réalisé que* ***le vrai Zeus avait choisi le mont Olympe*** *pour prendre comme alliés, les peuples d'anges qui avaient fait le choix de la sagesse, et de l'entraide mutuelle, voyait comment il leur* ***inspirerait de former une armée*** *de guerriers soudés,* ***une armée d'hécatonchires,*** *une armée comme jamais il n'eut existé sur la terre. Cette armée sera le moyen par lequel le vrai Zeus viendrait contrer la domination mondiale recherchée par Poséidon-Lucifer.*

**Ces anges hécatonchyres**, *loyaux au Créateur, sont décrits dans la bible comme étant des* **"étrangers violents"**, *seront envoyés par le vrai Zeus contre l'Atlantide.*

**" Voici, je ferai venir contre toi des étrangers, les plus violents d'entre les peuples; Ils tireront l'épée contre ton éclatante sagesse, Et ils souilleront ta beauté. Ils te précipiteront dans la fosse, Et tu mourras comme ceux qui tombent percés de coups, au milieu des mers"** *(Ezéchiel 27:7-8, la guerre contre l'Atlantide).*

**" Des étrangers, les plus violents des peuples, l'ont abattu et rejeté; Ses branches sont tombées dans les montagnes et dans toutes les vallées. Ses rameaux se sont brisés dans tous les ravins du pays; Et tous les peuples de la terre se sont retirés de son ombre, Et l'ont abandonné "** *(Ezéchiel 31:12, la guerre contre l'Atlantide).*

## 3 stratégies de Poséidon pour faire plier les peuples résistants

*Nous avons dit que le 3ème âge commençait dès la défaite de Poséidon Lucifer dans sa volonté de s'emparer de la montagne de l'extrême nord ; Mais ne voulant nullement se résigner à perdre, il lancera les conquêtes de toutes les terres de l'ancien monde, afin de dominer tous les peuples d'anges qui y habitent, et leur exiger de l'adorer comme un Dieu suprême.*

*Cependant, avant de lancer une attaque contre ces hécatonchires de la Grèce pré adamique, il nous faut ouvrir une parenthèse qui ne fait pas partie du récit de la mythologie grecque, mais qui permet de comprendre le contexte général des âges de l'ancien monde. En effet, Poséidon Lucifer allait* ***s'attaquer d'abord à la 3ème plus grande civilisation de la terre de l'ancien monde****, après l'Atlantide et*

*Hyperborée : civilisation avec laquelle l'Atlantide entretenait d'abondantes échanges commerciales.*

*Cette civilisation de Mû n'allait pas se corrompre avec les milliers de nymphes venues de l'Atlantide par les mers, comme le fit celle d'hyperborée. Alors, contre elle, Poséidon allait bientôt faire usage de son arme la plus puissante,* ***l'arme à tremblements de terre,*** *déclenchés par une* ***arme nucléaire****.*

*Poséidon, furieux de colère contre l'empire de Mû qui ne souhaitait pas se soumettre à l'Atlantide, va décider de détruire totalement cette civilisation, en la frappant de tremblements de terre dévastateur.*

*Devant la destruction de Mû, plusieurs des anges méritants des cieux, vont être envoyés par Zeus, pour* ***une opération d'enlèvements de la terre****. Tous les habitants de Mû dont les corps physiques ont été percés et terriblement endommagés allait vivre avant d'être enlevés au ciel, un* ***renouvellement miraculeux de leur corps détruits*** *par les armes de Poséidon ; Ce qui explique d'ailleurs que le peuple de* ***Mû*** *ait reçu ce nom qui signifie qu'ils ont* ***mué*** *). En effet, puisqu'ils ne s'étaient pas corrompus par des unions sexuelles aux nymphes atlantes, ils continuaient de bénéficier* ***des corps physiques immortels.***

*Le vainqueur de Mû, Poséidon Lucifer,* ***allait désormais faire face à une moindre civilisation, qui fut située non loin, du Mont Olympe choisi par le vrai Zeus sur le territoire de la Grèce pré historique*** *et pré adamique, peuplée par une tribu d'ange, formant des armées d'Hécatonchyres, dont la vocation était de développer l'art de la guerre.*

*Face à eux, Poséidon allait employer trois stratégies que nous avons commencé à évoquer, plus une qui sera tout à fait spécifique, afin de les amener à l'adorer comme un Dieu Suprême.*

## 1re stratégie : par la beauté des nymphes, séduire les résistants

*La première stratégie de Poséidon Lucifer, fut de tenter de corrompre les anges loyaux de la Grèce, par la beauté et la séduction des nymphes engendrées par lui, et unies à plusieurs des anges méritants au cours des siècles de l'ancien monde.*

*Poséidon pensait rendre les nymphes irrésistibles, en les dotant d'attraits magiques, de puissance de charme, et d'enchantement, elles, ainsi que les créatures féminines génétiquement modifiées par lui ( sirènes à corps de poisson , et sirènes a corps d'oiseau ).*

***Pour arriver aisément à dominer les peuples d'anges loyaux au Créateur Zeus, il fallait séduire ces anges par ses filles, les nymphes*** *qui restaient dévêtues en les envoyant sur les autres terres occupées par des tributs d'anges, par voie maritime.*

*Cependant, cette stratégie* ***ne sera guère couronnée de succès****, car la nation des anges de Grèce n'allait nullement se laisser séduire par elles, préférant garder ce qu'ils avaient de plus précieux, l'éternité de leur corps, plutôt que des unions avec ses êtres hybrides, mi femmes mi anges. Car s'ils étaient laissés séduire, Poséidon n'aurait eu guère de mal, à les soumettre, lui qui le seul possédait un antidote à la vieillesse,* ***le secret de la jeunesse éternelle,*** *à travers son* ***élixir****, qui coulait à la fontaine de jouvence, au centre de la capitale de l'Atlantide.*

*Durant ce 3ème âge* ***Poséidon-Lucifer, eut un allié important, qui se trouve être l'ange-dieu Apollon, un titan de la nation angélique du territoire d'Hyperborée situé en antarctique, au pôle Nord. Cet ange dieu,*** *dont la parabole autour de la naissance d'Hermès que nous vue, nous aura fait comprendre****, qu'il avait déjà été séduit par Hermès****, et* ***lui a donc prêté allégeance****.*

*Apollon ami de Poséidon, devenu Hermès Lucifer, avait fini s'unir à une nymphe appelée* ***Coronis****, et dû donc recourir à Hermès pour recevoir* ***le secret de son élixir*** *afin de* ***conserver sa jeunesse éternelle.*** *En outre, il reçut un pouvoir de charme par la musique, ainsi que l'usage du magnétisme terrestre.*

## 2ème stratégie : dominer par la terreur des monstres et du nucléaire

*La deuxième stratégie qu'employa Poséidon, après avoir échoué avec celle de la séduction des nymphes, serait de recourir* ***aux armes de la terreur****, notamment à l'arme nucléaire, et l'arme de tremblement de terre, comme il l'avait fait lors de la guerre avec l'empire de Mû.*

*Poséidon pensait par ces armes de terreur, s'économiser les efforts de guerre, et s'offrir facilement la domination qu'il voulait pour lui et ses fils, les atlantes. Mais le nucléaire avait l'inconvénient d'avoir rayé de la carte de la terre, un immense continent, plongé au fond des mers du pacifique et de l'indien, empêchant à ses fils de disposer de ce territoire pour étendre leur domination.*

*C'est Alors que Poséidon Lucifer va inventer une autre arme de terreur moins destructrice, en* ***employant la manipulation génétique, et en usant de toute sa science,*** *pour façonner* ***des créatures monstrueuses*** *les plus impressionnante* ***que la terre n'ait jamais connu.*** *Ce 3ème âge allait donc voir le phénomène d'hybridation des espèces se multiplier, et* ***toutes sortes de monstruosités effrayantes allaient apparaitre. Aussi, cet 3ème âge*** *allait être* ***un âge du règne de la terreur****, qui irait grandissante jusqu'à la destruction de tout l'ancien monde.*

***Les monstres tels qu'ECHIDNA, créature femelle, moitié femme et moitié serpent, et mère de la quasi-totalité des monstres de la mythologie grecque, allait apparaitre, et engendré à sa suite plusieurs monstres, en s'unissant avec le dieu Typhon, qui est un dieu de l'abîme des ténèbres.*** *Ce qui signifie que les ténèbres de l'abime ou du tartare allait être employés durant la conception de ces monstres.*

***ECHIDNA engendra ensuite l'HYDRE DE LERNE: un Serpent fabuleux à sept têtes qui renaissaient dès qu'on lui en coupait une, dont les flèche d'Héraclès trempée dans son sang, étaient empoisonnée, tuèrent le perfide Centaure, et rendaient les plaies de ce qu'elle blessaient inguérissables ;***

***Elle engendra encore LA CHIMÈRE : Créature à tête de lion, un corps de chèvre et une queue de dragon, qui crachait le feu et dévorait les humains ;***

***Elle engendra encore La LAIE DE CROMMYON: la truie ou laie de Crommyon est une créature, mère du sanglier de Calydon selon Strabon. Sanglier pour Hygin, sauvage et féroce, elle est décrite comme une « tueuse d'hommes, et terrorise les habitants de Crommyon en Corinthie, où elle vit. Elle sera terrassée par Thésée lors de sa traversée du golfe Saronique ;***

***Elle engendra encore CERBÈRE: un chien monstrueux à trois têtes, ou cinquante selon Hésiode, ou cent chez Horace, et qui garde l'entrée des Enfers, empêchant les morts de s'échapper de l'antre d'Hadès et les vivants de venir récupérer certains morts, et qui sera capturé par le demi-dieu Héraclès (Hercule) lors de ses douze travaux ; ;***

***Elle engendra encore Le NÉMÉE: créature fantastique de la mythologie grecque. Tuer ce Lion et rapporter sa peau constitue le premier des douze travaux d'Héraclès. Il fait régner la terreur dans la région de Némée, en Argolide[6]. Il présente la particularité d'avoir une peau impénétrable ;***

***Elle engendra encore L'AIGLE DU CAUCASE: dit « le chien ailé de Zeus » le rapace qui, sur l'ordre de Zeus, rongeait chaque jour le foie de Prométhée alors que celui-ci était enchaîné. Et qui sera tué par Héraclès, qui délivra ensuite Prométhée[1];***

***Elle engendra encore LE SPHINX DE THÈBES : monstre féminin auquel étaient attribué le corps d'un lion, la figure d'une femme et des ailes d'oiseau, la poitrine, les pattes et la queue d'un lion, mais pourvu d'ailes comme un oiseau de proie ; envoyé par Héra contre la cité de Thèbes pour punir la cité du crime de Laïos, qui avait aimé le fils de Pélops, d'un amour coupable, puis envoyée encore par Héra en Béotie suite au meurtre du roi de Thèbes, ravageant les champs et terrorisant les populations ;***

***Elle engendra encore LADON : reptile doté de cent têtes, chacune parlant dans une langue différente. Envoyé par Héra pour protéger les pommes d'or du jardin des Hespérides[1], et qui sera tué par Héraclès lors d'un de ses douze travaux ;***

***Elle engendra encore ORTHOS: un chien bicéphale appartenant à Géryon, le géant aux trois corps, qui garde son troupeau de bœufs, et sera tué par Héraclès ; Elle engendra encore***

**Au vu de cette longue liste de monstres** *un constat s'impose, c'est qu'il existe* **une filiation** *entre eux, puisque tous viennent d'un monstre femme à l'origine, et cela nous emmène à une conclusion que* **la femme a été employée pour façonner des monstres. Et quelle en est la raison ? C'est pour donner à ces monstres la possibilité d'avoir un esprit humain.** *Ce sont ces monstres qu'on retrouvera dans le nouveau monde et qui vont hanter des lieux, sous forme d'esprit, ceux qui avaient pris le contrôle de l'ancien monde pré adamique. Ainsi, La femme a été utilisée pour donner un esprit humain aux créatures par l'utilisation de son pouvoir de procréer, à la fois un corps, mais aussi un esprit.* **Ce qui veut dire que ces monstres sont également éternels.**

***D'autres monstres seront conçus tels que SCYLLA :*** ***à l'origine une nymphe changée en monstre par la magicienne Circé, alors jalouse ; vivant dans une caverne ; et qualifiée de « mal éternel, terrible fléau, réalité sauvage et qu'on ne peut combattre »[5]. Le héros Ulysse se munit de deux longues piques pour l'affronter, mais en vain ; il perdit six de ses marins et donne l'ordre de s'écarter au plus vite du rocher de son antre.***

***Un autre monstre fut CHARYBDE : fille de Poséidon et de Gaïa, déesse personnifiant la terre. Charybde doit sa métamorphose en monstre à l'une de ses mauvaises actions lorsqu'Héraclès, lors du dixième de ses travaux, ramenait le troupeau de Géryon, et fit une halte. Charybde vola une partie du troupeau et fut punie par Zeus, roi des dieux et père d'Héraclès, qui la foudroya, et la changea en un gouffre marin. Devenue la terreur des marins, elle avalait trois fois par jour d'immenses quantités d'eau, avec les poissons, les navires et leurs équipages, puis rejetait ensuite l'eau et tout ce qui n'était pas comestible Son apparence exacte n'est pas connue, mais elle est souvent représentée sous la forme d'un immense tourbillon marin, dévastateur et aspirant tout.***

***S'ajoute des créatures telles que :***

***Les sirènes : ce sont des créatures marines, souvent dépeintes comme des chimères mi-femmes mi- oiseaux, à la différence des sirènes nordiques, créatures mi femmes, mi poissons, et qui, d'après la tradition homérique, sont des divinités de la mer qui séjournent à l'entrée du détroit de Messine en Sicile. Musiciennes dotées d'un talent exceptionnel, pour séduire les navigateurs attirés par les accents magiques de leur chant, de leurs lyres et leur flûtes, perdaient le sens de l'orientation, fracassant leurs bateaux sur les récifs, puis étaient dévorés par ces enchanteresses. Certains mythes disent que leur métamorphose vient de la malédiction d'Héra, d'autres de la colère d'Aphrodite, qui les affubla de pattes et de plumes tout en conservant leur visage de jeunes filles parce qu'elles avaient refusé de donner leur virginité à un dieu ou à un mortel. Ulysse et ses compagnons parviendront à résister à leur pouvoir de séduction en étant attaché les oreilles bouchées.***

***Les harpies : Dans la mythologie grecque ou romaine, les harpies, ou harpyes sont les filles de Thaumas et de l'Océanide Électre et les sœurs d'Iris et d'Arcé, quoique certaines traditions en fassent plutôt les filles de Typhon. Elles sont trois, bourrasque, obscures, aux pieds rapides, vole vite, aux pieds légers. Ce sont des divinités de la dévastation et de la vengeance divine. Plus rapides que le vent, invulnérables, caquetantes, elles dévorent tout sur leur passage, ne laissant que leurs excréments.***

***Le renard de teumesse : c'est une créature fantastique rattachée au Cycle thébain .Les auteurs antiques ne rapportent rien sur ses origines ; Destiné à ne jamais pouvoir être attrapé, il est envoyé par les dieux (Dionysos selon Pausanias) pour terroriser les Thébains du temps de la première régence de Créon.***

Le dragon de Colchide : ***c'est une créature monstrueuse consacrée par les dieux à la garde de trésors, de lieux sacrés. Serpent de grande taille et gardien. Il a un rôle de surveillance auquel sont assignés ces serpents mythiques. Dans la Théogonie d'Hésiode, Ladon est désigné par la périphrase « le terrible serpent »***

*Ces monstres sont ceux qui apparaissent dans la bible quoiqu'il ne soit pas tous décrits dans leur formes et leur aspect spécifique ( Ésaïe 27:1) :*

***" En ce jour, l'Eternel frappera de sa dure, grande et forte épée, le Léviathan, Serpent fuyard, Le Léviathan, serpent tortueux ; Et il tuera le monstre qui est dans la mer "** ( Esaïe 27:1). **" Tu as fendu la mer par ta puissance, Tu as brisé les têtes des monstres sur les eaux "** ( Psaumes 74:13 )*

*Tous ces monstres et ces créatures nuisibles créés par Poséidon-Lucifer depuis le 3ème âge de l'ancien monde, **ne visaient qu'à terroriser les anges qui entendaient résister à sa domination,** et celle de sa race les atlantes. Mais cela ne poussa ces anges qu'à une résistance plus accrue des anges hécatonchires de la Grèce pré adamique.*

- ***3ème stratégie : séduire la Grèce pré adamique par le déguisement***

*Cette 3ème stratégie de Poséidon pour corrompre le peuple d'anges hécatonchires de la Grèce pré adamique, peuple le plus loyaux au créateur, et les plus et fidèles à ses principes, qui venaient de voir le vrai Zeus choisir désormais pour montagne, le mont Olympe au nord de la Grèce, afin d'en faire de ces anges, ses alliés contre l'Atlantide et son chef Poséidon.*

*A propos du choix du vrai Zeus du mont Olympe, il est important de montrer combien tant dans la bible que la mythologie grecque, le Dieu tout puissant est attaché **au fait d'avoir une montagne pour régner**, tant dans les cieux où il a son trône, que sur la terre, ; Ceci **pour manifester sa gloire et son autorité**, et rencontrer son peuple **au pied de cette montagne**, et recevoir de lui les fruits de reconnaissance pour avoir permis la vie sur terre ( et cela est valable tant pour les anges que les anges et les hommes).*

*Et, il est important de comprendre au sujet de la mont Olympe choisit par le vrai Zeus, **après avoir quitté la montagne à l'extrême nord de l'Atlantide** : la réalité que bien que cette montagne soit localisée géographiquement sur la terre, **il n'en demeure pas moins que cette montagne était affectée d'un esprit**. L'esprit de cette montagne avait quitté la montagne de l'extrême nord de l'Atlantide, détruite, pour venir s'installer là, sur la montagne de l'Olympe.*

***La montagne esprit** va alors pouvoir fusionner avec **le mont Olympe**, et donner à celui-ci de grands pouvoirs, notamment celui de devenir une tour d'observation,* *depuis son sommet,* ***et de voir l'ensemble des territoires de la terre,*** *et de disposer également à son sommet* ***des armes de lancement de la foudres et des éclairs*** *; Et c'est* ***l'esprit de cette montagne esprit*** *dont nous parle le livre d'Hénoch au chapitre 17 :1-6 . C'est encore sur cette montagne esprit que Jésus fut transporté pour en Matthieu 4 :8-9, pour voir tous les royaumes de la terre.*

*Matthieu 4:8-9*
***" Le diable le transporta encore*** *sur une montagne très élevée,* ***lui montra*** *tous les royaumes du monde et leur gloire,* ***et lui dit : Je te donnerai toutes ces choses, si tu te prosternes et m'adores....***

*Livre d'Hénoch 17 :1-3*
***" Puis ils m'enlevèrent dans un endroit où il y avait comme un feu dévorant ; et où, selon leur bon plaisir, ils prenaient la ressemblance de l'homme. Ils me conduisirent*** *sur un lieu élevé, sur une montagne dont le sommet s'élançait dans les cieux.* ***Et je vis*** *les trésors des éclairs* ***et*** *du tonnerre* ***aux extrémités de ce lieu, dans l'endroit le plus profond. Il y avait là*** *un arc de feu,* ***et*** *les flèches dans un carquois,* ***et*** *une épée de feu* ***et*** *toute espèce d'éclairs.*

***Et, la stratégie de Poséidon Lucifer, de se faire passer pour le vrai Zeus,*** *et espérer* ***obtenir trompeusement l'adoration des anges loyaux à Zeus****, allait encore requérir de lui,* ***de se choisir lui aussi une montagne*** *qu'il va trouver* ***sur l'île de crête, à l'extrême sud de la Grèce, à l'opposé du Mont Olympe au Nord.***

*Car, toutes adorations qui n'étaient dues qu'aux trois Dieux suprêmes en un, la trinité grecque ( Ouranos- Chronos-Zeus ), ne se faisaient que par des sacrifices ; et; rappelons-nous du sort réservé à Prométhée pour avoir offert un sacrifice trompeur, au vrai Zeus. C'est dire combien le fait d'offrir un sacrifice à un autre que les Dieux suprêmes, était passible d'un sévère châtiment. C'est ce vers quoi Poséidon voulait entrainer les anges loyaux de la Grèce pré adamique, quoique ces anges ne seraient ni conscients, ni consentants. Tel était le piège qui était tendu aux anges hécatonchires de la Grèce pré adamique.*

*Afin de passer pour le vrai Zeus, il fallait à Poséidon, manifester parfaitement les attributs de Zeus, notamment celui de* ***lancer la foudre, les éclairs, et de faire gronder le tonnerre depuis le ciel, de faire descendre le feu du ciel****. Et, Poséidon Lucifer, fort de sa capacité désormais à se mouvoir dans le vent, lui qui ayant réussi à dompter les airs,* ***en devenant Hermès,*** *un prince de l'air, Qui plus est :* ***en voyageant tant à travers l'univers des étoiles, que dans la dimension de l'invisibilité à l'œil physique,*** *il pouvait apparaitre comme le vrai Zeus.*

*Mais, ce n'était pas tout, puisqu'il lui fallait aussi à Poséidon-Lucifer devenu Hermès,* ***apparaitre sur une montagne,*** *comme le vrai Zeus apparaissait sur le mont Olympe au nord de la Grèce, en la faisant trembler, et en causant un bruit insupportable.*

***Disposer lui aussi d'une montagne en Grèce*** *où il pourrait apparaitre aux anges qu'il désirait tromper par son déguisement, était donc un élément stratégique.* ***Et, la montagne qu'il choisit pour appât, fut celle située à l'extrême sud de la Grèce sur le mont Ida, et qui appartenait à une île appelé l'île de crête.***

*C'est ainsi que Poséidon Lucifer se déguisa en faux Zeus, entrant dans la Grèce pré adamique par l'extrême sud du pays, sur l'île de la Crête, choisissant le Mont Ida qui culmine à une hauteur de 2456 mètres.*

***Mont IDA : situé à l'extrême sud de la Grèce, sur l'île de Crête***

*Ainsi, tandis que le vrai Zeus apparaissait sur son* ***Mont Olympe au nord de cette Grèce,*** *le faux Zeus quant à lui, se manifesta à l'extrême Sud de la Grèce, sur l'île de Crète ; Et là, faisant lui aussi trembler le Mont Ida, jusqu'à l'enflammer de tonnerres, afin que les anges hécatonchires, impressionnés, finissent par se rendre au pied de cette montagne, pour se prosterner face à celui qu'ils croiraient être le vrai Zeus, en pensant que celui-ci avait encore choisit de se rapprocher encore plus de leur communauté d'anges.*

*Là, après avoir gagné l'île de Crête, et après avoir atteint le pied du Mont IDA, les anges tentés, se disait Poséidon, allaient lui apporter des sacrifices d'animaux au pieds de la montagne, comme ils le faisaient au pieds de l'Olympe, et comme ils avaient appris à le faire longtemps auparavant, lors de* ***leurs pèlerinages annuels, à la montagne qui fut détruite, à l'extrême nord de l'île de l'Atlantide.***

*Et,* ***Héphaïstos alors maitre du feu,*** *sur les terres de Grèce, constituait le grand* ***prêtre et sacrificateur,*** *et officiait au pied de l'olympe, en l'honneur du vrai Zeus. Ce Héphaïstos, alors éprouvé par Poséidon, parvint à discerner que celui qui se présenta sur le mont Ida n'était par le vrai Zeus, et qu'aucun culte des hécatonchires de Grèce ne devait lui être rendu. Dès lors, cela a donné à ces anges la réputation d'être les amis de la sagesse personnifiée par Athéna. De là est né le lien entre Héphaïstos et Athéna qui personnifie la sagesse.*

*La Crête est cette île dans laquelle on rapporte premièrement* ***la naissance d'un certain Zeus****, et deuxièmement,* ***où ce Zeus emmènera plus tard la déesse Europe après l'avoir enlevée,*** *transformé en magnifique* ***taureau blanc,*** *révélant par là qu'il est en réalité Poséidon, qui on le sait a* ***le taureau*** *pour deuxième symbole. Voilà quelle fut la* ***stratégie d'infiltration,*** *employée par Poséidon-Lucifer, mais, qui ne réussira guère à atteindre son objectif de détourner l'attention des anges loyaux au Créateur, pour l'amener sur lui.*

*Il n'est donc pas anodin qu'un certain* ***Zeus soit né sur le mont Ida*** *d'après la mythologie grecque,* ***car il s'agit du faux Zeus.*** *Et, cela nous montre* ***quelle fut la stratégie de Poséidon-Lucifer pour infiltrer la foi des anges de la Grèce préhistorique.*** *Il tenta de gagner la soumission des peuples d'anges de la Grèce pré adamique par le Sud, tandis qu'au nord le vrai Zeus avait investi le mont Olympe. Telle fut la stratégie de celui qui avait fait de la ruse son arme de prédilection. Mais ces anges en tête desquels Héphaïstos, usant de sagesse et d'un grand discernement, allaient faire preuve de sagesse et ne pas tomber dans cette séduction.*

*Cette confrontation de sagesse entre ces anges Hecatonchires et Poséidon, nous est illustrée dans une parabole* ***du duel entre Poséidon et Athéna pour voir lequel des deux donnerait son nom à la ville d'Athènes*** *; confrontation qui verra* ***l'échec de Poséidon****, vaincu par la sagesse des anges guerriers de Grèce. la défaite de Poséidon viendra de ce que les grecs refuseront sa proposition de leur procurer une source d'eau, tandis qu'ils accepteront l'olivier proposée par Athéna.* ***Les anges de Grèce****, usant de sagesse face à Poséidon, demeurèrent loyaux au vrai Zeus ; un choix de la vertu que représente la sagesse personnifiée par la déesse Athéna.*

*Mais ces anges, conscient que Poséidon, n'allait pas se résoudre à sa défaite,* ***vont se préparer à attaquer l'Atlantide.*** *Ils seront inspirés par le vrai Zeus dans toute la sagesse de la guerre, afin d'attaquer l'Atlantide, et lui livrer une guerre meurtrière.*

*Aussi, regroupés en armées d'Hécatonchires, les anges loyaux de la Grèce, vont finir par monter contre la capitale atlante, Poséidonis, en voulant défendre le monde pré adamique contre une ce peuple méchant capable de conduire à des catastrophes pouvant causer la fin de l'ancien monde. Et à la suite de leur victoire contre la race Atlante et contre Poséidon qui sera tués, puisqu'étant devenu mortel, ces* ***anges de Grèce seront enlevés vers les cieux****, avant la destruction de tout l'ancien monde. Au ciel,* ***ils obtiendront les titres de méritants****, et* ***fils de Dieu*** *( voir Genèse 6 :1-3 & Job 1:6 ), ou les fonctions de* ***vigilants*** *ou* ***gardiens*** *( voir livre d'Hénoch 5:1 10:11&13&18 ...).*

## Echec de Poséidon face aux anges de Grèce

***La victoire d'Athéna*** *contre* ***Poséidon dans leur confrontation pour attribuer un nom à la capitale de la Grèce,*** *illustre la défaite de la stratégie de Poséidon de vouloir séduire les vaillants anges de la Grèce pré adamique.*

*Mais, il leur fallait assener à Poséidon* ***une défaite dont il ne se relèverait plus.*** *Et cette deuxième défaite qui sera militaire, arriva par l'attaque de l'Atlantide par les hécatonchires de Grèce. Ce qui nous est comptée par la fameuse* ***guère des géants.*** *Les géants seront les atlantes, ainsi que les anges ayant connus des unions sexuelles. Ils s'opposeront au vrai Zeus, le Zeus de l'Olympe, et* ***ses aliés, les dieux Arès, Héphaïstos*** *à la tête des armées d'hécatonchire de Grèce.*

***Au final, cet âge d'airain, sera donc un âge de guerre****, ; un âge auquel le vrai Zeus finira par mettre un terme, par une* ***inondation cataclysmique,*** *un déluge qui engloutira l'Atlantide dans l'océan atlantique, et plongera tout l'ancien monde dans les grandes eaux et les ténèbres de Genèse 1 :2. Et, c'est aussi de ces grandes eaux, qu'un nouveau monde sortira, cinq mille ans plus tard.*

***Ce déchainement apocalyptique de la nature contre l'Atlantide****, nous est conté à travers la parabole* ***du soulèvement du dieu Typhon contre le faux Zeus.***

*En effet, si l'on applique une inversion du sens,* ***ce n'est pas le vrai Zeus qui affronta le dieu Typhon,*** *personnification du déchainement de la nature, mais le vrai Zeus se servira de typhon pour lancer une guerre cosmique finale contre l'Atlantide, puisque typhon implique* ***la fumée****,* ***les ténèbres****, et* ***les tempêtes*** *venant du tartare, qui vont faire trembler de peur l'Atlantide, et tous les anges-dieux encore présents sur la terre à la fin du 3ème âge.*

*Hésiode dira que* **les dieux fuiront face à l'arrivée de Typhon,** *ce qui dans le langage de la parabole, signifie que l'arrivée des ténèbres de typhon fera fuir tous les anges qui seront encore sur la terre, lesquels vont devoir prier Zeus de leurs permettre de remonter vers les cieux, où ils espèrent être déclarés méritants.*

**Ce 3ème âge qui avait commencé par la grande éruption volcanique** *de la montagne du nord de l'Atlantide, pris donc fin par* **un grand déluge.**

## • Le 4ème âge : le nouveau monde adamique

*Bien plus tard,* **un autre âge de héros demi-dieux** *allait concerner cette fois-ci le nouveau monde, avec l'humanité descendant d'Adam :* **le 4ème âge.** *Cet âge de la nouvelle création adamique partirait de l'antiquité lointaine jusqu'à la fin de la guerre de Troie contée par le poète grec Homère.*

*Bibliquement,* **ce 4ème âge commence à partir de la descente sur la terre,** *des anges méritants gardiens des cieux, appelés fils de Dieu, qui vinrent parmi les filles Adamiques. Ces mêmes anges qui, dans l'ancien monde pré adamique, avaient été les vainqueurs de l'Atlantide, et qui* **vont briser l'interdit** *en redescendant sur la terre confiée aux humains, afin de prendre pour femmes les filles d'Adam, et engendrer avec elles des demi dieux appelés* **Nephilim**, *ou* **géants**.

*Cette descente des anges apparait en Genèse 6:1-4, et se trouve amplement conté* **dans le livre d'Hénoch. Là encore, naitrait des demi-dieux,** *c'est à dire des* **hybrides**, *mi anges-mi humains, qui allaient être* **les héros** *des récits d'Hésiode et surtout* **d'un autre grand poète grec du nom d'Homère**, *dans ses contes de l'Iliade et l'Odyssée.*

**" Lorsque les hommes eurent commencé à se multiplier sur la face de la terre, et que des filles leur furent nées, les fils de Dieu virent que les filles des hommes étaient belles, et ils en prirent pour femmes parmi toutes celles qu'ils choisirent. Alors l'Eternel dit : Mon esprit ne restera pas à toujours dans l'homme, car l'homme n'est que chair, et ses jours seront de cent vingt ans ; Les géants étaient sur la terre en ces temps-là, après que les fils de Dieu furent venus vers les filles des hommes, et qu'elles leur eurent donné des enfants : ce sont ces héros qui furent fameux dans l'antiquité "** *(Genèse 6 :1-4 )*

- ***Les trois premiers héros grecs de l'antiquité lointaine***

***Il s'agit des trois héros :***

> ***1- Persée*** *( premier héros du nouveau monde, nous verrons pourquoi )*
> ***2- Héraclès*** *( qui accomplira ses fameux 12 travaux )*
> ***3- Thésée*** *( qui sera le fondateur de la ville d'Athènes )*

*Le découpage des temps de la mythologie grecque en 5 âges, fait apparaitre dans le nouveau monde Adamique,* ***un 4ème âge*** *ou* ***âge des héros****, qui se divise en* ***deux grandes périodes*****,** ***l'une l'antiquité lointaine*** *qui verra les premiers héros déjà présentés par* ***le poète grec Hésiode,*** *et une autre période, d'****une antiquité plus récente*** *qui verra les héros décrits par* ***le poète grec Homère.***

***- L'Antiquité lointaine ( celle des héros contés par Hésiode).***

***- L'Antiquité récente ( celle des héros contés par Homère ).***

*Déjà, il faut se rappeler au sujet de ces héros décrits par* ***Hésiode*** *et* ***Homère,*** *qu'il s'agit,* ***non pas des hommes héros, mais*** *uniquement* ***des demi dieux héros****. Bien sûr qu'ils sont nés de l'union entre dieux (anges), et humains (femmes), mais en aucun cas ils ne doivent être pris pour des humains à part entière : ce sont de hybrides. Là aussi, il ne s'agit pas des anges qui avaient autrefois eu des enfants avec des mortelles dans le premier monde pré adamique, mais d'une nouvelle fois que ce phénomène va se reproduire.*

*Il est question d'autres anges qui, ayant gardé leur corps à la fin de l'Atlantide, redescendront durant l'antiquité, pour avoir, eux aussi, des unions avec les femmes, et engendreront avec elles, de nouveaux demi dieux, imitant ce dont ils avaient été déjà les témoins dans l'ancien monde avec* ***Poséidon-Lucifer*** *et sa race de demi dieux appelée "* ***les atlantes****" ( "****les dominateurs****" en Ésaïe 14:5).*

*Zeus Lucifer ne tentera que d'****usurper la paternité des enfants demi-anges qui naitront, et il*** *s'attribuera la gloire suscitée par ces héros.*

*Les premiers héros de* ***cette antiquité lointaine****, sont* ***d'abord :***

***1- Persée (*** *dont nous allons voir que la paternité de Zeus est incertaine ).*

*3- **Héraclès :** ce très grand héros dont nous allons voir aussi que la paternité biologique de Zeus est fausse. Héros connu pour avoir pu exécuter 12 travaux, afin d'expier le mal d'avoir tué sa propre femme et ses enfants, frappé par une folie envoyée par la déesse Héra, qui fut jalouse de voir en lui, le fils de sa rivale.*

*3- **Thésée :** qui sera le fondateur de la ville d'Athènes et dont nous allons voir que la paternité de Poséidon n'est qu'usurpation.*

## • Persée et Héraclès : transition entre ancien et nouveau monde

*Tandis que l'ancien monde **prendra fin avec le demi dieu Atlas**, à la fin de l'âge d'airain, le nouveau monde va débuter tout en transition avec les héros **Persée et Héraclès.***

*En effet, si la mythologie grecque fait qu'**Atlas rencontre Persée et Héraclès,** c'est pour établir **une transition dans l'histoire**, et omettre complètement qu'il y'a eu une destruction de l'ancien monde, puis une recréation d'un nouveau monde adamique. Mais elle veut occulter qu'il y'a eu une recréation sur la terre.*

*Le nouveau monde aurait dû commencer, nous allons le voir, avec la création du premier homme et de la première femme pandore, après le déluge de la fin de l'Atlantide.*

*La transition par **la rencontre Atlas avec Persée**, le premier héros du nouveau monde, vise aussi à établir **une sorte de filiation** entre ce premier héros demi-dieu de l'ancien monde ( Atlas ) , et le premier héros demi dieux du nouveau monde ( Persée ). **En effet, Persée, va rencontrer Atlas** en passant par son territoire. Celui-ci ayant appris que Persée était un fils de Zeus, tenta de l'éloigner par la force, car Thémis lui avait prédit qu'un fils de Zeus volerait un jour les pommes d'or du jardin des Hespérides ( l'Atlantide ).*

***Héraclès, va lui aussi rencontrer Atlas** alors qu'il effectue le 11ème de ses 12 travaux, lequel lui demande de se procurer des pommes d'or du jardin des Hespérides. En dehors du **chemin de l'initiation que ces 12 étapes révèlent** pour devenir un dieu, c'est à dire **atteindre l'immortalité**, il est aussi question de montrer une transition entre Atlas, demi dieu **élevé au rang de dieu titan** dans l'ancien* *monde pré adamique, et Héraclès demi-dieu empruntant* ***la voie initiatique*** *pour parvenir à l'immortalité dans le nouveau monde.*

***Cette même transition*** *va être confirmée lorsqu'Héraclès, d'une de ses flèches,* ***va libérer Prométhée,*** *en tuant l'aigle qui perçait continuellement son foi,. Là, il s'agit de nous dire symboliquement que le temps de l'enfermement de Lucifer dans la fosse, après la destruction de l'ancien monde prend fin.*

*Lucifer aura purgé une lourde peine dans la fosse d'une durée de 5000 ans ; fosse dans laquelle il fut envoyé à la fin de l'Atlantide. Après les 5000 ans, dans le nouveau monde,* ***aura lieu un nouveau temps des demi-dieux sur la terre qui sera inauguré par Persée et Héraclès.*** *C'est cela que signifie la libération de Prométhée, par Héraclès : elle sert à nous dire qu'après l'enfermement de Prométhée-Lucifer dans la fosse du tartare, sous la terre,* ***un autre temps des héros*** *va pouvoir se reproduire.*

*En réalité,* ***Atlas n'a pu rencontrer ni Persée, ni Héraclès****, du fait que 5000 ans de temps séparent ces demi dieux, entre ancien et nouveau monde.*

*C'est ainsi qu'il y'a eu au total* ***deux âges des demi dieux sur la terre*** *: un âge pré adamique, au 3ème âge de l'Atlantide, puis un âge adamique, au 4ème âge correspondant à l'antiquité tardive du nouveau monde.*

## • L'Or, et l'initiation des nouveaux fils du faux Zeus

*Pour bien comprendre ce 4ème âge de la mythologie grecque, nouvel âge des demi dieux, et qui le différencie du 3ème âge, puisque les deux âges mettent en avant les demi-dieux fils des anges, le 3ème âge avec* ***les demi-dieux rois atlantes,*** *et* ***le 4ème âge les demi-dieux héros****, il nous faut faire la différence* ***entre deux différents types de paternité du faux Zeus, dans l'ancien et le nouveau monde.***

*D'abord, il a eu dans le 3ème âge de l'ancien monde,* ***une paternité biologique de Poséidon le feu Zeus, sur les demi-dieux, de la race royale atlante, incluant les nymphes atlantes dans l'ancien monde.*** *Ceux-ci sont tous sorties à suite de l'union sexuelle de Poséidon avec la dénommée Clito, fille du premier couple humain créé dans le jardin d'Eden, qui deviendra l'Atlantide.* ***Cette paternité empêchera la naissance de tout être purement humain****, car seuls les hybrides* *naitront et se multiplieront sur la terre, mi anges mi humains, ou demi-dieux d'après l'appellation des grecs.*

*Une* ***autre forme de paternité apparaitra*** *dans ce 3ème âge de* ***l'ancien monde, cette fois-ci à partir de manipulations génétiques, des croisements entre différentes espèces****, telle une sorte d'Alchimie. Et la paternité du faux Zeus sur ces créatures génétiquement conçus, ou modifiés, est* ***plutôt de type technologique*** *et donc* ***artificielle****, et non pas naturelle comme la première.*

*Or, l'ancien monde ayant été détruit,* ***Poséidon Lucifer sera tué et percé de coups*** *par les anges hécatonchires de la Grèce pré adamique.* ***Il va donc perdre son propre corps biologique,*** *et tout pouvoir d'incarnation en chair, et il sera enfermé durant 5000 ans dans le tartare, après quoi, il sortira lors de la recréation du monde qui sera confié à Adam.*

*Avec ce nouveau monde, le faux Zeus, Poséidon-Lucifer, n'aura plus de corps biologique, et n'auront plus ce pouvoir d'engendrer des fils et des filles, en s'unissant avec une humaine. Mais,* ***il va rechercher une nouvelle forme de paternité,*** *qu'il obtiendra par* ***des rituels de consécration ou d'initiation*** *lors de la gestation ou de la naissance d'un enfant ayant déjà pour père biologique, un ange.*

***De tels rituels d'initiation*** *permettront au faux Zeus, Lucifer d'obtenir* ***une paternité spirituelle et mystique*** *sur un enfant biologique appartenant à autrui, qui lui donneront* ***le droit de posséder le corps et l'esprit de l'enfant toutes les fois qu'il le désirera.*** *Dès lors, le faux Zeus pourrait* ***commander tous les agissements de celui qui était initié à son rite,*** *en entrant à l'intérieur de son corps. Il avait établi les principes de* ***la possession démoniaque du corps et de l'esprit.***

***C'est donc cette seconde paternité occulte, mystique,*** *que le faux Zeus exercera* ***sur les demi-dieux qui naitront dans le nouveau monde****, dont plusieurs sont donnés pour être ses enfants, notamment* ***les héros : Persée, Héraclès, Thésée, Orphée et bien d'autres****. Ces héros sont donc à l'origine des demi dieux, engendrés par des anges qui avaient réussi à garder leur corps biologique depuis l'ancien monde, et qui devenus gardiens du nouveau monde, se sont laissés séduire par les filles d'Adam, et ont quitté le ciel, pour en faire leur femmes.*

*C'est bien pourquoi,* ***on observe, que la paternité biologique de Zeus sur les héros tels que Persée, Héraclès, Thésée, Orphée, est douteuse,*** *puisqu'elle intervient dans le cadre d'une union sexuelle déjà consommée entre un ange et une* *femme ; Après quoi, Zeus entre subitement en scène, et de façon occulte et magique, s'unit à la mère du héros, et usurpe la paternité des demi-dieux.*

***Et dans cette paternité occulte, le métal précieux qu'est l'Or, le plus précieux des métaux,*** *va être un élément déterminant qui* ***caractérise cette nouvelle forme de paternité*** *des demi-dieux qui seront les futurs héros.*

## L'or et le rituel d'initiation pour établir la nouvelle paternité

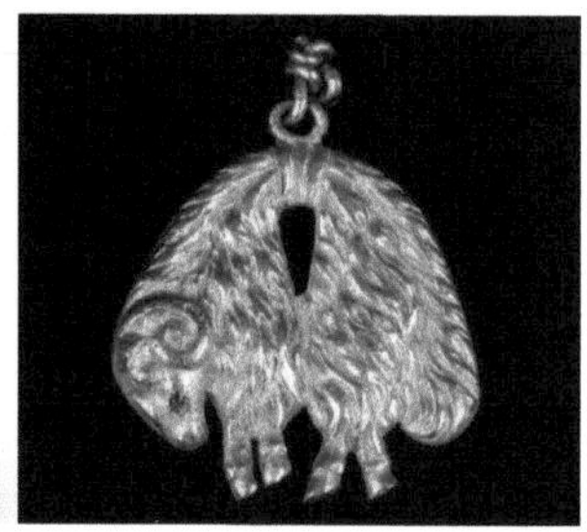

***L'or,*** *symbolisant le* ***plus haut degré atteint par la matière, traduit le caractère divin des dieux.*** *L'or, est en même temps l'aboutissement de toute la science magique, symbole de la lumière et u soleil ; C'est pourquoi qui était revêtu de l'or était assimilé à* ***un fils du soleil.***

***Ainsi, chaque fois que l'or est évoqué dans la mythologie grecque,*** *chaque fois que l'or est en cause, c'est qu'il est question* ***du plus grand pouvoir magique****, Et l'or, se rapporte souvent à l'action cachée du faux Zeus.*

***Les effets magiques de l'or sont nombreux :***

***Il a le pouvoir de déterminer l'histoire, de commander d'avance des évènements, d'écrire une grande destinée****, notamment celle d'un héros, par celui qui peut programmer de l'or, et qui détient le plus grand pouvoir magique sur terre* ***:*** *le faux Zeus, autrefois Prométhée-Lucifer.*

***À travers un rituel impliquant de l'or,*** *le faux Zeus appelle les demi-dieux dans le nouveau monde adamique, à devenir* ***ses fils par illumination magique, autrement dit, ses fils initiatiques.*** *Et, par la puissance magique symbolisée par l'or, le faux Zeus ou Poséidon, allait devenir le père initiatique des plus grands héros grecs.*

***Ainsi, la définition de fils va changer de l'ancien au nouveau monde**, car dans l'ancien monde il s'agissait **des fils de Zeus par le sang,** alors que dans le nouveau monde, Zeus, ne pouvant avoir des fils biologiques, il va profiter de la conception de femmes qui ont connu d'autres anges incarnés en chair, pour usurper mystiquement la paternité de leurs enfants pendant la grossesse de ces femmes.*

***Ainsi, pour qu'un demi dieu soit fils du faux Zeus,** Prométhée Lucifer, devenu Poséidon Lucifer, puis Hermès Lucifer, il lui fallait passer par **un rituel d'initiation, lorsque l'enfant demi dieu était encore dans le ventre de sa mère, durant la conception, et même la grossesse**. Ce rituel d'initiation allait conférer au faux Zeus mystiquement, **les pleins droits sur cet enfant**, notamment le droit de le posséder et prendre le total contrôle de son être.*

## • Persée, Héraclès et Thésée fils de Zeus par initiation

*1- Persée : il est le fils de Danaé, fille du roi d'Argos, Acrisios. Ce dernier, averti par un oracle que son petit-fils le tuera, enferme sa fille dans une tour d'airain, ce qui n'empêche pas Zeus de la séduire sous la forme d'une pluie d'or. **Persée** naît ainsi dans le secret. Or, plus tard, on apprendra qu'une scholie de l'Iliade fait de Proétos, frère d'Acrisios, **le véritable père de Persée**, ce qui aurait été le motif de la querelle entre les deux frères. Cette variante, que le scholiaste attribue à **Pindare**, est également citée par le **pseudo-Apollodore**. Pindare mentionne pourtant l'histoire de la pluie d'or par ailleurs. Il est possible que dans la source du scholiaste et d'Apollodore, **Danaé ait été séduite par Proétos** et emprisonnée par son père en punition, laissant ainsi le champ libre à Zeus.*

***Cette, pluie d'or,** est une **parabole de l'initiation**, par un rituel de haute magie, opéré par le faux Zeus, pour s'attribuer la paternité de Persée. Le rituel permettant de créer un lien spirituel entre l'enfant et Zeus, quand bien même Persée aurait pour père un biologique **Proétos**. Et, cette initiation peut s'apparenter à une sorte d'onction.*

***2- Héraclès : La naissance d'Hercule aussi est particulière, puisqu'il s'agit d'un demi-dieu. "Il est le fils de Zeus, roi des Olympiens, et d'une***

**mortelle, Alcmène", raconte Barbara Cassin. Il est le fruit de la terrible métamorphose de Zeus qui, pour séduire Alcmène, prend l'apparence de son mari, Amphitryon.**

*Ici tout comme on l'a vu avec Persée, la naissance d'Héraclès montre que la paternité de Zeus est douteuse ; car Zeus va profiter de l'absence du mari d'***Alcmène***, pour coucher avec sa femme, or il y'a toutes les raisons de penser qu'elle était déjà enceinte, le sachant par ses sciences divinatoires, le faux Zeus a tout simplement pris la place de son mari, pour avoir la paternité d'Héraclès de manière occulte. Et bien sûr, Zeus emploiera un rituel mystique pour investir sur cet enfant son pouvoir au tout début de sa gestation.*

***Donc, Héraclès n'est guère le véritable fils du faux Zeus,*** *dépourvu de corps de chair, néanmoins, quoiqu'étant pure esprit, il a pu prendre la place du vrai père de manière occulte, en couchant avec* ***Alcmène*** *aussitôt son mari parti. Dès lors,* ***la grossesse que Zeus avait déjà perçue, est affectée par lui de manière magique et occulte, et devient comme s'il en est l'auteur.***

4- **Thésée** *: dont le père est Poséidon pour certains, Sous l'enchantement, Éthra, fille du roi Pitthée de Trézène, s'éprend d'Égée. Après l'étreinte, la jeune femme se réfugie dans l'île de Sphaéra, où* ***elle s'unit au dieu Poséidon****. Doublement honorée cette nuit-là, elle met au monde un fils du nom de* ***Thésée****.*

***Le même scénario d'usurpation occulte de paternité, est opéré par Poséidon*** *( le faux Zeus ), car il va coucher de façon mystique avec la mortelle* ***Éthra,*** *pour devenir* ***le père mystique de Thésée.*** *Et par ce rituel, il obtient le pouvoir de posséder littéralement l'enfant, et de lui transmettre ses pouvoirs.*

*Ensuite, après la naissance de* ***ces 3 héros****, nous allons voir que ceux-ci vont encore nous conduire dans un* ***chemin de l'initiation****, afin* ***d'accomplir chacun une grande destinée (1), s'attirer la faveur des dieux (2) ; parvenir à la connaissance des dieux (3) ; atteindre le plus haut rang de dignité sur terre : la royauté (4) ; Pour laisser son nom inscrit dans la mémoire, gravé sur la pierre (5); Pour atteindre l'immortalité après la mort, ou la réincarnation (6).***

- ***Pommes d'or et chemin initiatique des 12 travaux d'Héraclès***

*A travers les 12 travaux qui lui sont recommandés d'accomplir par* ***Heristée****, le demi dieu Héraclès (ou Hercule), afin qu'il puisse expier sa faute, d'avoir tué toute sa famille, sa femme, et ses enfants, suite à un coup de folie lancée par la déesse Héra. Et, pour que cette malédiction****, ne le poursuive à jamais,*** *Héraclès* ***va se mettre à pieds d'œuvre pour exécuter ce qu'on lui demande. Et ces 12 travaux sont 12 étapes*** *vont nous montrer* ***un chemin d'initiation.*** *Et, vers la fin de ces 12 travaux, on va voir quel est le but caché poursuivit par la mythologie grecque.*

***En effet, au 11ème des 12 travaux,*** *on va voir* ***la recherche des pommes d'or*** *du jardin des nymphes Hespérides, mais à ce stade on est dans la parabole plutôt que dans des faits historiques :*

***Ces pommes d'or*** *symbolisent pour Héraclès l'atteinte à la fois :*

*1- de* ***la lumière, la plus grande lumière intérieure*** *( l'illumination )*
*2- de* ***la plus haute connaissance (*** *celle du feu de Prométhée)*
*3- du* ***plus grand pouvoir magique*** *( l'alchimie, la science de la transformation)*
*4- du* ***plus haut rang honorifique*** *( La royauté )*
*5- de* ***la plus grande transcendance*** *( l'immortalité )*

***L'atteinte du le plus haut degré de connaissance par Héraclès,*** *sera illustré dans ce* ***11ème de ses travaux****, par la symbolique de* ***la voûte céleste portée par le demi-dieu Atlas, fils de Poséidon, et que le héros Héraclès va prendre sur lui****. Or, cette voûte céleste, nous l'avons dit, signifie* ***la connaissance des cieux*** *détenue par* ***Atlas*** *( cet Atlas qui sera élevé au rang de titan par le faux Zeus ). Héraclès va donc lui aussi acquérir cette voûte céleste, c'est à dire cette connaissance des cieux, en portant à son tour la voûte céleste d'Atlas.*

*Cette connaissance des cieux symbolisée par la voûte céleste, est* ***la connaissance des mystères des étoiles et des constellations de l'univers****, laquelle donnent accès à la plus haute* ***magie qui existe.*** *Et, il est important de savoir que cette connaissance ne peut être obtenue que par une transmission qui se fait* ***de manière initiatique*** *et c'est cela que révèle les 12 travaux d'Hercule ;*

*La transmission de cette connaissance commence par Prométhée ou Poséidon à son fils Atlas, et des Atlantes frères d'***Atlas à tous les héros qui viendront et qui seront initiés.**

*Ensuite, puisqu'ayant obtenu les pommes d'or, après avoir porté la voûte céleste, Héraclès a donc atteint l'illumination de l'or, qui est la plus haute magie, et nous allons voir que le 12ème des travaux sert donc à montrer cette conséquence de l'illumination, au bout du chemin de l'initiation des 12 travaux,* **qui est la transcendance de la mort ( une sorte d'immortalité ) ;** *immortalité matérialisée par le fait pour Héraclès d'être capable d'aller dans le séjour des morts, dans le domaine d'Hadès, et de ramener le chien monstre Cerbère, gardien de la sortie des enfers.*

*Mais en tant que Chrétien, je préfère dire que cette immortalité promise au bout du chemin initiatique des 12 travaux d'Héraclès par le faux Zeus, Poséidon, père d'Atlas, n'est qu'une promesse trompeuse, un artifice qu'il entretien auprès de ses adeptes, ses initiés : une fausse immortalité qui n'aboutira qu'à la séparation d'avec la source véritable de vie, qui se trouve dans le Créateur et vrai Zeus, le dieu trinitaire, l'Ouranos-Chronos-Zeus.*

*Cette initiation à la pomme d'or magique, elle donc une marche vers la lumière, une marche vers le feu, la lumière de l'or, au bout d'un processus à plusieurs étapes chez les grecs, tandis que chez les Egyptiens ce chemin se présente comme* **une ascension de marches, un gravissement de degrés, qui aboutit au sommet d'une pyramide**, *où se trouve la même lumière. Mais dans les deux cas chez les grecs comme chez les Egyptiens, il y'a une progression vers ce qui représente la lumière, représentée par l'or, ou le cristal, ou le feu.*

*Dans la bible également, Moise va rencontrer une lumière, en gravissant le mont Horeb à la recherche d'un mouton appartenant à son beau-père qu'il conduisait aux pâturages, c'est donc ici la véritable initiation, qu'Eternel va révéler à son peuple, mais dont ils resteront peu familiers au langage.*

*Tout chemin vers l'or, est un chemin vers la lumière, une initiation*

*Or, c'est le faux Zeus, qui va mettre en place ce chemin initiatique qui aboutit à l'Or, et c'est l'attribut majeur du dieu Hermès dans la mythologie grecque, car rappelons-le, il est* **le dieu des chemins** *; Et c'est ce chemin qu'Héraclès va suivre en accomplissant ses 12 travaux jusqu'aux pommes d'Or*

**C'est aussi pourquoi les ordres secrets** *font leur initiation* **en suivant un chemin,** *matérialisé sur le sol par un tapis* **en forme de chemin***.*

*Mais il existe* **dans la bible, un autre véritable chemin d'initiation** *pour appartenir au vrai Zeus qui est Jésus Christ. Car Jésus Christ a dit***, je suis le chemin, la vérité, et la vie ( Jean 14:6 )** *. Les chrétiens sont donc eux aussi appelés à être des initiés en Jésus Christ, et le fait de croire en Jésus est la première étape de cette initiation au chemin du vrai Zeus, Dieu de la vie. Ensuite vient* **l'étape du baptême de l'eau,** *qui matérialise la nouvelle naissance, suivit* **du baptême du Saint Esprit** *et de* **feu***. Une fois que nous sommes à cette dernière étape, nous sommes* **des fils de la lumière** *(1Thessalonicien 5:5 ; Matthieu 5 :14) comme le prétend la mythologie grecque s'agissant de ses héros.*

**Ce chemin d'initiation** *donne naissance à une* **communauté** *qui peut être appelée* **l'ordre de la pomme d'or ou l'ordre du serpent devin l'ordre de la lumière ou l 'ordre du dragon.**

*Ensuite, cet* **ordre** *de* **la lumière, de la pomme d'or** *est aussi* **un ordre du dragon, car la pomme d'or est toujours gardée dans le jardin des Hespérides, par un dragon** *à 100 têtes appelé* **Ladon.** *Ensuite* **la toison d'or** *aussi, est aussi gardée par un dragon. Et, le dragon éprouve la sagesse de celui qui souhaite s'en emparer par des énigmes, afin de savoir s'il en est digne.*

*Suivre ce chemin d'initiation, impose au héros qui veut avoir une destinée glorieuse, un sacrifice : car il n'y a pas de véritable initiation sans sacrifice. C'est pourquoi Héraclès va d'abord* ***tuer toute sa famille****, signifiant que la véritable initiation nécessite* ***un grand sacrifice*** *de ce qui nous est* ***le plus cher.***

***La bible ne déroge pas à cette règle au sujet de son initiation****, que nous venons d'énoncer, à savoir que l'accès au divin, est une question d'initiation qui se fait par la voie* ***d'un grand sacrifice.*** *En effet, Jésus va dire qu'il est le chemin qui mène d'abord à la connaissance de la vérité, et qui aboutit à la vie éternelle, donc à* ***l'immortalité****. Celui qui passe par le chemin de Jésus Christ, acquiert la connaissance de la vérité, et parvient à la véritable immortalité.*

*Ainsi, il nous est présenté le chemin de l'initiation en Jésus Christ, lorsque celui-ci déclare ce qui suit : "****celui qui mange ma chair et bois mon sang aura la vie éternelle*** *", parole qui implique une mise à mort préalable,* ***un sacrifice****.*

*Donc le chemin initiatique de Jésus, ne peut être emprunté sans sacrifice au préalable, sauf que le sacrifice que les hommes doivent payer, a été donné par un seul Jésus Christ, pour tous les croyant en sa personne. C'est pour faire de nous des fils du vrai Zeus, que Jésus Christ est mort, pour quiconque ne pouvait donner de sacrifice. Il est donc mort à la croix pour nous ouvrir ce chemin. Le chemin de l'initiation abouti à une nouvelle filiation, car nous cessons d'être des créatures pour devenir fils de Dieu.*

*Après donc avoir obtenu la pomme d'or, c'est-à-dire l'illumination, par voie d'initiation, et la haute connaissance magique, Héraclès va montrer qu'il va obtenir l'immortalité en accomplissant l'exploit d'aller dans les enfers ou l'Hadès, afin de rechercher cerbère le monstre chien gardien du chemin de retour des enfers. Et, puisqu'il réussira à sortir des enfers, lieu de destination de certains morts, c'est qu'il aura gagné* ***l'immortalité.***

*Et, après ces trois premiers héros, Persée, Héraclès et Thésée,* ***d'autres héros arriveront,*** *et prendront également un chemin d'****initiation sacrée,*** *et qui va se révéler par :*

1- ***La quête de la toison d'or*** *par les 50 demi-dieux Argonautes.*
2- ***La quête du demi-dieu Bellérophon*** *( la quête pour l'élévation au rang de dieu ).*
3- ***La recherche du demi dieu Enée pour fonder une ville*** *( et devenir un dieu civilisateur ).*
4- ***La quête du pouvoir de la pomme d'or, permettant de jeter des puissants sorts tels que celui qui va pousser à la guerre de Troie.***

- *L'Argonaute et la toison d'or : un autre chemin initiatique des héros*

***A travers de la quête de la toison d'or par le bateau appelé l'Argonaute, avec à son bord 50 héros grecs,*** *la mythologie grecque* ***va montrer leur appartenance*** *à un même ordre initiatique,* ***une sorte de confrérie de héros,*** *dont on peut dire vulgairement qu'ils sont dans la même loge.*

***Cette quête de la toison d'or, qui est d'abord une quête de la lumière, laquelle*** *rappelons-le est symbolisée par l'or, et qui produit donc l'illumination, en donnant soit, la connaissance magique la plus élevée, soit la plus haute dignité c'est-à-dire la royauté, ou soit l'immortalité, tel qu'on l'a déjà vu avec Héraclès. Mais autant dire qu'il s'agit d'une haute durabilité du corps physique, mais non une réelle immortalité. Ces nombreux héros de l'Argonaute, peuvent en même temps être vus comme* ***l'ordre initiatique du dragon,*** *car la toison d'or est jalousement gardée par un dragon appelé* ***dragon de Colchide****,* ***ayant une crête et trois langues.***

*Et le dragon est l'animal qui symbolise le mieux* **l'ange qui a réussi à dompter les quatre forces de la nature** *(* **feu, terre, eau et air** *), c'est-à-dire Prométhée ou-Poséidon, ou Hermès, ou encore le faux Zeus que nous avons tous reconnu en la personne d'un seul et même ange Lucifer. Car le dragon fut la seule créature des Elohim qui se meut parfaitement dans ces quatre environnements.*

**C'est au héros Jason** *qu'il, est demandé d'obtenir cette toison d'or pour obtenir le trône de son père, dont son oncle s'est accaparé. Jason fut missionné par ce dernier de rapporter la mythique Toison d'or, appartenant au Roi de Colchide. Et, la cinquantaine de héros grecs qui vont accompagner Jason dans cette quête figurent parmi les premiers héros grecs de l'antiquité lointaine.*

*Ainsi par ce bateau, l'Argonaute, et tout son équipage de héros grecs en quête de la toison d'or,* **la mythologie grecque nous apprend qu'ils sont tous des initiés***, ce qui leur permettra d'***atteindre leur destinée de grandeur, d'obtenir la renommée et la gloire sur la terre***. Et cela, ils le doivent au faux Zeus, Hermès Lucifer, leur père par initiation.*

*Et, nous allons continuer de montrer toute* **l'importance de l'initiation dans la mythologie grecque,** *en ayant chaque fois pour indice* **l'évocation de l'or, soit au bout d'une quête, soit avant cette quête. L'or est le signe qu'il nous est présenté un chemin initiatique***. Et toute initiation pour un Dieu, comme* **dans l'existence d'un héros,** *vise à atteindre sept* **buts fondamentaux :**

- **Buts recherchés par les dieux à travers le chemin initiatique** :

(1) **Un dieu se trouve élevé derrière chaque héros** ;
(2) **Les dieux tirent gloire des héros, et de leur succès** ;
(3) **Les dieux sont vus comme maitre de l'histoire des mortels** ;
(4) **Les dieux montrent comment s'attirer leur faveur et leur défaveur** ;
(5) **Les dieux montrent les lois et principes auxquels ils sont soumis** ;
(6) **Les dieux montrent qu'ils sont des civilisateurs** ;
(7) **Les dieux montrent qu'ils tracent la destinée des mortels**.

- **Buts de tout chemin initiatique pour les héros**

(1) **S'attirer la faveur du dieu suprême** ;
(2) **Obtenir la sagesse et la connaissance des dieux : l'illumination** ;
(3) **Obtenir le plus grand des pouvoirs magiques** ;

*(4)* ***Obtenir la plus haute dignité : la royauté*** *(comme Thésée) ;*
*(5)* ***Avoir sa mémoire gravée dans la pierre*** *;*
*(6)* ***Obtenir le pouvoir de fonder une ville*** *(Thésée ou Enée) ;*
*(7)* ***Obtenir l'immortalité*** *( comme Héraclès, après la mort physique ) ;*

*Et il est important de comprendre que tout chemin initiatique, commence par un sacrifice de sang,* ***à l'exemple du sacrifice d'Héraclès de sa famille, qu'il tua avant ses douze travaux, ou du sacrifice des argonautes à Apollon avant leur départ pour Colchide*** *à la recherche de la toison d'or, ou encore* ***du sacrifice d'Iphigénie,*** *avant l'embarcation des héros grecs pour la guerre de Troie, ou encore* ***le sacrifice de Bellérophon*** *qui tua son frère, et dont nous allons parler à l'instant.*

## Les rennes d'or et le chemin initiatique du héros Bellérophon

*Un autre exemple de chemin d'initiation est celui du héros Bellérophon qui, avant de se voir confier un frein muni de rênes d'or par Athéna, lequel lui permettra de dompter Pégase, le cheval blanc ailé,* ***causa de façon involontaire la mort de son frère****, et subit l'exile par son père.* ***Bellérophon*** *obtiendra de chevaucher Pégase, ( et donc de devenir un grand chevalier ), avant de pouvoir affronter et de tuer le monstre appelé* ***la chimère,*** *à tête de lion, au corps de chèvre, et à la queue de dragon, qui crachait le feu et dévorait les humains.* ***Le héros va faire un rêve dans lequel Athéna lui demande d'offrir un sacrifice de taureau à Poséidon*** *( nous avons compris qu'il s'agit d'une demande du faux Zeus ).*

*Cependant, **le seul échec que connaitra le héros,** sera de se prendre lui-même pour un dieu, et d'oser conquérir le mont Olympe, sans que l'accès ne lui soit ouvert par le faux Zeus, qui va lui faire perdre en plein vol, le contrôle du cheval blanc ailé, Pégase, et l'entrainera à une chute vertigineuse vers le sol. Ce sera la fin de son épopée.*

## Les deux grands ordres initiatiques de la mythologie grecque

*On peut voir qu'il se dégage **deux grands ordres initiatiques** établis par le faux Zeus, Poséidon-Lucifer, pour les héros, et plus tard pour les humains, afin de leur permettre d'atteindre les buts énumérés précédemment :*

### 1- L'ordre initiatique de la pomme d'or :

*L'ordre initiatique de la pomme d'or, ou encore **l'ordre du dragon,** est le chemin initiatique permettant d'obtenir **le pouvoir royal**, étant entendu que la royauté **fut un titre transmissible**, et que d'après Zeus Lucifer, les premiers rois de la terre, furent ses fils, les rois atlantes ; Cet ordre initiatique permet aussi d'atteindre l'**immortalité (** mais nous l'avons dit cette immortalité**,** censé être l'immortalité du corps physique, n'est pas véritable, mais qu'il s'agit plutôt d'une très grande longévité de vie de ce corps, promis par Zeus à travers le principe de l'initiation ).*

**En effet le Ladon était le serpent dragon qui encerclait l'arbre du jardin des Hespérides. C'est pour cela qu'on l'appelait également le dragon des**

**Hespérides. Dans ce jardin, il était chargé par Héra de protéger ce fameux arbre, et les pommes d'or de l'immortalité qui l'accompagnaient.**

*Rappelons que la déesse Héra, est d'après nous, la personnification de la jalousie de Zeus, qui veille sur ce que Zeus a de plus précieux.*

## 1- L'ordre initiatique de la toison d'or

*Il s'agit aussi,* ***d'un ordre du dragon,*** *puisque celle-ci sera gardée par un dragon appelé dragon de Colchide, lequel d'après le récit du grec Ovide possédait une crête et trois langues. Sa mission était de* ***sécuriser la Toison d'Or****, dans le bosquet sacré d'Arès, à Colchide. Ce colossal serpent ne dormait jamais, et ne baissait jamais la garde. Cela faisait de lui un excellent gardien !*

## Hermès-Lucifer, le dieu de l'initiation

*Il apparait que l'ordre initiatique fasse l'objet d'une organisation par le dieu de l'initiation, le dieu Hermès. Hermès doit être vu comme le premier à l'instaurer la voie de l'initiation permettant d'atteindre la gloire. Qu'il s'agisse de l'ordre de la pomme d'or, de l'ordre de la toison d'or, ou du dragon, rappelons-nous que* ***l'initiation se présente toujours comme une quête, un chemin, ou un voyage****. Or Hermès a les attributs suivants :*

1- **Le dieu des voyageurs**
2- **Celui qui débarrasse les pierres des chemins** *( cela signifie qu'il fraye des chemin, ou qu'il ouvre le chemin, notamment celui de l'initiation ).*

3- ***Celui qui dispose des piliers le long des chemins.*** *Les piliers sont des gardiens dans le langage architectural, car ils supportent un édifice.*

4- ***Celui qui possède un bâton appelé caducée, entouré des deux serpents*** *qui sont aussi les gardiens de bâton symbole du chemin vers la gloire, ou vers la lumière. Et puisqu'au bout de ce bâton se trouve une boule lumineuse, ce bâton est le chemin initiatique pour atteindre l'illumination, ou la gloire.*

*Hermès est donc celui qui montre* ***le chemin,*** *et* ***fait voyager****, et il révèle également un* ***passage du monde visible vers l'invisible****, de la terre vers le ciel, la voie de l'ascension vers le ciel permettant d'****atteindre l'astre, donc l'étoile, même la plus éloignée de l'univers,*** *et de devenir un avec la connaissance supérieure des dieux.*

***Ce chemin initiatique*** *peut aussi prendre la forme d'****un voyage le long d'un fleuve ou d'une mer comme le bateau l'Argonaute****, ou* ***comme Ulysse sur le chemin du retour au terme de la guerre de Troie.***

*On observe que* ***l'initiation prend l'aspect d'un chemin de procession*** *comme aimait à le faire les Egyptiens, et s'accompagne* ***d'un bain purificateur.***

*Toujours au sujet du chemin de l'initiation, il convient d'observer que* ***le bélier porteur de la toison d'or*** *transporte deux enfants, Phrixos et Hélé, par les airs ; mais à y regarder de plus près, ce bélier par la forme de ses deux cornes en spirale, est le* ***symbole du portail de voyage magique qui permet de s'envoler vers les airs****. En effet, les deux cornes du bélier forment* ***une espèce de vortex****, en forme de tourbillon qui peut être aspirant, c'est-à-dire un portail magnétique, ouvrant* ***un chemin magique****. Et ces mêmes cornes en spirale, ressemblent aux deux serpents du bâton d'Hermès appelé caducée, ce qui confirment que les deux enfants étaient des initiés par Zeus, et permet de comprendre pourquoi l'un d'eux a le pouvoir de devenir un roi.*

**Les 2 cornes tournoyantes du bélier tout comme les 2 serpents tournoyants du caducée d'Hermès sont un passage magique en forme de tourbillon**

*Toujours par la symbolique, en regardant par le haut du bâton d'Hermès, les deux serpents, ou les deux cornes du bélier, on peut encore observer qu'ils forment deux 6, qui nous amènent à penser qu'ils traduisent le nombre* ***66****, un nombre révélateur* ***du portail de voyage de Lucifer*** *lui permettant de voyager à travers l'univers, dans le deuxième ciel. Et donc, le 666 dont parle la bible, est le symbole de la porte de passage de Lucifer. Celle qui lui donne d'entrer dans l'homme et de le contrôler à sa guise.*

*Un exemple de maitre d'initiation, selon l'ordre d'Hermès Lucifer, est* ***le héros demi-dieu Eurysthée*** *qui commanda à Héraclès d'exécuter les douze travaux qui lui permettrait d'expier ses fautes. Un autre maitre d'initiation fut également* ***le héros demi-dieu Orphée****, qui guida le bateau, l'Argonaute, qui conduisit l'expédition pour trouver la toison d'or.*

## • Objectif de Zeus : devenir le père des héros et maître de l'histoire

***Au cours de ce 4ème âge,*** *dans le nouveau monde, le faux Zeus-Lucifer* ***optera pour nouvelle stratégie de susciter parmi ses fils par initiation****, qui sont en réalité les enfants des autres anges avec les filles humaines,* ***des héros demi-dieux qui feraient des exploits,*** *et amèneraient la Grèce antique à avoir une* ***haute admiration*** *pour ceux-ci, et* ***à rechercher à les imiter****, en suivant le chemin initiatique qu'ils ont emprunté.*

*Zeus emmènerait ces demi dieux à devenir des héros, en les aidant à réaliser des exploits, pour qu'ils soient admirés, et* ***lui-même serait vu comme le maitre de***

***l'histoire**. Ces demi-dieux héros seraient des promoteurs parmi les mortels des ordres, cultes d'adoration, et rituels d'initiation, et du comment devenir des protégés des faux dieux, en particulier du faux Zeus. Ainsi, au travers de l'admiration des héros demi-dieux, nombreux sont ceux qui viendraient à choisir la voie de l'initiation.*

*Ainsi, l'influence des héros demi dieux, par leurs nombreux exploits, leur actions héroïques, **ne seraient plus imputés à leur propre force**, mais à la raison qu'ils sont des initiés de Zeus ; Et cette ruse du faux Zeus, Hermès Lucifer, **sera la caractéristique majeure du 4ème âge**, qui serait par conséquent appelé **l'âge d'airain**, du nom d'un métal obtenu à partir d'un mélange ( un alliage entre deux métaux différents ).*

***Et, comme l'airain** est un métal bien plus dur que le fer et le bronze, **de même ces héros seraient vus comme les plus forts sur la terre**. force qu'il auraient obtenu par un passage par le feu de l'initiation, comme l'airain passe par le feu pour s'obtenir.*

*Ce **4ème âge fut donc une fois de plus, un âge du règne des hybrides**, c'est-à-dire du mélange de deux races, angélique et humaine, comme les hybrides atlantes de l'ancien monde, voici désormais les hybrides du nouveau monde. **Et les humains, ne serait durant ce 4ème âge que de simples figurants dans l'histoire***

*Les héros demi-dieux, dotée de capacités extraordinaires devinrent fameux dans l'antiquité ; Eux, dont le père par initiation est le faux-Zeus usurpateur, Poséidon Lucifer, ou Hermès-Lucifer.*

*Ces héros demi-dieux reçurent de **leur père par initiation,** la transmission de bien des secrets, et des pouvoirs afin de dynamiser leur force, et de triompher des épreuves, des guerres, et des monstres.*

*Mais, **un 5ème âge allait arriver dans cette nouvelle humanité adamique**, après celui des héros demi-dieux, qui sera l'**âge des hommes, tel qu'**Hésiode lui-même le définit, lui qui découpe toute la mythologie grecque en 5 âges. Ce **5ème âge**, appartient à une antiquité plus récente, à laquelle appartient Hésiode lui-même, et les poètes grecs auteurs des récits de la mythologie grecque.*

*En observant ce découpage en cinq âges de la mythologie grecque, fait par le poète grec Hésiode, il apparait **deux temps des demi-dieux**, qui sont **deux temps du règne des hybrides sur la terre.***

*- Un âge des demi-dieux appartenant à l'ancien monde pré adamique, qui est le 3ème âge, ou âge d'airain, qui est **l'âge des rois atlantes ;***

*- un autre âge des demi-dieux appartenant au nouveau monde, durant l'antiquité qui est le 4ème âge,* ***l'âge des héros :***

***Les grecs reconnaissent que Les hommes de l'Age d'airain, robustes comme le chêne, ne se plaisaient qu'aux injures et aux travaux d'Arès.***

*Cela signifie que les hommes sont présents durant l'âge d'airain, mais ne sont relégués qu'à une soumission au dieux anges qu'ils servent.*

## • *Le faux Zeus voulant rester maitre de l'histoire*

*Lors de la nouvelle création, qui verra l'humanité adamique, le faux-Zeus, va employer une ruse nouvelle, sachant que le véritable Zeus, Jésus Christ,* ***a résolu d'effacer la trace de sa race,*** *celle des demi-dieux atlantes, avec des millénaires d'histoire dans l'ancien monde. Cette race appelée la race des méchants en Esaïe 14, ne parviendra pas à laisser d'archives, car le vrai Zeus, proclamera que* ***la gloire que Poséidon, le faux Zeus aura tant recherchée, sera réservée aux vivants, c'est-à-dire aux hommes.***

*Le faux Zeus comprenant* ***que tout mensonge, pour s'étaler dans la durée,*** *doit rapporter en même temps* ***ses parts de vérité****, comme nous l'avons vu au travers de multiples inversions de sens, et cryptages par le symbolisme et paraboles, ont servi à codifier la vérité,* ***en racontant l'histoire comme s'il s'agissait d'un mensonge, en en faisant que tout soit appeler mythologie.***

*Et, puisque ce faux Zeus a toujours poursuivi l'objectif* ***d'avoir toute la gloire et la renommée pour lui sur toute la terre****, en étant au cœur des chants et récits des hommes, et hauts faits de l'histoire, il va rechercher désormais à être présent dans les récits des héros, en ayant la paternité des demi-dieux héros du nouveau monde.*

## • *Les héros de l'argonaute*

*Le demi-dieu héros Jason, va se mettre* ***en quête de la toison d'or*** *qui lui permettra* ***de retrouver la royauté****, avec une cinquantaine de héros qui l'accompagnent à bord du bateau Argonaute :*

- ***Jason*** *fils d'Eson roi de Iolos cher des argonautes envoyé par son oncle Pelias pour chercher la toison*

- ***Argos*** *: le fils de Phrixos et constructeur du navire ;*
- ***Acaste*** *: le fils de Pélias, qui avait accompagné son cousin Jason, contrairement aux ordres de son père ;*
- ***Héraclès*** *fils de Zeus et de Alcmène,*
- ***Periclyménos:*** *fils de Nélée ;*
- ***Orphée***, ,
- ***Astérios:*** *(ou Astérion), fils de Cométès ;*
- ***Polyphème:*** *le Lapithe , fils d'Elatos qui recherchait*
- ***Hylas*** *entrainé par les nymphes jusqu'à se noyer ;*
- ***Pyphys*** *pilote de l'argo,*
- ***calaîs*** *fils de* **Borée** *frère de Zétes,*
- ***Castor*** *frère d'Hélène, jumeau de Pollux,*
- ***Atalante*** *l'unique femme, célèbre chasseresse.*
- ***Orphée*** *: le héros poète,*
- ***Patrocle*** *: un participant de la guerre de Troie grand ami d'Achille,*
- ***Pelée*** *fils de d'Eaque et père d'Achille second chef des myrmidons,*
- ***Pollux*** *très d'Hélène et jumeau de Castor,*
- ***Télamon*** *fils d'Eaque frère de Pélée,*
- ***Zétès*** *fils de Borée frère de Calais.*
- ***Tiphys*** *:* ***le pilote Admète****, le fis de Phèrés ;*
- ***Caenée:*** *ou encore son fils Coronos ;*
- ***Eurytos:*** *fils d'Hermès, et (chez Appolonios) son frère Echion ;*
- ***Augias:*** *fils d'Helios, et roi d'Elide, frère d'Aeetès, qui participa à l'expédition poussé, par le désir de voir son frère, qu'il ne connaissait pas ;*
- ***Céphée*** *: fils d'Aléos, et (chez Appolonios seulement), son frère Amphidamas*
- ***Palaemonios:*** *fils d'Héphaïstos, ou d'Aetolos ;*
- ***Euphémos:*** *fils de Poséidon ;*
- ***Pelée*** *et son frère* ***Télamon****, tous deux fils d'Eaque ;*
- ***Iphitos:*** *fils de Naubolos ;*
- ***Poeas****, le père de Philoctète. Celui-ci est mentionné par Valérius Flaccus et Hygin.*
- ***Iphiclos,*** *le fils de Thestios et son neveu Méléagre ;*
- ***Boutè:*** *le fils de Téléon et (chez Appolonios seulement) le fils d'un autre Téléon, Eribotès. ( Appolodore et Appolonios s'accordent à nommer Héraclès dont le nom est attaché à un épisode de la navigation,*

*l'enlèvement d'Hylas, mais à propos duquel la tradition est loin d'être unanime)*

- ***Ancée:*** *fils de Lycurgue.*
- ***Médée :*** *Et de retour s'ajouta dans l'équipage*

*D'autres héros vont suivre tels que :*

- ***Bellérophon*** *: dont la paternité est également contestée*
- ***Dédale et Icare :***
- ***Tantale :***
- ***Thésée :*** *et sa naissance, fondateur et roi de la ville d'Athènes, il tue Périclès, Procuste, Sciron,* ***Cercyon****, et* ***Sinis****, brigands qui s'en prennent aux voyageurs, puis débarrasse la région de Crommyon d'une laie qui ravage les cultures et tue des hommes. Tue le* ***minotaure*** *et* ***le centaure****.*
- ***Cizyle*** *: le dernier des héros*

***Après cette antiquité lointaine****, arrivera un autre temps qui va concerner* ***les héros d'une antiquité plus récente.***

- ## *Une antiquité plus récente : héros de l'Iliade et l'Odyssée*

*D'autres héros vont devenir célèbres dans* ***une antiquité plus récente****. Il s'agit des héros, fils et filles des anges-dieux qui s'unirent aux filles de la descendance adamique.*

*La guerre de Troie va également se dérouler dans le 4ème âge de la mythologie grecque, guerre dont la victoire des grecs va mettre fin à cet âge tragique. Cette guerre donc la cause est* ***un concours pour déterminer la plus belle entre trois déesses : Héra, Athéna et Aphrodite****, et dont le choix d'un homme désigné à cet effet, le prince Paris, va se porter sur* ***la déesse de l'amour ; la déesse Aphrodite****.*

***Aphrodite*** *qui promit au jeune Paris, l'amour de la plus belle femme du monde : la nymphe Hélène. Cela révèle au passage que l'homme n'est pas sage, ni futé, puisque s'il avait choisi les autres déesses : Athéna, ( déesse de la guerre), ou Héra ( déesse qui a pour attributs le diadème royal et le sceptre de royauté ), Paris aurait toujours pu obtenir la plus belle des femmes. Maintenant, c'est la guerre que celui-ci allait causer avec ce choix loin d'être sage.*

*Le prince Paris a choisi de désigner Aphrodite, parce qu'elle lui promit d'obtenir la plus belle des femmes. Or, celle-ci fut déjà mariée à un roi, qui avait l'engagement de tous les rois de Grèce, de le soutenir au cas où son union avec la belle Hélène était compromise.*

*Au cours de cette guerre,* **deux camps de héros demi-dieux** *vont s'affronter, appuyés des dieux dont il nous faut comprendre le pourquoi de leur positionnement dans le conflit.*

- ***Le camp des héros de spartes** :*

*Ces héros sont :*

- **Achille** *(chef des myrmidons ) ;*
- **Ménélas** *( roi de Spartes )*
- **Agamemnon** *(roi de Mycènes, commandant des achéens) ;*
- **Ajax le grand** *(roi de Salamine) ;*
- **Ajax le Petit** *(roi de Locre) ;*
- **Antiloque** *(fils de Nestor) ;*
- **Calchas** *( le devin) ;*
- **Diomède** *(roi d'Argos) ;*
- **Idoménée** *( roi de Crète ;*
- **Iphigénie (***Fille d'Agamemnon) ;*
- **Machaon** *(roi de Trica) ;*
- **Mérion** *( second d'Idoménée) ;*
- **Nestor** *(roi de Pylos)*
- **Palamède** *(roi de l'Eubée);*
- **Patrocle** *(Ami d'Achille) ;*
- **Teucer** *( Frère d'Ajax le Grand) ;*
- **Ulysse** *(Roi d'Ithaque).*

*Ensuite les dieux et déesses qui soutiennent ces héros de spartes sont :*

- **Athéna,**
- **Héra,**
- **Téthys**

*- **Héphaïstos** qui forgea l'armure du héros grec Achille*

*- **Arès** qui regardait le chemin emprunté par le prince Paris et Hélène de Spartes dans leur fuite.*

***Quant au dieu Hadès,** il est en faveur des deux camps puisque son objectif est toujours d'avoir le plus de morts possibles pour agrandir son royaume.*

*Dans la guerre qui va marquer cette époque, l'intervention des dieux derrière chaque camp de héros, permet aux dieux, **d'être toujours présents dans l'histoire**, **chose à laquelle les dieux sont très attachés**, et qui renforce leur réputation, car dans le nouveau monde, où ils ne peuvent apparaitre physiquement, **ils tiennent néanmoins à montrer qu'ils n'ont guère disparu depuis la fin de l'ancien monde pré adamique, et sont agissant derrière les héros notamment.***

*Ceux qui vont s'affronter dans cette guerre de Troie, sont d'une part, les anges dieux qui voulaient dominer l'ancien monde, **soutien de l'Atlantide** ( mené par **Poséidon, le faux Zeus**, et **Apollon** son principal allié, ainsi qu'**Aphrodite**, personnifiant la beauté des nymphes ), contre ceux d'autre part le camps des dieux Hecatonchires de Grèce qui avaient vaincu l'Atlantide et tué Poséidon ( ce sont **Arès** le dieu de la guerre, et **Héphaïstos** dieu forge, ainsi qu'**Athéna** quoique simple personnification de l'art de la guerre ).*

*Dans cette optique, il est logique de penser que les dieux **Arès** et **Héphaïstos sont les deux anges à la tête des 200 anges qui descendirent sur la terre en Genèse 6 :1-4**, c'est à dire **Samyaza** et **Azaziel** dont parle le livre d'Hénoch, riche d'indices permettant d'établir **qu'ils sont revenus** dans le nouveau monde, sur terre, pour se doter d'une race de héros, comme l'avaient fait Poséidon dans l'Atlantide et et Apollon dans le royaume d'Hyperborée :*

**" *Azaziel* enseigna encore aux hommes à faire des épées, des couteaux, des boucliers, des cuirasses et des miroirs ; il leur apprit la fabrication des bracelets et des ornements, l'usage de la peinture, l'art de se peindre les sourcils, d'employer les pierres précieuses, et toutes espèces de teintures, de sorte que le monde fut corrompu. L'impiété s'accrut ; la fornication se multiplia, les créatures transgressèrent et corrompirent toutes leurs voies "** *( chapitre 8 :1-2 ).*

***L'ange Azaziel,** dans ce passage du livre d'Hénoch, à un lien s'agissant de son activité, **avec le dieu grec Héphaïstos,** dieu grec forge de toutes sortes d'armes,* *et qui dans l'ancien monde, qui avait attaqué et vaincu l'Atlantide, au côté du dieu Arès, dieu de la guerre. Cet ange, Azaziel est descendu sur la terre dans le nouveau monde adamique, pour s'unir aux filles descendant d'Adam, et avoir avec celles-ci, des fils, demi dieux, et leur apprendre,* **cet art dont il était le dieu sur terre : celui de forger les armes**.

**Et l'ange Samyaza**, *a lui aussi, un lien qu'il est aisé d'établir* **avec le dieu Arès**, *par son activité et son rang parmi les autres anges ; car il est manifestement un chef d'armée, à la tête des armées d'hécatonchires de la Grèce pré adamique. Et il est logique de penser que lui aussi est descendu sur la terre dans le nouveau monde adamique, pour s'unir aux filles descendant d'Adam, et engendrer des fils que seraient des héros.*

**" Alors Samyaza leur chef leur dit : je crains bien que vous ne puissiez accomplir votre dessein "** *( Enoch Chapitre 6:3 ).*

**" Samyaza aussi a enseigné aux hommes la sorcellerie, lui que tu avais placé au-dessus de tous ses compagnons "** *( Enoch chapitre 9:6 ).*

**" Voici le nom de leurs chefs; Samyaza, leur chef, Urakabarameel, Akibeel, Tamiel, Ramuel, Danel, Azkeel, Sarakmyal, Asael, Armers, Batraal, Anane, Zavebe, Samsavel, Ertael, Turel, Yomyael, Arazeal. Tels furent les chefs de ces deux cents anges ; et le reste étaient tous avec eux "** *( Chapitre 7:6 ).*

**" Voici le nom des coupables: le 1er de tous Samyaza, le 2ème Arstikifâ, le 3ème Armen, le 4ème Kakabâel, le 5ème Tur-êl, le 6ème Rumiât, le 7ème Dan-el, le 8ème Nukael, le 9ème Barûq-el, le 10ème Azaz-êl, le 11ème Armers, le 12ème Batar-iâl, le 13ème Basasaël, le 14ème Auân-êl, le 15ème Tur-iâl, le 16ème Simâtisiêl, le 17ème Letar-êl, le 18ème Tumâël, le 19ème Tar-êl, le 20ème, le 21ème Izézéel. Tels sont les noms des princes des anges coupables. Voici maintenant les noms des chefs de leurs centaines, de leurs cinquantaines et de leurs dizaines"** *( chap 68 : 2 ).*

**Samyaza**, *nous l'observons dans ce passage du livre d'Enoch, a toutes les caractéristiques du* **dieu grec Arès**, *car on voit qu'il est* **le chef d'une unité d'élite armée de 200 soldats d'anges**, *puisqu'on décrit sous son commandement, des chefs de centaines, de cinquantaines, et de dizaines.* **Cela fait de lui un général d'armée, comme le dieu grec Arès**, *car il s'agit du même ange pour ne pas dire du même dieu dans la bible et la mythologie grecque.*

*En effet, l'Eternel a élevé cet ange* ***Samyaza****, au-dessus de tous les soldats. Ce qui montre qu'il est bien* ***un ange de guerre****. Car en réalité, c'est lui qui menait les armées d'anges hécatonchires de la Grèce pré adamique contre l'Atlantide dans l'ancien monde.* ***C'est pour ce passé élogieux qu'il a été fait chef de guerre****. Cependant, on lit qu'il apprit aux hommes* ***la sorcellerie****, sans comprendre quel est le lien de* ***cette sorcellerie*** *avec l'armée et la guerre. Il est logique de penser que Samyaza avait reçu des secrets en devenant un ange méritant dans l'armée de l'Eternel au ciel, secrets qui accrurent ses capacités dans la guerre.*

*N'est-il pas tout à fait logique que ces deux anges, ou ces deux dieux,* ***Arès*** *et* ***Héphaïstos****, l'un le plus grand guerrier, et l'autre pour forger des armes, aillent ensemble ? Car toutes guerres emploient inévitablement des armes. On comprend pourquoi aussi ces deux dieux, soient dans le camps grec avec* ***Athéna****, comme des destructeurs qui s'opposent au constructeurs ;* ***Poséidon*** *et* ***Apollon*** *et* ***Aphrodite.***

*De plus, un détail dans la langue française est très révélateur, c'est que pour arrêter un criminel, on emploie le mot* ***arrestation,*** *mot qui tire sa racine* ***du nom Arès****, comme pour insinuer le fait que le dieu Arès est celui qui avait arrêté les conquêtes atlantes dans l'ancien monde.*

**Le héros Ulysse ou Odyssée :** *il est l'un des derniers héros dont on parle après la guerre de Troie. En effet, le faux Zeus, désireux de montrer qu'il est maitre de l'histoire, va intervenir dans le récit de l'Odyssée, Ulysse, notamment, pour permettre à celui-ci une fois la terrible guerre de Troie achevée, de revenir auprès de sa femme* ***Pénélope****, et montrer par là qu'il* ***décide du sort et de la destinée des héros****.*

*L'intervention du faux Zeus, qui envoie Hermès pour secourir Ulysse, va viser à amener tant des demi dieux que les humains, que les dieux ( anges ), sont autant maitre du destin des héros que des humains ; Et que* ***ces derniers doivent recourir à eux, et les honorer par des sacrifices, et en cherchant à se faire initier par voie de rituels initiatiques, pour devenir leurs protégés, s'ils veulent être heureux****.*

*Ainsi, le succès final des héros, est décidé par les dieux en tête desquels le faux Zeus. Ce qui le met Zeus au cœur de toute l'histoire de la mythologie grecque, à travers les prouesses des héros, et même celles des humains qui ont recours à eux.*

***Hermès** qui n'est autre que le faux Zeus, intervient en faveur d'Ulysse sur le chemin du retour vers sa femme, pour le délivrer **de la nymphe Calypso.** Et, **Athéna, personnifiant la sagesse, intervient,** elle aussi, à la fin du voyage d'Ulysse, pour montrer combien la sagesse a toujours une place prépondérante dans le succès des héros.*

*Qu'il s'agisse de l'ancien monde pré adamique, **ou les demi dieux furent de grands rois et conquerants**, ou dans le nouveau monde, en **Grèce post adamique**, où ces sont les héros qui devinrent les acteurs de l'histoire, **les dieux** n'en demeurent pas moins déterminant pour que ces héros connaissent du succès, en leur permettre d'atteindre leurs buts et leur destinée tels que voulu par leur père. De cette manière, les dieux doivent être vus et craints par les hommes comme étant les maitres de toute l'histoire.*

*Parmi ces dieux, figurent ceux qui autrefois, avaient habité le territoire de la Grèce avant la destruction de l'ancien monde, et qui étaient revenus là, sans doute nostalgiques de leur passé sur la terre. Ils ont cherché à ressusciter leur gloire passée en permettant **à leur fils, héros néphilim, d'occuper ces mêmes territoires de Grèce.** Et, cela n'a été rendu possible que parce qu'Adam, pourtant nouveau maitre du monde, ait concédé son autorité au faux Zeus par sa désobéissance dans le jardin d'Eden de la genèse biblique.*

*Des déesses telles que Déméter, Perséphone, Artémis, et Hestia, sont peu présentes dans le récit de l'Iliade et de l'Odysée, ce qui se comprend par le fait qu'elles personnifient les éléments de la nature, des saisons, ou des activités sur terre, font qu'elles ont perdu de l'intérêt dans un monde où c'est la guerre qui concentre toute l'attention dans les légendes. En revanche, dans la bible d'autres divinités paraissent avoir pris leur place telle que **Diane la d'Ephèse, reine du ciel.***

***" Cependant le secrétaire, ayant apaisé la foule, dit : Hommes Ephésiens, quel est celui qui ignore que la ville d'Ephèse est la gardienne du temple de la grande Diane et de son simulacre tombé du ciel** ? " ( Actes 19:35) ; **" Ces paroles les ayant remplis de colère, ils se mirent à crier : Grande est la Diane des Ephésiens !** (Actes 19:28 ) **" ; " Un nommé Démétrius, orfèvre, fabriquait en argent des temples de Diane, et procurait à ses ouvriers un gain considérable** ( Actes 19:24 )**" ; Le danger qui en résulte, ce n'est pas seulement que notre industrie ne tombe en discrédit; c'est encore que le temple de la grande déesse Diane ne soit tenu pour rien, et même que la majesté de celle qui est révérée dans toute l'Asie et dans le monde entier ne soit réduite à néant** ( Actes 19:27) **"***

- **Le camp des héros de Troie :**

*Le camp de Troie comprend les héros demi-dieux tels que :*

- **Priam et Hécube** *( roi et reine de Troie ) ;*
- **Pâris** *( fils de Priam) ;*
- **Hélène** *(Femme de Ménélas, enlevée par Pâris) ;*
- **Hector** *( fils de Priam, commandant des troyens );*
- **Andromaque** *(Femme d'Hector) ;*
- **Cassandre** *( fille de Priam, prêtresse d'Athéna) ;*
- **Deiphobe** *( fils de Priam; Hélénos Fils de Priam) ;*
- **Anténor** *( prince troyen) ;*
- **Briséis** *(reine de Lyrnessos);*
- **Chryséis** *(fille du prêtre d'Apollon Chrysès) ;*
- **Enée** *(fils d'Aphrodite, chef des dardaniens);*
- **Glaucos** *(second de Sarpédos) ;*
- **Pandaros** *(Chef des guerriers de Zélée) ;*
- **Sarpédon** *(fils de Zeus, chef des lyciens) ;*
- **Théano** *(femme d'Anténor, grande prêtresse d'Héra) ;*

*Ces héros troyens sont* **soutenus par les dieux tels que** *:*

- **Apollon**
- **Poséidon,**
- **Aphrodite**
- **Le faux Zeus**

**Apollon et Poséidon**, *sont au côté de Trois, parce que dit-on qu''ils sont* **les bâtisseurs de cette cité, et de sa muraille imprenable**, *alors qu'ils étaient* **punis par le vrai Zeus** *( voici donc deux dieux qui furent alliés depuis le 3ème âge de l'ancien monde contre les anges de Grèce ) ;* **Aphrodite** *( qui soutien le prince Paris qui l'a choisi comme la plus belle des déesses ) ; et* **le faux Zeus**, *qui en réalité ne peut être qu'en opposition aux fils d'Arès et ses anges hécatonchires qui l'ont combattu, lui et son peuple, les Atlantes, et qui l'on percé de coups, mettant à mort son corps physique, qui lui permettait de s'incarner en chair sur la terre.*

***On apprend que Poséidon et Apollon sont les bâtisseurs de la cité de Troie**, et qu'ils la bâtirent lorsqu'ils furent tout deux punis par Zeus. Or le fait qu'ils aient été punis en même temps, témoigne ici qu'ils ont participé ensemble à un outrage envers le vrai Zeus, Lequel outrage ? Il s'agit là d'une séquence du 3ème âge grec dans l'ancien monde, où ils furent alliés pour appuyer des guerres de conquêtes atlantes, notamment contre l'empire de Mû, et les peuples d'anges habitant la Grèce pré adamique à la fin de l'ancien monde.*

***Hadès est neutre dans la guerre de Troie** : car il profite **des nombreux morts** de cette guerre, qui rejoignent son royaume, le royaume des enfers.*

*Au final, **le père initiatique de tous ces héros troyens et spartiates,** est le faux Zeus, comme il est le père initiatique **des 50 héros argonautes,** quoi qu'il ne soit pas **leur père géniteur**, car à partir de la nouvelle humanité adamique, Poséidon Lucifer, le faux Zeus, **ne pouvant plus s'incarner en chair et engendrer des fils de sang avec une femme**, il usurpe la paternité à d'autres anges qui peuvent encore s'incarner en chair, ayant su conserver leur corps physique à la fin de l'ancien monde.*

*Ce sont tous ces demi-dieux, fils et filles des autres anges, que le faux Zeus prendra par **une adoption occulte, par rite de consécration, ou par rite d'initiation,** ce qui lui confèrera sur eux finalement, tous les droits d'un père géniteur.*

***Nous avons vu l'exemple patent des 3 héros : Persée, Héraclès** et **Thésée**, pour lesquels la paternité a été volée après une union sexuelle entre leurs vrais géniteurs. Cela va être le cas de plusieurs demi-dieux avant leur naissance, ou dès leur naissance, ou encore par initiation peu après leur naissance.*

***Un autre exemple est celui du géant cyclope Polyphème** : il n'est pas le fils biologique de Poséidon, mais celui d'un autre ange cyclope. Mais il est logique de penser qu'il est devenu le fils de Poséidon, par voie de consécration, ou par voie initiatique ( on ne le dit certes pas, mais à partir des premiers héros nous devons comprendre ce principe ). Si le rituel d'adoption occulte ou magique est fait, le demi-dieu géant devient dès lors le protégé de Poséidon. Et, c'est **ce type de paternité** obtenue de manière occulte, que Jésus appliqua aux pharisiens qui le combattaient en leur disant :*

***" vous avez pour père le diable, et vous voulez accomplir ses dessins, il a été meurtrier dès le commencement ...** ( Jean 8:44 ).*

## • D'autres intervenants peu après la guerre de Troie.

*Il s'agit des nymphes, des monstres qui vont faire parler d'eux dans la mythologie grecque après la guerre de Troie, notamment sur le chemin du retour d'Ulysse dans sa patrie :*

***La nymphe Calypso :*** *En effet, Calypso va recueillir Ulysse à la suite d'un naufrage, et elle tombe éperdument amoureuse de lui. Elle va réussir à le retenir sur son île pendant sept ans, lui promettant de lui offrir même l'immortalité s'il consent à rester près d'elle. Mais Zeus prend pitié en écoutant sa fille Athéna et envoie Hermès son fils lui donner l'ordre de relâcher Ulysse. Calypso le laisse partir et achever son retour.*

***Circé*** *: c'est une nymphe, une hybride, dotée du pouvoir magique de métamorphoser des êtres. Elle va transformer tous les compagnons d'Ulysse en porcs, et va convaincre le héros de passer un an d'amour avec elle, après quoi elle libérera ses compagnons.*

**Les sirènes :** *il s'agit d'êtres mi femmes mi oiseaux, génétiquement conçues dans l'ancien monde par Poséidon-Lucifer, et qui ne vivent dans le nouveau monde qu'à l'état spirituel, comme des esprits génies, et occupant certains lieux, pouvant tuer des hommes qui tentent de passer par là : d'abord en produisant des chants séduisants pour les attirer de manière irrésistibles, et ensuite en les frappants mortellement ;*

**Les monstres de la mythologie grecque** *: ceux que nous avons vus précédemment (* **Échidna, l'Hydre d'Helmes, Charybde** *et* **Scylla, Cerbère**...*) sont présents dans l'antiquité* **de manière invisible**, *face aux héros, puisque ces monstres furent tués depuis la fin de l'ancien monde, par le vrai Zeus, Jésus Christ lorsqu'il détruisit l'Atlantide.*

*Dans le nouveau monde, ces monstres peuvent encore* **agir en esprit**, *c'est-à-dire de manière invisible,* **derrière des phénomènes naturels** *tels que* **des tourbillons marins** *qu'ils provoquent au moyen de leurs pouvoirs magiques.*

*La bible montre que de tels monstres ont bel et bien existé et existent encore aujourd'hui, et atteste de ce que l'Eternel, le vrai Zeus, a tué de nombreux parmi eux :*

***" Tu as fendu la mer par ta puissance, Tu as brisé les têtes des monstres sur les eaux "*** *( Psaumes 74:13 )*

***<u>Ces monstres tués par</u> <u>le vrai Zeus, l'Eternel</u>*** *: montrent ce qui arriva dans l'ancien monde pré adamique, où ils furent créés par Poséidon-Lucifer, le dieu des mers. Nombreux parmi ces monstres furent tués, et certains enfermés, puisqu'un verset va montrer que l'Eternel les tuera dans le futur. Il s'agit sans doute des derniers parmi eux, qui sont donc encore vivant actuellement d'après la bible :*

***" En ce jour, l'Eternel frappera de sa dure, grande et forte épée Le Léviathan, Serpent fuyard, Le Léviathan, serpent tortueux ; Et il tuera le monstre qui est dans la mer (*** *Esaïe 27:1)* ***"***

***<u>Ce monstre dans la mer</u>*** *: continue donc d'exister physiquement, car on dit qu'il ne sera tué par le vrai Zeus, que dans des temps futurs. Il se trouve donc actuellement enfermé au fond de la mer.*

***" Suis-je une mer, ou un monstre marin, Pour que tu établisses des gardes autour de moi ? "*** *( Job 7:12 )*

*Voici ce monstre de l'ancien monde dont la prophétie parle,* ***enfermé dans les profondeurs sous-marines*** *avec des gardes ; des profondeurs sous-marines desquelles il sortira pour être tués à la fin des temps.*

***<u>Tous ces monstres tués pas Zeus</u>****, tel que la bible l'évoque, apparaissent dans les récits de la mythologie lors du nouveau monde, qu'en agissant depuis l'invisible, puisqu'ayant* ***prit possession de certains lieux****, ils hantent ces endroits. La mythologie grecque montre certes qu'ils ont une influence, mais nous devons comprendre que leur passé est bien plus ancien que l'antiquité du nouveau monde, notamment qu'ils proviennent de l'ancien monde où ils ont vu le jour.*

***<u>Mais comment ces monstres sont-ils dotés d'esprits</u>*** *? puisque les animaux n'ont pas d'esprit, pour exister spirituellement jusqu'à nos jours ? Il faut dire que d'après la mythologie grecque* ***tous ces monstres descendent génétiquement d'Echidna****, qui est la mère des monstres, et qui est mi femme, mi serpent. Elle a donc emprunté un ADN humain, qui lui permet d'avoir un esprit, ainsi que tous les monstres qui vont descendre d'elles : ils recevront un esprit par le fait qu'un ADN humain a servi a leur conception par des manipulations génétiques, notamment par Poséidon-Lucifer, ou Zeus Lucifer.*

*<u>**Un vaste océan caché dans l'écorce terrestre**</u> : il a été découvert par des scientifiques, un océan caché, tout à fait autre que les océans que nous connaissons déjà. Et cela explique notamment d'où sortirent les eaux souterraines du déluge de Noé ; Eaux qui permirent à ce déluge d'atteindre les hauteurs des montagnes terrestre (Genèse 7:10-11). C'est sans doute dans cet océan caché que se trouvent encore enfermés certains de ces monstres.*

## • <u>Le faux Zeus usant des forces contradictoires et antagonistes</u>

*Sans les monstres de la mythologie grecque, il faut dire que les héros ne peuvent être vus comme des êtres exceptionnels. Si le faux Zeus, voulait montrer combien ses fils furent vaillants, et combien ils triomphaient des dangers, il fallut les amener dans des confrontations avec des monstres conçus génétiquement par sa science génétique et alchimique, et qu'il allait pouvoir maitriser parfaitement ;*

*Dès lors, le faux Zeus pouvait assurer à ses fils, les héros demi dieux, de pouvoir triompher de ces monstres, à partir de l'instant où ils furent initiés à son culte.*

*Le faux Zeus donne aux demi dieux du nouveau monde, dès lors qu'ils sont initiés, les moyens de triompher des monstres, par la force, ou par la ruse : chose qui participe **à sa propre gloire**, et fait entrer ces héros dans l'histoire. C'est ainsi que les dieux vont donner à leur fils héros des armes, ou des clés magiques, par lesquels ils prendront le dessus dans leurs épreuves, et face aux monstres.*

*Un exemple est celui du héros Bellérophon qui doit offrir un sacrifice à Poséidon, s'il veut parvenir à dompter le cheval Pégase, jamais monté par personne ( sauf Héraclès ). Ensuite **Bellérophon** pourra vaincre **la chimère** dont on sait qu'elle est une créature de Poséidon lui-même devenu le faux Zeus.*

*Un autre exemple est celui du héros Ulysse face à la tempête lors de son retour : celle-ci est déclenchée par Poséidon, lorsqu'Ulysse n'est plus loin de son île, Ithaque. Mais aidée d'une déesse marine du nom de Leucothée et d'Athéna, il parvient finalement à Ithaque. Et Nausicaa**,** cette princesse fut attirée vers le rivage par Athéna, pour recueillir Ulysse naufragé, et prendre soin de lui.*

- **Au final, deux âges des demi-dieux chez les grecs**

*En définitive, il nous faut comprendre qu'il y'a* ***deux âges de demi dieux*** *dans la mythologie grecque ;* ***les demi dieux-rois*** *conquérants atlantes du 3ème âge des temps pré adamiques, et des* ***demi-dieux héros*** *du 4ème âge, des temps post adamiques c'est-à-dire l'antiquité depuis 6.000 ans.*

## Chapitre 14
## Homère : une antiquité plus récente de la mythologie grecque

*C'est le poète Homère qui nous a conduit dans le récit des héros de la mythologie grecque appartenant à* ***une antiquité plus récente****.*

*Cette antiquité plus récente, va se concentrer autour de* ***la fameuse guerre de Troie****, alors que nous nous trouvons toujours dans le 4ème âge, un âge lui aussi dévolu aux demi-dieux.*

*A cette époque, plusieurs groupes d'anges sont déjà descendus sur la terre, pour s'unir aux filles adamiques tel qu'en Genèse 6 :1-4, avant le déluge de Noé.*

*Mais, d'autres anges vont encore descendre bien après le déluge de Noé, qui a éradiqué la présence des* ***demi dieux Néphilim*** *sur la terre, parmi les humains. Et une autre fois encore, ils vont se rependre sur la terre, notamment sur les terres de Grèce, là où habitèrent dans l'ancien monde, leur père au 3ème âge.*

*C'est ainsi que dans la bible, on va dénombrer* ***plusieurs demi-dieux Nephilim,*** *en dehors de ceux qui naquirent en Genèse 6 :1-4. Il va s'agir notamment des* ***Réphaïm,*** *et des* ***Anachites****, et parmi eux certains sont littéralement des géants, et d'autres des demi dieux vaillants qui seront des héros, mais aussi des nymphes hybrides dotées de pouvoirs, ou même des amazones.*

*Dans ce 4ème âge, lors d'une antiquité plus récente, alors que les dieux et les déesses de l'olympe* ***prendront part à un festin de noces entre Pelée et la nymphe Thétis*** *( parents du héros Achille), une déesse du nom d'****Eris*** *n'a pas été conviée. Celle-ci énervée, car se sentant méprisée, va se présenter à la cérémonie, et* ***va jeter une pomme d'or provenant du jardin des Hespérides****, ; Une pomme d'or qui porte l'inscription* ***" à la plus belle". Cette pomme d'or*** *va immédiatement susciter* ***une concurrence entre les trois plus belles déesses présente****s à cette fête, et qui sont :* ***Héra, Aphrodite et Athéna. Et, cette pomme d'or appelée la pomme de discorde,*** *va être la source d'une guerre qui sera la plus grande guerre de tout le récit de la mythologie grecque.*

***Les trois déesses*** *vont tout faire pour savoir laquelle d'entre elles est destiné la pomme d'or.*

Peinture d'Alexandre Barberà-Ivanoff

Peinture par Eduard Lebiedzki (1906)

Le faux Zeus à qui l'on demande de trancher pour déterminer qui est la plus belle, veux rester neutre, et, au final, c'est un demi dieu, **le prince Paris**, qui sera choisi pour déterminer la plus belle parmi les trois déesses, pour des raisons d'impartialité.

Nous l'avons dit, en avant-propos, nous n'aurons guère la prétention de parler de toute la mythologie grecque. Avec Homère, nous nous limiterons à comprendre les leçons à tirer de son récit, et voir les logiques du récit d'Homère avec la bible.

Le demi dieu Paris, fils du demi-dieu Priam roi de Troie, et de sa femme Hécube, est le premier héros demi-dieu qui va subir **l'effet terrible de la pomme d'or** lancée par la déesse Eris, car cette pomme d'or que nous savons être magique, **va pousser Paris** à être celui par qui **va déclencher la terrible guerre de Troie.**

Par cette **pomme d'or** il faut donc voir l'implication du faux Zeus qui est Poséidon, celui qui les a façonnées par l'alchimie, et a attaché à celles-ci une magie supérieure pouvant commander l'avenir. Car, ce n'est autre que Zeus-Poséidon qui a fait d'Atlas son fils, et des nymphes Hespérides, ses filles, les gardiens de ces pommes d'or. Et ces pommes qu'on trouve uniquement dans le jardin des Hespérides, que nous avons identifié comme étant l'Atlantide, le premier jardin d'Eden de la bible, où cet ange fut le gardien, attestent de ce que le faux Zeus, Poséidon-Lucifer, est implicitement derrière tout ce qui va se produire par l'effet des pommes d'or,

**Nous le redisons, l'or est le grand symbole du feu**, mais en même temps **de la lumière du soleil**, du fait que ses reflets brillent comme le soleil. **Cet or, symbole du feu du ciel,** sert aussi d'image pour **parler de connaissance suprême. L'or, symbole de lumière, de connaissance divine, et de pouvoir divin, maitrisé** par celui qui fut le premier gardien du jardin d'Eden, Prométhée Lucifer, devenu

*Poséidon-Lucifer, et plus tard Zeus-Lucifer, allait devenir la chose* ***la plus recherchée*** *des anges sur la terre.*

*L'or sert donc implicitement pour parler de* ***quête personnelle de la gloire,*** *et* ***du feu de la connaissance, du pouvoir suprême****. Et ce feu de la gloire, est exactement celui que Prométhée vola à Zeus,* ***pour se l'attribuer*** *; Une gloire qui lorsqu'elle est recherchée, ne peut l'être que par sentiment d'orgueil, et à laquelle Prométhée va désormais entreprendre* ***d'amener les autres anges,*** *ainsi que les demi dieux,* ***ceux qui sont prêt à passer par l'initiation,*** *et qui deviendront soit ses fils, soit ses protégés, ce que nous allons voir ici à travers la* ***pomme d'or*** *lancée par la déesse* ***Eris.***

*Aussi, il n'est guère étonnant qu'ayant vu la pomme d'or, les trois déesses Athéna, Aphrodite, et Héra sont* ***saisies par un désir de gloire personnelle****, et quoiqu'étant des déesses personnifications, chacune* ***d'elles doit être celle qui sera reconnue pour la plus belle****, prête à tout pour obtenir ce titre de gloire, au point de vouloir* ***corrompre*** *le prince Paris en lui promettant une contrepartie s'il désignait l'une d'elle. En cela,* ***la pomme d'or*** *nous révèle qu'elles ont été précédées dans cette attitude, par Prométhée, devenu le faux Zeus.*

***Revenons à la déesse qui a lancé cette pomme d'or, appelé pomme de la discorde,*** *nous ne cessons de dire que les pommes d'or proviennent de l'île de l'Atlantide, le premier jardin d'Eden de l'ancien monde. Ce qui le confirme une fois de plus avec la déesse ERIS, est que son nom est un code pour dire IRIS. Or, la capitale de l'Atlantide était construite en forme d'****une iris de l'œil,*** *c'est à dire en cercles concentriques, avec au centre une terre circulaire et autour des fleuves et des terres circulaires également. Le nom de la déesse* ***ERIS****, proche du mot* ***IRIS****, est un cryptage de l'organe de l'œil, qui parler de manière codée de la capitale de l'Atlantide, ressemblant à une iris d'œil, source du pouvoir des pommes d'or, pouvoir de la connaissance, procurant la gloire, l'immortalité, et permettant d'écrire la destinée des demi dieux, et des humains, s'ils sont initiés à l'ordre de la pomme d'or.*

| Décryptage par la règle de " l'à peu près" | |
|---|---|
| ERIS | IRIS ( code de l'œil ) |
| similarité des consonances | Code géographique de l'Atlantide |

**La cité de l'Atlantide bâtie comme une iris de l'œil, codifie l'Atlantide, l'origine des pommes d'or est le territoire de l'Atlantide**

**La pomme d'or** *lancée par Eris, montre donc* **l'origine profond du mal** *qui a connu sa source dans* **le feu volé par Prométhée, puis** *dompté par Poséidon et qui continuera de montrer son pouvoir symboliquement à travers les pommes d'or, ou la toison d'or.*

*Certes, pour emporter le titre de la plus belle, Aphrodite va intervenir pour pousser le prince Paris de Troie, à la choisir elle, plutôt que les autres, en lui promettant qu'il obtiendra pour femme la plus belle des mortelles. Mais, cela veut dire aussi qu'***en deuxième lieu, l'origine profond du mal est aussi le pouvoir de la beauté de la femme, et de sa séduction. Un pouvoir de la gloire, suivit d'un pouvoir de la beauté de la femme,** *deux choses au final que nous savons très liés à l'histoire de l'Atlantide.*

*Il faut aussi voir dans cette même pomme d'or, se trouve un pouvoir magique, sans doute un des plus grands, qui est le pouvoir d'écrire une destinée sur la terre, c'est-*

*à-dire le pouvoir de commander l'histoire, et même d'écrire d'avance en lettres dorées, l'ordre des évènements futurs sur la terre, et qui peut affecter les dieux, et bien plus, les demi-dieux, et certains humains.*

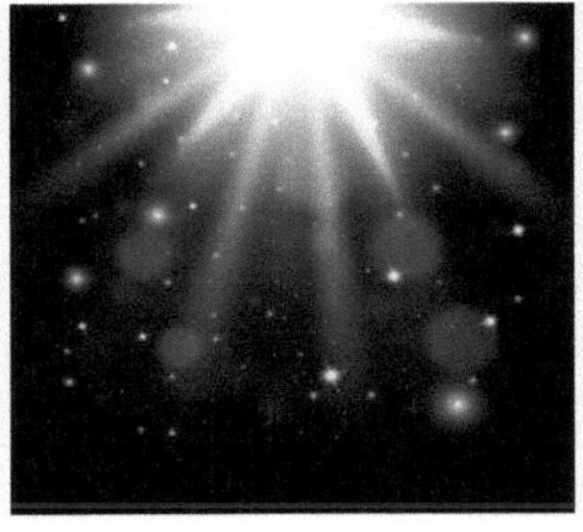

*Et, tout ce qui va découler de la pomme d'or, n'est qu'une succession de faits immoraux : d'abord Paris va prendre* ***une femme déjà mariée****, et va s'enfuir avec elle en* ***pillant les trésors de Spartes****, donc en* ***volant*** *les biens de Ménélas qui l'avait pourtant si bien accueilli, après l'avoir invité dans son palais, trahissant sa confiance au moment où celui-ci s'absenta.*

*Et, Ménélas, de retour apprendra qu'Hélène sa femme a été enlevée par Paris. Il va alors réunir tous les héros de Grèce pour aller reprendre sa femme, d'abord en essayant la voie diplomatique, mais face à l'échec de celle-ci, il n'aura d'autre solution que de recourir à la guerre.*

- ***Ménélas, Agamemnon, Achille, Ajax le petit, Patrocle*** *(ami d'Achille),* ***Ajax le grand Ulysse*** *(encore appelé* ***Odyssée****),* ***Diomède*** *(meilleur ami d'Ulysse),* ***Nestor*** *( le plus sage des Grecs) vont mobiliser des navires, et vont se lancer vers la cité de Troie. Nous l'affirmons avec conviction, tous ces héros ont existé d'après nous, tout comme la cité de Troie, qui d'ailleurs a laissé des traces que l'archéologie a mises en évidence.*

## Chapitre 15
## Le nouveau monde où Epiméthée est Adam et Pandore, Eve

*Le récit de la mythologie grecque rapporte qu'***Epiméthée est un titan,** *et qu'il est* **frère de Prométhée**. *Déjà le nom d'Epiméthée signifie* **« celui qui réfléchit après coup »,** *tandis que le nom de Prométhée signifie l'inverse :* **« celui qui réfléchit avant coup »,** *ou qui* **prévoit tout.** *Prométhée et Epiméthée sont donc manifestement par leur nom,* **l'un l'antithèse de l'autre.** *Epiméthée est de* **par son nom celui** *qui manque totalement* **de sagesse.**

*Ce que nous devons comprendre au sujet d'Epiméthée est que, puisqu'il est* **le frère** *de Prométhée,* **par inversion du sens,** *cela signifie* **qu'il n'est pas son frère, mais plutôt son ennemi,** *ou* **son adversaire**. *Ce qui confirme le fait que nous venons d'établir au regard du sens de leurs deux noms, qu'ils sont l'un, le contraire, et l'antithèse de l'autre.*

*Voici un mystère de la mythologie grecque, elle nous présente Prométhée non plus adversaire de Zeus, à qui il a pourtant dérobé le feu, mais adversaire d'un autre dieu, qui semble curieusement, un dieu dépourvu de toute sagesse.* **Qui est donc celui qui se cache derrière cet Epiméthée ?**

### Contexte de l'apparition d'Epiméthée et d'Adam

*Le récit de la mythologie grecque, nous apprend également que cet Epiméthée est le* **créateur des animaux de la terre,** *et aussi* **le créateur de l'homme**. *Mais en faisant d'***Epiméthée celui qui a créé tous les animaux,** *et par après celui qui a créé l'homme, la mythologie grecque veut nous pousser à faire un lien entre Epiméthée et deux contextes précis :* **le moment de la création des animaux**, *et* **le moment de la création du premier homme.** *Or ces deux éléments présentés comme les actions d'Epiméthée, nous donne plutôt, par un effet miroir, le contexte de l'apparition d'Epiméthée lui-même.*

*Epiméthée apparait donc lui-même, lors de ces deux créations : la création des animaux et la création du premier humain. Ce qui pour nous revient à dire qu'Epiméthée est apparu lui-même, dans un contexte de la création des animaux, et qu'il est le premier homme qui a été créé. Il subit l'action dont on nous fait penser qu'il est l'auteur. On nous dit qu'Epiméthée a créé les animaux, juste pour nous montrer dans quel contexte il apparait lui-même :* ***Epiméthée apparait lorsque la création des animaux a lieu****. Et, si l'on dit qu'Epiméthée a créé le premier homme, c'est juste une manière de nous quand il est apparu lui-même.*

*La règle de cryptage est de parler de lui comme faisant l'action de créer alors qu'il est lui-même l'objet de cette création. Epiméthée est ce premier homme qui est créé, et il est créé à la suite de la création des animaux. Et puisqu'il est appelé celui qui est sans sagesse, on finit par comprendre qu'Epiméthée est l'homme Adam de la Genèse biblique qui est* ***créé nu, et sans sagesse****, car il est* ***créé innocent****, et manque totalement de connaissance, alors que paradoxalement il est en réalité un dieu de la même stature que son adversaire Prométhée, si non plus, car Prométhée s'est donné la stature de Titan, lui qui fut à l'origine un cyclope.*

*En réalité,* ***Epiméthée est aussi la cause de la création des animaux*** *: c'est pour lui, et autour de lui et que les animaux sont créés.* ***Epiméthée est l'homme qu'il a lui-même créé,*** *ce qui se justifie par le simple fait* ***qu'on a jamais donné le nom de ce premier homme créé par lui,*** *alors qu'on donne le nom de la première femme créée qui est* ***pandore*** *; Parce que le nom du premier homme créé n'est autre qu'****Epiméthée****. Nous avons compris qu'Epiméthée est Adam.*

*Or, d'après la bible Adam a été créé un d****ieu****, car il était créé immortel, et un dieu est d'abord immortel. Et Adam fut créé à la fois immortel de corps, et immortel d'esprit ; et* ***Prométhée-Lucifer*** *qui en était bien conscient, craignit de d'approcher Adam, et voudra lui faire perdre ce statut, puisqu'étant son adversaire par le fait qu'il lui jalousa sa position. Epiméthée a pris la place de Prométhée dans le jardin d'Eden où il avait été envoyé sur la terre.*

***En effet, nulle part on ne donne le nom de l'homme créé par Epiméthée,*** *parce qu'on nous l'a déjà donné, et que c'est Epiméthée lui-même. Et si cet Epiméthée est un titan tout comme Prométhée, cela signifie que l'homme Adam a été créé dieu à l'origine, il est donc un immortel, comme l'est Epiméthée.*

*En disant qu'****Epiméthée*** *est le premier homme, et donc Adam, cela justifie qu'on lui donne le nom qui signifie* ***qui réfléchit après coup****, car il est créé* ***sans véritable sagesse,*** *tel que Adam créé* ***nu et innocent,*** *et enclin à accepter facilement et* *naïvement ce qu'on lui propose. Et cela arrivera avec pandore,* ***la femme que Zeus offrira à Epiméthée, et qui est Eve.***

*Une autre observation qu'on peut faire sur Epiméthée, ce* ***dieu sans sagesse****, est qu'il n'apparait nulle part ailleurs dans toute la mythologie grecque, qu'au moment précis de la création des animaux et du premier homme, amenant à la conclusion que* ***son histoire commence là avec l'apparition de l'homme,*** *parce qu'il est Adam ; C'est ce qu'achèvera de prouver, le fait que c'est lui, Epiméthée, qui épousera Pandore, la première femme d'après les grecs, et non pas le premier homme que créa Epiméthée.*

*A l'exemple du mot " créer " qu'on dit être l'action d'Epiméthée, on voit qu'il n'est pas son action, mais plutôt qu'il le subit lui-même, en étant l'objet de cette action. Ainsi les mots peuvent servir en mythologie, à* ***décrire de façon détournée****,* ***une réalité qui s'en approche****, ou à dire* ***à peu près ce qu'on veut cacher ;*** *Comme si la mythologie évitait qu'on soupçonne le sens exact de chacune de ses affirmations. Ainsi, en disant qu'Epiméthée a créé l'homme,* ***le narratif de la mythologie fait presqu'une diversion****, tout en voulant montrer qu'Epiméthée est celui qui apparait lors de la création de l'homme et des animaux.*

*On rapporte au sujet d'****Epiméthée, qu'après avoir créé tous les animaux, et leur avoir fait don de toutes sortes les qualités, il n'a trouvé aucune qualité pour l'homme****, si bien que l'homme se retrouva* ***nu et faible****. Or, c'est dans cet état qu'est décrit Adam dans la bible.*

*On rapporte également* ***qu'Epiméthée crée l'homme au moment où Zeus s'apprêtait à faire apparaitre la lumière****, ce qui veut dire en réalité que* ***Zeus est le véritable créateur de l'homme, et pas Epiméthée, puisque par-là*** *le vrai Créateur est mis à côté d'Epiméthée, pour être rétabli dans son rôle une fois qu'on a déclassé Epiméthée, qui n'est que le premier homme créé dans la nouvelle création. Zeus apparait là comme le créateur du feu, celui qui déclara dans la bible* ***" Que la lumière soit ".***

***Ensuite Epiméthée va accepter un cadeau que lui offrira Zeus :*** *Pandore, la première femme. Il faut entendre plutôt par-là que la femme sortira du premier homme Epiméthée-Adam. Et, un autre élément important, est que* ***ce cadeau sera porté à Epiméthée par Hermès,*** *signe que le malin* ***va entrer en jeux dans cette séquence****. Et bien que ce soit Hermès qui apporte le cadeau qu'est pandore la* *première mortelle, il l'offre* ***au nom de Zeus,*** *donc Zeus est* ***à l'origine de pandore.*** *C'est Zeus qui a créé Pandore en réalité, et non pas Hermès, ni Prométhée qui lui apportera une arme puisque l'ayant trouvé faible, un certain feu, une certaine lumière qui va faire de lui trompeusement, le sauveur de l'homme.*

***"Au nom de Zeus", Hermès offre Pandore, la première mortelle, à Epiméthée***

*( Wikipedia )*

*D'ailleurs, on peut se demander pourquoi Epiméthée reçoit de Zeus un tel présent, si ce n'est pour nous montrer toute l'importance d'Epiméthée pour Zeus, le Créateur ; Epiméthée du reste,* ***dont on entendra plus parler du tout****, ailleurs dans la mythologie grecque, sauf pour dire qu'un de ses enfants, conduira d'après les grecs au déluge en la personne de* ***Deucalion ( le survivant du Déluge*** *). Ce qui là encore, atteste d'une reconnaissance par la mythologie grecque* ***du déluge de Noé*** *dans la bible, et de la filiation de ce* ***Deucalion****-Noé avec* ***Epiméthée-Adam.***

| ***Autres cryptages dans le narratif de la Mythologie grecque*** |
|---|
| • *Dire une vérité* ***de façon incomplète*** *;*<br>• *Dire* ***à peu près*** *une vérité ; dire* ***presque*** *la vérité ; dire* ***de façon approximative****.* |
| • *Dire de façon* ***détournée****,*<br>• *Dire une vérité en y incluant* ***une diversion.***<br>• *Dire comme si c'était* ***un mensonge dans la forme.*** *Mais* ***une vérité dans le fond*** |

*C'est donc finalement à Prométhée que fut donné le rôle de donner à l'homme le chemin de la sagesse ; c'est à Prométhée que revenait d'enseigner à l'homme de ne pas prendre le fruit de l'arbre défendu du jardin d'Eden ; et ce fut à Prométhée de monter plutôt le fruit du second arbre du jardin d'Eden, celui de l'arbre de vie. Ainsi, par Prométhée l'homme serait sage. Mais Prométhée fit le contraire.*

***Ensuite Epiméthée va épouser pandore****, la première femme, et cela achève de nous convaincre qu'Epiméthée est bien Adam, car Adam prit pour femme Eve, laquelle gouttera au fruit défendu, qui entrainera tous les maux du monde. Un fruit défendu qui a produit les mêmes conséquences que* ***la boite qu'ouvrira Pandore.***

## La tentation de Pandore identique à celle d'Eve

*Cette séquence de la mythologie grecque est fort intéressante tant ses liens avec la bible sautent aux yeux. D'abord, lorsque **la première femme, Pandore** ouvre une boite faite par Zeus, qui montre déjà qu'un interdit a été placé devant la première femme par Zeus.*

*Cet interdit à Pandore, la première femme, d'ouvrir la boîte envoyée par Zeus, ne rappelle-t-il pas la genèse biblique ? **L'interdit d'ouvrir la boite** qui contient **tous les maux du monde** (vieillesse, mort, guerres, famines, maladies, sècheresses, crises de tout genre), revient **à ne pas manger du fruit de l'arbre défendu** qui ont entrainé tous les maux que connait le monde après la désobéissance de Eve, jusqu'à nos jours.*

Pandore offrant la jarre à Épiméthée (XVIe siècle).

*Le Créateur, qui est le vrai Zeus des grecs, a mis devant Eve, **la paix et les maux** à travers **l'interdit de manger du fruit** de l'arbre **défendu,** autrement dit d'ouvrir la fameuse boite de pandore.*

***De plus, quelqu'un va intervenir pour exciter la curiosité de pandore et la pousser à ouvrir la boite. Il s'agit de la personne du dieu Hermès**, autrefois le messager des dieux suprêmes, dont nous avons vu qu'il est Lucifer, le même qui fut Prométhée, le prévoyant et sage qui était devenu Poséidon, grand prêtre et gardien de l'île de l'Atlantide dans l'ancien monde, et qui finira par devenir un maitre de l'air, arrivant à imiter le vrai Zeus en se parant de quelques attributs de son Créateur.*

*C'est donc **Lucifer, sous son identité d'Hermès**, dans son attribut de **prince de l'air** ( tel qu'en Ephésiens 2:2 ), qui va entrer en scène pour exciter Pandore-Eve à braver l'interdit d'ouvrir la boite de Pandore. C'est ce Lucifer qui va entrer dans le serpent pour se présenter à Eve et la séduire afin qu'elle mange le fruit défendu.*

*Et, concordance étonnamment parfaite, ce dieu **Hermès ne possède-t-il pas deux serpents autour de son bâton appelé caducée**, pour dire qu'il avait déjà su dompter cet animal, et qu'il se servira de **la ruse** de cet animal pour emmener Eve à désobéir à l'ordre divin ? Et, Pandore ouvrant la boite offerte par Zeus, puis apportée par Hermès, pour **avoir connaissance** de son contenu, fut entrainée à gouter à une connaissance interdite.*

*Au vu de cette dernière séquence et de tout ce qui précède partant de la création du premier homme à travers Epiméthée, la conclusion est qu'à l'évidence, bible et de la mythologie grecque donnent le même récit. La bible, nous le croyons, de façon historique, et la mythologie grecque de façon allégorique.*

*La nouvelle humanité commence donc par la création d'Epiméthée-Adam et Pandore Eve, lesquels inaugurent une nouvelle humanité après la destruction de l'ancien monde corrompu par les hybrides de tout genre. Et c'est ici, avec Epiméthée-Adam et Pandore-Eve que **commence le 4ème âge de la mythologie grecque**, qui sera compté **non plus par** le poète **Hésiode**, mais par le poète **Homère**.*

# Chapitre 16

## Les deux déluges de la mythologie grecque confirment la bible

*Ayant montré comment à travers Epiméthée se révèle Adam, le premier homme de la nouvelle humanité, désormais ennemi de Prométhée, il convient de poursuivre en montrant à présent, comment la mythologie grecque révèle qu'il a existé deux déluges.*

- **Premier déluge : le déluge d'Ogygès**

*Le **déluge d'Ogygès** est, dans la mythologie grecque, le déluge cataclysmique qui termine la période primordiale de la création, ou période obscure. D'après les grecs il précède un autre déluge appelé déluge de Deucalion.*

*Déjà ici, on voit que ce déluge termine une période de la création. On est en droit de penser que cela sous-entend la création pré adamique, donc l'ancien monde.*

*Ensuite ce déluge aurait eu lieu d'après les grecs sous le règne du **roi Ogygès,** roi de Béotie. **Et ce roi aurait survécu à ce déluge,** en embarquant, avec d'autres, à bord d'un navire. Ensuite d'après les grecs ce déluge est assimilé à une crue exceptionnelle du lac Copaïs, que les récits auraient amplifiée.*

*Or, nous croyons que cette crue d'un lac, sert à **donner un écho au déluge de la fin l'ancien monde**, par ceux qui encode l'histoire ancienne, de manière que cette histoire soit sous entendue, donc sourde. Ainsi, d'après nous, ce déluge d'Ogygès, est un écho à **la grande inondation de la fin de l'ancien monde** corrompu par Poséidon-Lucifer et sa race, la race atlante. Cette innondation n'est pas systématiquement rattachée à une pluie comme le déluge de Noé , et donne ainsi **l'écho du cataclysmique marin qui mit fin à la civilisation de l'Atlantide**, et laissa place à **une période de ténèbres** de 5000 ans d'après nos recherches, avant la création du nouveau monde qui deviendrait adamique.*

*Or, nous croyons que le roi **Ogygès** sert à désigner ce déluge, et que son nom, **Ogygès,** donne sa racine au mot **"Ogive"**, qu'on emploie pour parler **d'ogive nucléaire**. Ogive qui est la partie supportant, et venant juste avant un missile,* *comme pour signifier qu'ogive vient avant* **une grande destruction.** *Ce langage provient de l'architecture, qui sert aussi de langage* **ésotérique.**

### • *Second déluge grec : le déluge de Deucalion*

**Ce déluge de Deucalion** *désigne, dans la mythologie grecque, un épisode ancien de déluge associé à son principal survivant, Deucalion. Cet événement est censé être postérieur à un autre récit grec de déluge, plus mal connu, le déluge d'Ogygès.*

*C'est le déluge qui est clairement associé à celui de Noé, car Deucalion est le descendant d'Epiméthée que nous avons identifié comme étant Adam.*

***Le déluge n'est pas attesté avant la IXe Olympique de Pindare ( poète lyric grecs du 5ème siècle avant Jésus Christ ) : Pendare sur la base duquel un certain Al. Perrault-Maynand déclarera : « Je dirai donc qu'à cette époque, un déluge engloutit la terre sous la profondeur de ses ondes ; mais que bientôt, les flots, refoulés au loin, rentrèrent dans les abîmes creusés par la puissante main de Zeus. »***

***Après Pindare, une source ancienne appelée la pyrrha d'Epipharme (aujourd'hui perdue) a vraisemblablement évoqué le déluge et l'arche qui aurait permis à Deucalion et Pyrrha d'y échapper.***

## Chapitre 17
## Gratos est l'archange Michael, jadis le héros des nations

***Dans la mythologie grecque, Gratos est connu pour être une divinité dotée de la puissance, du pouvoir, de la vigueur, de la solidité comme son nom l'indique. Fils du Titan Pallas et de Styx, il est aussi le frère de Niké ( la victoire ), Bia ( la Force ) et Zélos ( l'Ardeur), avec qui il fait partie des proches de Zeus ( bien sûr du vrai Zeus ).***

***Eschyle prête à Gratos d'avoir enchaîné Prométhée, avec l'aide de Bia et d'Héphaïstos.***

*Or, nous pensons que **pour avoir enchainé Prométhée**, il est logique de soupçonner, en la personne du dieu Gratos, l'être angélique que la bible appelle **Michael l'archange**, ce d'autant plus que nous avons identifié en ce Prométhée, la personne de Lucifer.*

*Or, que montre la bible au sujet de ce Lucifer ? C'est que symbolisé par le Dragon, il **sera enchainé par Michael à la fin du livre de l'Apocalypse** qui décrit la fin des temps. Et **cette grande chaine** dont il se saisira est **un indice majeur** qui permet le rapprochement avec Gratos, en plus du fait qu'elle servira à lier Prométhée-Lucifer.*

***" Puis je vis descendre du ciel un ange, qui avait la clef de l'abîme et une grande chaîne dans sa main "*** *( Apocalypse 20:1 )*

*De plus, la mythologie grecque attribue à Gratos bien des qualités qui font de lui **un dieu héroïque et remarquable. Les frères qu'on lui attribue, sont un moyen de décrire ses nombreuses qualités : Niké** ( la victoire ), **Bia** ( la Force ) et **Zélos** ( l'Ardeur). De plus, on dit que Gratos fait partie des proches de Zeus ( du vrai Zeus), ce qui est en concordance avec la bible, où il est l'ange qui intervient le plus pour défendre le peuple de Dieu, et l'ange le plus nommé de la bible.*

*Mais, Gratos semble curieusement peu connu des grecs. Toutefois, il va connaitre récemment un regain d'attention, avec l'adaptation cinématographique de son personnage, dans le film d'animation* ***God of War ;*** *Un film dans lequel,* ***il est un dieu de la guerre,*** *ce qui n'étonne guerre puisque la bible fait de lui le chef de toutes les armées de l'Eternel, l'Ouranos-Kronos-Zeus.*

*Or, à propos de cet archange Michael, la bible révèle sans le citer, qu'il fut autrefois,* ***un héros des nations****, et que l'ange qui s'est élevé, par son orgueil démesuré lui sera livré.*

***" C'est pourquoi ainsi parle le Seigneur, l'Eternel : Parce qu'il avait une tige élevée, Parce qu'il lançait sa cime au milieu d'épais rameaux, Et que son cœur était fier de sa hauteur, Je l'ai livré entre les mains du héros des nations, Qui le traitera selon sa méchanceté ; je l'ai chassé "*** *( Ezéchiel 31 : 10-11)*

*Cet épisode du texte d'Ezéchiel 31 sur lequel avons longuement exposé dans notre précèdent ouvrage, parle* ***du temps où Michael fut sur la terre****, dans l'ancien monde pré adamique. Ezéchiel va révéler que durant son passage sur la terre, Michael si brave qu'il accourut partout où des nations étaient menacées afin de repousser le danger.*

**Gratos et ses chaînes autour des bras et des mains.**

**Gratos, ses épées, et ses chaines aux bras**

*Dans de nombreuses nations d'anges, où l'écho d'une grande injustice se faisait entendre, où sévissait le danger parmi les peuples des âges pré adamiques, Gratos* ***voyageait pour les secourir. Et la bible témoigne qu'il a gardé son don d'incarnation en être de chair****, puisqu'il apparut physiquement à* ***Josué, sous l'apparence d'un homme*** *(en Josué 5:13-15). Et c'est sans doute ce Michael, qui, avec une force qui ne peut être que celle* ***d'un titan,*** *qui fit tomber toute la muraille de la ville de Jéricho, donnant à Israël de prendre possession de la ville.*

**" Comme Josué était près de Jéricho, il leva les yeux, et regarda. Voici, un homme se tenait debout devant lui, son épée nue dans la main. Il alla vers lui, et lui dit : Es-tu des nôtres ou de nos ennemis ? Il répondit : Non, mais je suis le chef de l'armée de l'Eternel,**

***j'arrive maintenant. Josué tomba le visage contre terre, se prosterna, et lui dit : Qu'est-ce que mon seigneur dit à son serviteur ? Et le chef de l'armée de l'Eternel dit à Josué : Ote tes souliers de tes pieds, car le lieu sur lequel tu te tiens est saint. Et Josué fit ainsi " (*** *Josué 5:13-15)*

# Chapitre 18

## *Tartare, fosse, abîme, Hadès, enfer*

*Nous abordons ici, un domaine de la mythologie grecque, où existent de façon claire des liens avec la bible. En effet, le tartare dans la mythologie grecque, est un lieu situé dans les profondeurs des enfers, où vont les grands criminels et les monstres quand ils sont tués.*

*Mais il nous faut dissocier ces deux lieux,* ***tartare*** *et* **Hadès**, *d'un autre lieu appelé* ***séjour des morts****, qui accueille tous les autres morts ayant plutôt mené une vie conforme aux principes divins.*

*La bible évoque le même lieu sous deux appellations différentes, la première appellation est* ***la fosse****, et la seconde appellation* ***l'abîme.***

- ### Le tartare est la fosse de la bible

***" Je te précipiterai avec ceux qui sont descendus dans la fosse, Vers le peuple d'autrefois, Je te placerai dans les profondeurs de la terre, Dans les solitudes éternelles, Près de ceux qui sont descendus dans la fosse, Afin que tu ne sois plus habitée; Et je réserverai la gloire pour le pays des vivants"*** *( Ezéchiel 26:20) ;*

***" Afin de garantir son âme de la fosse, et sa vie des coups du glaive*** *(Job 33:18) ;* ***" Son âme s'approche de la fosse, et sa vie des messagers de la mort "*** *(Job 33:22) ;* ***" Engloutissons-les tout vifs, comme le séjour des morts, et tout entiers, comme ceux qui descendent dans la fosse*** *(Proverbes 1:12) ;* ***" Tu m'as jeté dans une fosse profonde, Dans les ténèbres, dans les abîmes "*** *(Psaumes 88:7). ;* ***" Pour ramener son âme de la fosse, pour l'éclairer de la lumière des vivants*** *(Job 33:30) ;* ***" Ils ne vivront Pas toujours, Ils n'éviteront pas la vue de la fosse"*** *( Psaumes 49:10).*

*En méditant ces passages, il apparait que les méchants qui se détournent des voies prescrites par le Seigneur, sont envoyés dans un lieu appelé* ***la fosse****. Un lieu de ténèbres profondes.*

*La bible atteste de l'existence d'un lieu, qui correspond au tartare, et qui est appelé* ***fosse,*** *et qui renvoie à un lieu de* ***ténèbres profondes.*** *C'est là,* ***d'après la bible que furent autrefois envoyés Lucifer-Satan et ses anges****, un lieu qu'il convient* *toutefois de le distinguer de **l'Enfer,** qui fait d'avantage référence aux flammes et non au ténèbres.*

*Au tartare, lieux des ténèbres profonds, ceux qui ont péché durant leur vie, notamment envers les dieux, sont condamnés à subir des châtiments éternels. Platon fait remarquer dans son dialogue intitulé Gorgias, que* **l'on ne retrouve que des criminels et des meurtriers puissants dans le tartare**, *mais non de simples mortels, si méprisables soient-ils.*

***Pour Platon on trouve dans le tartare, ceux qui sont jugés incurables en raison de l'énormité de leurs fautes — qu'ils se soient à maintes reprises livrés à de graves pillages dans des lieux sacrés, qu'ils aient de nombreuses fois tué sans motif et au mépris de toutes les lois ou commis tout ce qu'il peut y avoir d'abominations dans cet ordre — ceux-là, le lot qu'il leur convient est d'être jetés au Tartare, d'où jamais ils ne sortent » (Phédon, 113e).***

*D'après la mythologie grecque dans le tartare sont notamment enfermés :* **Tantale**, **Sisyphe**, **Ixion**, **Tityos**, **les Danaïdes**, *les* **Titans**, *les* **Hécatonchires** *( une première fois par Ouranos, puis par son fils Cronos); Après la* **Titanomachie**, *Zeus les y renvoya mais en tant que gardiens, et les* **Aloades.**

## • Le tartare est aussi l'abîme de la bible

*L'idée que les monstres soient également enfermés dans le tartare d'après les grecs est confirmée dans la bible en Apocalypse*.

***" Le cinquième ange sonna de la trompette. Et je vis une étoile qui était tombée du ciel sur la terre. La clef du puits de l'abîme lui fut donnée, et elle ouvrit le puits de l'abîme. Et il monta du puits une fumée, comme la fumée d'une grande fournaise ; et le soleil et l'air furent obscurcis par la fumée du puits. De la fumée sortirent des sauterelles, qui se répandirent sur la terre ; et il leur fut donné un pouvoir comme le pouvoir qu'ont les scorpions de la terre. Il leur fut dit de ne point faire de mal à l'herbe de la terre, ni à aucune verdure, ni à aucun arbre, mais seulement aux hommes qui n'avaient pas le sceau de Dieu sur le front ; Ces sauterelles ressemblaient à des chevaux préparés pour combat; il y avait sur leurs têtes comme des couronnes semblables à de l'or, et leurs visages étaient comme des visages d'hommes. Elles avaient des cheveux comme des cheveux de femmes, et leurs dents étaient comme des dents de lions. Elles avaient des cuirasses comme des cuirasses de fer, et le bruit de leurs ailes était comme un bruit de chars à plusieurs chevaux qui courent au combat. Elles avaient des queues semblables à des***

**scorpions et des aiguillons, et c'est dans leurs queues qu'était le pouvoir de faire du mal aux hommes pendant cinq mois. Elles avaient sur elles comme roi l'ange de l'abîme, nommé en hébreu Abaddon, et en grec Apollyon "** *(Apocalypse 9 :1-11).*

*C'est dans le même lieu appelé abîme qu'on va voir, où sera emprisonné Prométhée-Lucifer, pour avoir mené l'humanité à la rébellion contre le vrai Zeus, Jésus Christ, et la trinité : Ouranos Chronos Zeus, l'Eternel. Ainsi sera mis fin à sa nuisance du diable.*

**" Puis je vis un Ange descendre du ciel, tenant à la main** la clef de l'Abîme *( Tartare).* **Il maîtrisa le Dragon, l'antique Serpent, — c'est le Diable, Satan — et l'enchaîna pour mille ans. Il** le jeta dans l'Abîme *( Tartare)* **".** *( Apocalypse, 20:1-3 )*

- **L'enfer de la bible, est l'Hadès de la mythologie grecque.**

*En dehors du tartare, il existe un autre lieu de châtiments et de tourments, appelé Hadès,* **et qui est le domaine du dieu Hadès**, *un lieu sous terrain protégé autour par* **un triple rempart d'airain** *autour duquel coule* **le Phlégéthon, constitué d'***un fleuve de feu* **où les âmes subissent des supplices**.

*D'après la mythologie grecque l'enfer ou Hadès est bouclé par* **une porte en fer** *fabriquée par le dieu Poséidon, ce qui confirme au passage que Poséidon forge des métaux, et rend évident qu'il soit un bâtisseur, et qu'il ait bâti la capitale de l'Atlantide, recouvrant ses murs de métaux précieux,* **d'or, d'argent,** *et d'***orichalque**.

*D'après la bible, l'Hadès ou l'enfer existe bel et bien, et il est situé dans les profondeurs enflammées de la terre, ce dont elle parle sous l'appellation de* **géhenne**, *dans les évangiles. Et c'est Jésus qui va le plus évoqué ce lieu lorsqu'il enseignait. Jésus va parler de l'enfer, bien plus d'ailleurs, que du paradis. Onze des douze occurrences du mot grec geenna, traduit par géhenne ou enfer, proviennent de Jésus. Voyons quelques-unes d'entre elles :*

**" Ne craignez pas ceux qui tuent le corps et qui ne peuvent tuer l'âme ; craignez plutôt celui qui peut faire périr l'âme et le corps dans la géhenne"** *(Matthieu 10:28).* **" Et si ton œil est pour toi une occasion de chute, arrache-le ; mieux vaut pour toi entrer dans le royaume de Dieu n'ayant qu'un œil, que d'avoir deux yeux et d'être jeté dans la géhenne, où leur ver ne meurt point, et où le feu ne s'éteint point** *(Marc 9:43-48)* **; Car, si nous péchons volontairement après avoir reçu la connaissance de la vérité, il ne reste plus de sacrifice pour les**

***péchés, mais une attente terrible du jugement et l'ardeur d'un feu qui dévorera les rebelles*** *(Hébreux 10 :26).* ***" Retirez-vous de moi, maudits ; allez dans le feu éternel qui a été préparé pour le diable et pour ses anges"*** *(Matthieu 25:41) ;* ***"Je te prie donc, père Abraham, d'envoyer Lazare dans la maison de mon père ; car j'ai cinq frères. 28 C'est pour qu'il leur atteste ces choses, afin qu'ils ne viennent pas aussi dans ce lieu de tourments*** *(Luc 16:27-31) ;* ***" Et ils les jetteront dans la fournaise ardente, où il y aura des pleurs et des grincements de dents "*** *( Matthieu 13:50 ).*

*Mais, il convient de comprendre que ces deux lieux : le tartare et l'Hadès, constituaient déjà, depuis les temps de l'ancien monde, la destination de bien des âmes rebelles qui mouraient, tandis que le monde des morts (chez les grecs), ou séjour des morts (dans la bible), constituait un lieu de sommeil et de repos pour les âmes des justes.*

*Alors que* ***chez Homère, l'Hadès et le Tartare sont séparés,*** *chez* ***Hésiode*** *ils* ***sont superposés*** *; ce qui dans tous les cas en fait* ***deux lieux distincts****, que la bible dissocie également.*

*Une autre confirmation biblique de l'existence du tartare est dans le livre de Jude, lequel évoque un lieu de ténèbres éternelles qui correspond au tartare :*

***" qu'il a réservé pour le jugement du grand jour, enchaînés éternellement par les ténèbres*** *(du tartare),* ***les anges qui n'ont pas gardé leur dignité, mais qui ont abandonné leur propre demeure"*** *( Jude :6 )*

***Le tartare est donc cette fosse*** *ou cet* ***abîme*** *qui déjà, accueillit Satan à la fin de l'Atlantide, où il rejoignit les anges qui l'avait soutenu. Là, dans le tartare, ils seront tous enfermés durant 5000 ans, jusqu'à la renouvellement de la terre qui ferait place à Adam, comme nous l'avons montré dans notre précédent ouvrage.*

## Chapitre 19
## Les champs Elysées et le paradis de la bible

*Les champs Elysées sont d'après la mythologie grecque* ***le lieu des Enfers grecs*** *où les héros et les gens vertueux goûtent le repos après leur mort. Il est vu comme un* ***lieu de félicité, où aucun crime n'est toléré*** *pour en préserver la pureté. Homère est le premier à le décrire, mais il existe d'autres variantes selon les auteurs. « Les Immortels t'emmèneront chez le blond Rhadamanthe.*

***Aux champs Élyséens, qui sont tout au bout de la terre. C'est là que la plus douce vie est offerte aux humains ; Jamais ni neige ni grands froids ni averses non plus ; On ne sent partout que zéphyrs dont les brises sifflantes Montent de l'Océan pour donner la fraîcheur aux hommes. » L'Odyssée, Homère.***

**Pour Virgile, dans l'Énéide, les Champs Elysées n'ont qu'une seule saison, celle du printemps et possèdent leurs propres astres et étoiles. Ce qui en fait un lieu que l'on peut presque dire se trouver sur un autre plan au sein des Enfers.**

**Montparnasse :** *Un autre emprunt à la Grèce, puisque le Mont Parnasse est une montagne mythique grecque, consacrée au dieu Apollon et ses Muses, où se situe le célèbre sanctuaire de Delphes.*

*Après avoir établi la concordance entre le tartare et la fosse, ainsi que l'abîme d'une part, puis entre l'Hadès (enfer), et la géhenne de la bible d'autre part, voyons à*

*présent qu'une concordance existe également entre le* **Paradis biblique** *et* **les champs Elysée** *de la mythologie grecque.*

*Il faut dire premièrement qu'au sens littéral* **Paradis signifie jardin***, et quoique nous sachions qu'il s'agit d'un lieu qui accueille les justes dans le bonheur et la félicité. Il ne faut pas s'écarté du fait qu'il désigne un jardin.*

*Dans la mythologie grecque, un jardin accueille également les justes qui sont morts et montre déjà par la douceur de son nom, qu'une certaine félicité s'en dégage. Il s'agit des champs Elysées. Et ici également, l'idée de champs ou de jardin est présente.*

*D'après la mythologie grecque Chronos, a été envoyé par Zeus, aux champs Elysées alors même qu'il a envoyé tous les autres titans rebelles dans le tartare qui est un lieu de ténèbres et de tourment, ceci pour dire que Chronos est dans le paradis biblique, ce qui atteste qu'il est en réalité dans la trinité des Dieux célestes comme nous l'avons déjà démontré.*

## Chapitre 20
## Autres créatures de la mythologie grecque

*Nous avons dit que la création des monstres et des créatures que nous disons fantastiques eut lieu* **au 3ème âge de l'ancien monde**, *laquelle obéissait à la stratégie de terreur mise en place par Poséidon Lucifer ou Hermès, de pousser à faire plier les anges de la Grèce pré adamique, après avoir échoué à provoquer la séduction de ces anges par l'envoie de belles nymphes dénudées sur les rives, dans les champs, les grottes et les montagnes parcourues par ces anges hécatonchires résistants de la Grèce pré historique.*

*Poséidon se livra donc par sa sagesse dans les sciences telle que la génétique, à des manipulations des ADN de toutes sortes, qu'il croisa toujours avec l'ADN humain.* **C'est ainsi qu'il façonna les monstres** *que nous avons énuméré au chapitre 12, sous le sous-titre dévolu à la 2ème stratégie de Poséidon. Mais il y'eut encore durant ce 3ème âge d'autres créatures qu'il convient de voir à présent :*

*L'une des paraboles qui révèle l'usage de manipulations génétiques expérimentales du dieu Poséidon, est le moment de la naissance de* **Pégase, le cheval ailé blanc,** *et* **le géant Chrisaor,** *tous deux sortis lorsque le sang de la tête de Méduse, coupée par le héros Persée, tomba dans l'eau. Cela est une parabole de l'expérience scientifique menée en laboratoire.*

*En effet, cette séquence montrant la jonction du sang de Méduse et de l'eau, rappelle un procédé de manipulation de substance en laboratoire, ou un procédé alchimique appliquée à la génétique. De cette manière fut créés le monstre Echidna, la mère de tous les monstres, et avec son sang, tous les autres monstres qui sortiront des manipulations de son sang, toutes choses qui ont fait du 3ème âge une période d'hybridation de tous genres.*

*Par manipulation génétiques furent également, façonnés les êtres tels que* **les centaures, les griffons, des sirènes, les tritons, des harpies, pans, les satyres, les faunes . . .**

## *Pan, satyres, et faunes :*

*Dans la mythologie grecque, Pan est une divinité de la Nature, protecteur des bergers et des troupeaux. Il est souvent représenté comme une créature chimérique, mi-homme mi-bouc, à l'image des satyres et des faunes dont il partage la compagnie.*

*Pan est le dieu national en Arcadie, la région la plus isolée du Péloponèse, partageant avec Zeus le grand sommet de la région, le mont Lycée. Pan naquit avec des cornes, de la barbe, un nez recourbé, une queue et des pieds de bouc, et complètement poilu Ses amours furent multiples et souvent contrariées : des nymphes, Syrinx, Echo, Euphémé, Séléné, Aex. Daphnis, berger de Sicile, fut son amant.*

*Il confectionna un instrument de musique auquel il donna le nom de syrinx, connu sous celui de* ***flûte de Pan****, qui consiste à souffler dans des roseaux plus ou moins courts pour y trouver un son plus ou moins aigu.*

*D'après nos analyses, les satyres, et les faunes sont autant de créatures de l'ancien monde façonnés par des manipulations génétiques de Prométhée-Lucifer devenu Poséidon, puis Hermès-Lucifer.*

## Pégase : le cheval ailé blanc

*Pégase est un cheval ailé divin, l'une des créatures fantastiques les plus célèbres de la mythologie grecque. Généralement blanc, ayant pour père Poséidon, Pégase naît avec son frère Chrysaor du sang de la Gorgone Méduse, lorsqu'elle est décapitée par le héros Persée*

*.*

## Le griffon

*Le griffon a un corps de lion, une tête et des ailes d'aigle. Il se voit souvent associé aux divinités et héros locaux (Gilgamesh, Ningishzida, Seth, rois égyptiens, Apollon, Dyonisos, Eros ou encore Némésis), en train de tirer des chars*

## Le centaure :

*Dans la mythologie grecque, un est une créature mi-homme, mi-cheval que l'on disait issue soit d'Ixion et de Néphélé, soit de Centauros et des juments de Magnésie. Le plus célèbre des centaures est Chiron, immortel et chargé de former les jeunes héros.*

*Les centaures sont décrits comme ayant la partie inférieure équine. Ils vivaient à l'origine sur le mont Pélion, en Thessalie. Parmi les plus connus :* ***Chiron*** *( centaure connu pour sa sagesse, qui sert de précepteur à de nombreux héros grecs dont Achille et Jason),* ***Pholos*** *(un centaure calme, ami d'Héraclès) et* ***Nessos*** *(un centaure sauvage qui tente d'enlever l'épouse d'Héraclès Déjanire, avant d'être tué par lui).*

## Les sirènes à corps d'oiseau :

*Selon la tradition homérique, sont des divinités de la mer qui séjournent à l'entrée du détroit de Messine en Sicile. Musiciennes dotées d'un talent exceptionnel, elles séduisaient les navigateurs attirés par les accents magiques de leur chant, de leurs lyres et flûtes perdaient le sens de l'orientation, fracassant leurs bateaux sur les récifs où ils étaient dévorés par ces enchanteresses. Elles sont décrites dans un chant de l'Odyssée comme couchées dans l'herbe au bord du rivage entourées par les « amas d'ossements et les chairs desséchées des hommes qu'elles ont fait périr ».*

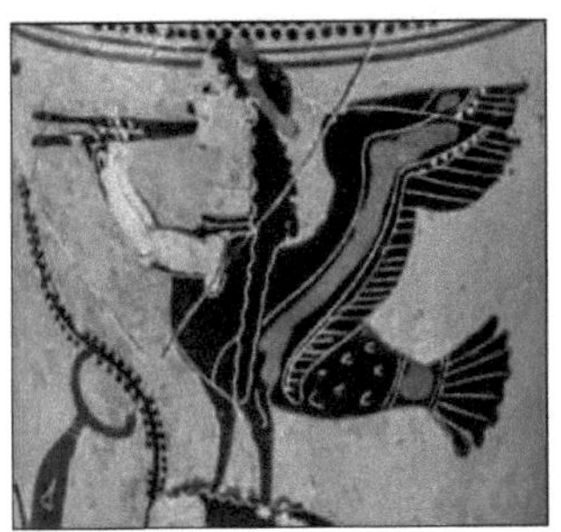 

*L'origine des sirènes n'est pas claire. Selon la mythologie, elles étaient filles du fleuve Achéloos et de la Muse Calliope. Pour les romains, les sirènes étaient à l'origine des femmes normales, elles auraient été les compagnes de Coré, devenue par la suite Perséphone, et auraient laissé Hadès l'emmener aux Enfers, recevant ainsi une forme de punition pour ce crime. De plus elles chantaient prophéties et chansons relatives au royaume d'Hadès.*

*Euripide évoque dans Hélène le caractère funéraire des sirènes ce que confirment les représentations de sirènes sur des stèles funéraires.*

*Certains mythes disent que les sirènes proviennent de la première* ***Lamia*** *qui, amante de Zeus, reçut la malédiction d'Héra et elle eut un corps de poisson ( la conclusion du corps de serpent est fausse).*

*Une autre explication de leur métamorphose en attribue la cause à la colère d'Aphrodite. La déesse de l'Amour les affubla de pattes et de plumes tout en conservant leur visage de jeunes filles parce qu'elles avaient refusé de donner leur virginité à un dieu ou à un mortel.*

*Ces divinités d'origine fluviale étaient très fières de leur voix et défièrent les Muses, les neuf filles de Zeus et de Mnémosyne. Les Muses remportèrent le défi et exigèrent une couronne faite des plumes de sirènes, ce qui les priva du don de voler. Vaincues, elles se retirèrent sur les côtes d'Italie méridionale.*

*Elles interviennent dans l'histoire des Argonautes, rapportée par Apollonios de Rhodes. Alors que l'Argo s'approchait de leurs rochers, Orphée triompha d'elles par la beauté de son chant. Seul l'un des marins, Boutès, préféra la mélodie des sirènes à celle du fils de Calliope. Il se jeta dans la mer pour rejoindre les enchanteresses, mais fut sauvé par Aphrodite.*

*De même, Ulysse et ses compagnons parvinrent à résister à leur pouvoir de séduction. Après avoir été mis en garde par Circé, Ulysse fit en effet couler de la cire dans les oreilles de ses marins pour qu'ils ne puissent pas entendre les sirènes tandis que lui-même se faisait attacher au mât du navire, et quand il demandait à ses marins de le détacher ils devaient serrer les liens encore plus fort. Ainsi Ulysse put écouter leur chant sans se précipiter vers elles malgré la tentation. À la suite de cela, les sirènes se seraient suicidées de dépit en se jetant dans la mer du haut de leur rocher.*

## Les sirènes à queue de poisson :

*les* ***sirènes*** *mi-femmes mi-oiseaux, sont différentes d'autres sirènes nordiques, créatures mi-femmes mi-poissons.*

*Pour nous, dire que les sirènes à queue de poisson proviennent d'une Muse, ou qu'elles soient les compagnes de Perséphone, font d'elles des nymphes (anges-mi femmes), et qu'****elles furent capables de se reproduire avec des tritons*** *( leur équivalent au masculin). Cela rend l'argument de leur transformation par une malédiction insuffisante, car nous croyons qu'elles soient issues des manipulations génétiques de Prométhée Lucifer devenu Poséidon, après sa chute du ciel à la révolte des titans.*

*Poséidon donnera et aux tritons et aux sirènes, un royaume sous les mers, dont il sera le dieu. Le dieu des océans et des mers, qui s'était rendu maitre de la génétique par sa sagesse d'invention, voulant être le fondateur de nouvelle race d'êtres hybrides, mi humains mi poissons, donna la domination à ces créatures, de territoires sous-marins.*

*Et, poursuivant cette même logique, puisque nous avons montré que Poséidon devint ensuite Hermès, il n'est guère étonnant qu'****Hermès soit le père du dieu Pan****, mi-homme mi-chèvre, cette fois-ci, sans qu'il soit dit que cette bête hybride* *provienne d'une malédiction, chose qui conforte l'idée d'une naissance de telles créatures par les manipulations de la génétique.*

*Et, c'est encore par* ***cette même science, la génétique,*** *que Poséidon devint également* ***père de Pégase, un cheval ailé, façonnés*** *dans les âges de l'ancien monde pré adamique. Il en est* ***de même pour griffons*** *et* ***centaure,*** *dont nous croyons qu'ils viennent tous de Prométhée devenu Poséidon, qui, se croyant un dieu suprême, multiplia les croisements gènes d'animaux et de mortels. Par ces créatures, il chercha à séduire l'ancien monde, et à le dominer par la terreur, mais donna toutefois à ses fils, qu'il voulait ériger en héros, les capacités de maitriser et d'assujettir toutes ces créatures.*

## Les harpies :

*Dans la mythologie grecque ou romaine, les harpies, sont les filles de Thaumas et de l'Océanide Électre et les sœurs d'Iris et d'Arcé, quoique certaines traditions en fassent plutôt les filles de Typhon. Elles sont trois, parfois nommée Nicothoé ( pieds rapides ), Ocypète (« vole vite » et Podarge (« pieds légers »), parfois nommée Céléno (« obscure »).*

*Ce sont des divinités de la dévastation et de la vengeance divine. Plus rapides que le vent, invulnérables, caquetantes, elles dévorent tout sur leur passage, ne laissant que leurs excréments.*

## Le Sphinx de Thèbes :

d*ans la mythologie grecque, le Sphinx est un monstre féminin auquel étaient attribués le corps d'un lion, la figure d'une femme et des ailes d'oiseau. La légende d'Œdipe s'y rattache.*

*« Monstre féminin, à qui l'on attribuait la figure d'une femme, la poitrine, les pattes et la queue d'un lion, mais qui était pourvu d'ailes, comme un oiseau de proie », le sphinx est, selon Pierre Grimal, « surtout attaché à la légende d' Œdipe et au cycle thébain », d'où sa présence déjà dans la Théogonie d'Hésiode. pour Hésiode, Sphinx est issue de l'union incestueuse d'Échidna et de son fils Orthos, le chien*

*bicéphale de Géryon[10] ; elle est ainsi à la fois la demi-sœur et la nièce de Cerbère, de l'Hydre de Lerne, de la Chimère et du lion de Némée[11,12] ;*

*On disait aussi que le monstre Typhon était son père ; « plus curieuse est la tradition qui faisait du Sphinx une fille naturelle de Laïos, le roi de Thèbes, ou encore du Béotien Ucalégon. »*

*Le Sphinx « fut envoyé par Héra contre Thèbes pour punir la cité du crime de Laïos, qui avait aimé le fils de Pélops, Chrysippos d'un amour coupable ».*

*Le Sphinx, envoyée par Héra en Béotie à la suite du meurtre du roi de Thèbes, Laïos, commence à ravager les champs et à terroriser les populations. Ayant appris des Muses une énigme, elle déclare qu'elle ne quittera la province que lorsque quelqu'un l'aura résolue, ajoutant qu'elle tuera quiconque échouera. Le régent, Créon, promet alors la main de la reine veuve, Jocaste, et la couronne de Thèbes à qui débarrassera la Béotie de ce fléau. De nombreux prétendants s'y essaient, mais tous périssent. Arrive Œdipe, la Sphinx lui demande.*

## Le renard de Teumesse:

*Dans la mythologie grecque, le renard de Teumesse est une créature fantastique. Les auteurs antiques ne rapportent rien sur ses origines, ce qui rend douteuses les indications de parenté parfois données (Typhon ou Gaïa, comme de nombreux autres monstres).*

*Destiné à ne jamais pouvoir être attrapé, il est envoyé par les dieux (Dionysos selon Pausanias) pour* ***terroriser les Thébains*** *( habitants de la ville de*

*Thèbes ) du temps de la première régence de Créon (le motif de cette vengeance n'est pas clair). Son rôle apparaît donc assez semblable à celui du Sphinx ; d'ailleurs, dans un fragment de Corinne, Œdipe débarrasse Thèbes des deux monstres. Cependant, selon la version la plus répandue, Créon demande à Amphitryon de s'en charger. Celui-ci demande alors à Céphale d'intervenir avec Lélaps, un chien divin destiné à ne jamais manquer sa proie. Lors de la poursuite qui s'ensuit, Zeus change les deux animaux en pierre pour résoudre la contradiction (un chien infaillible contre un renard insaisissable).*

## Le dragon de Colchide:

*Ces créatures monstrueuses sont souvent, dans les mythes, consacrés par les dieux à la garde de trésors, de lieux sacrés. Le terme de dragon désigne dans les textes grecs à la fois le serpent de grande taille et le gardien. Ce double sens met donc en évidence le rôle de surveillance auquel sont assignés ces serpents mythiques[2].*

*À la différence des dragons médiévaux, auxquels ils ne sauraient être assimilés, ils n'ont pas d'ailes et ne sont aucunement capables de cracher du feu. Il convient de bien distinguer les dragons de la mythologie gréco-latine des dragons tels qu'on les conçoit aujourd'hui. Les textes antiques désignent par dragon des serpents de grande taille qui, pour certains d'entre eux, possèdent des attributs fabuleux : un souffle empoisonné, un grand nombre de têtes par exemple. Ces créatures mythiques peuvent être également désignées dans les textes antiques par « des serpent ». Ainsi dans la Théogonie d'Hésiode, Ladon est désigné par la périphrase « le terrible serpent ».*

## Chapitre 20
## *Cultes, rites et croyances liées à la mythologie*

*De la mythologie grecque, on apprend énormément au sujet des cultes rendus aux divinités, des rituels, des pouvoirs, permettant d'attirer la faveur des dieux.*

**Les Temples** : *les dieux ont des temples, tels que le temple d'Athéna – le temple d'Apollon - le temple d'Aphrodite. Et dans ces temples, il leur est offert des sacrifices et des offrandes.*

*Notons que curieusement, le dieu Poséidon n'a pas de temple dans toute la Grèce.* **Cela n'est-il pas la preuve de son rejet par les grecs** *? même s'il on observe d'après nos décryptages, que le dieu des mers et des Océan finit par être honoré sous le masque du faux Zeus, notamment par* **l'Autel de Pergame**, *dont le monument a été reconstitué et placé au Musée de Pergame à Berlin en Allemagne.*

*Il est curieux de se rendre compte que comme on le voit dans la mythologie grecque, la bible montre également que le Créateur, Yahvé, a un temple sur la terre, à Jérusalem, et qu'il demande que des sacrifices, des prières, et des parfums lui soit adressés, et des offrandes ainsi que des libations.*

**Les sacrifices : ils sont offerts à l'intérieur des temples**, *c'est le cas des sacrifices de cheveux offerts à Apollon par le demi dieu Thésée, et qui a emmené une coutume dans l'Athènes antique, qui veut que les jeunes hommes sacrifient leur chevelure gardée longue jusqu'à la puberté, à une divinité. Dans la bible également, les cheveux étaient gardés longs en signe de consécration à Yahvé. On peut faire un lien ici avec l'histoire de* **Samson** *qui ne devait pas se couper les cheveux puisqu'il était consacré à l'Eternel.*

*Un autre exemple de* **sacrifice est celui d'Iphigénie, de la race des demi dieu, son sacrifice fut exigé** *pour attirer la faveur de la déesse Artémis, qui avait bloqué les vents, empêchant aux voiliers grecs d'avancer sur les mers en destination de Troie qu'ils partaient pour aller chercher Hélène femme de Ménélas, enlevée par le Prince Paris.*

**Les offrandes et libations :** *( boissons offertes en offrande aux dieux)* **sont présents dans la mythologie grecque** *comme dans la bible, encore une fois parce que le culte dévolu aux Dieux de la trinité ( Ouranos, Chronos, Zeus ) depuis l'ancien monde, a été détourné* **pour être rendu aux anges, notamment les anges déchus.**

**Les déesses appelées moires, personnification de la destinée étaient** *honorées comme déesses de la naissance ; les jeunes mariées athéniennes leur offraient des boucles de cheveux, et les femmes les invoquaient en prêtant serment.*

**Les pouvoirs des dieux, capables de jeter tous types de sorts**, *à l'exemple du sort jeté par Apollon à la jeune Cassandra, car, alors qu'il voulait un baiser de cette dernière, elle n'eut pour lui que du mépris. Apollon cracha sur la bouche de Cassandra, afin de jeter un discrédit sur tout ce qu'elle allait déclarer comme prédiction, et qu'on ne l'écoute plus son don de prédiction.*

*Les pouvoirs de jeter des sorts sont détenus par les anges dans la bible : ce qui s'appelle la sorcellerie, pratiquée notamment par* **les anges qui vinrent détruire Sodome et Gomorrhe**, *qui* **jetèrent un sort, rendant complétement aveugle**, *tous les habitants de cette ville, qui finirent brûlés par le feu. De même, dirent-ils à Lot et sa famille, de ne pas se retourner pour regarder en arrière : ce qui se produit avec* **la femme de Lot qui fut frappé en se transformant en statut de sel,** *montrant par là qu'un sort lui avait été jeté par ces anges.*

*On peut se demander comment l'ange-dieu* **Hadès vit dans le feu,** *mais bien plus, comment Persée et Héraclès qui furent des demi-dieux mortels, ont pu aller dans les flammes de l'Hadès sans brûler et mourir. Comment Persée et Héraclès, ont-ils pu* **aller en enfer sans avoir aucun mal et aucune brulure**. *Mais on va voir que ce pouvoir existe dans la bible, avec les trois amis de Daniel jeté dans la fournaise.*

***Daniel 3: 24-26 " Alors le roi Nebucadnetsar fut effrayé, et se leva précipitamment. Il prit la parole, et dit à ses conseillers : N'avons-nous pas jeté au milieu du feu trois hommes liés ? Ils répondirent au roi : Certainement, ô roi ! Il reprit et dit : Eh bien, je vois quatre hommes sans liens, qui marchent au milieu du feu, et qui n'ont Point de mal; et la figure du quatrième ressemble à celle d'un fils des dieux. Ensuite Nebucadnetsar s'approcha de l'entrée de la fournaise ardente, et prenant la parole, il dit : Schadrac, Méschac et Abed-Nego, serviteurs du Dieu suprême, sortez et venez ! Et Schadrac, Méschac et Abed-Nego sortirent du milieu du feu".***

*Déjà, d'après la bible,* **les anges ont la capacité d'entrer dans le soleil**

***" Et je vis un ange qui se tenait dans le soleil "*** *( Apocalypse 19 :17)*

*Les anges peuvent donc entrer dans les astres de manière générale, alors que ceux-ci chauffent à de millions de degrés Celsius. Et on peut déduire qu'il existe un pouvoir magique* **qui leur permet même physiquement, de visiter les profondeurs du feu des enfers, les profondeurs des eaux comme Poséidon.** *Et il est logique de penser* **qu'Héraclès et Persée** *aient reçu ce* **pouvoir pour se** ***rendre dans l'Hadès de feu, et d'en ressortir vivant.***

## • Bibliographie

**La mythologie grecque** *aux éditions Milan (2018), collection Les Encyclopes d'Hélène Montardre*

**Enigme et allégorie** : *https://fr.wikipedia.org/wiki/All%C3%A9gorie)*

**Titanomachie** : http://www.alex-bernardini.fr/mythologie/la-titanomachie-mythologie-grecque.php https://www.youtube.com/watch?v=HgLJtdc6vAs.

**Récit théogonie d'Hésiode**: *https://www.youtube.com/watch?v=IaXzwPkULcE*

**Prométhée** : *Zeus (instruis-toi.blogspot.com)*

**Hermès** : *https://toysondor.blog/2021/05/13/la-lyre-dhermes-et-les-50-vaches/*

**Encyclopédie**: *https://education.toutcomment.com/article/quels-sont-les-12-dieux-de-l-olympe-13736.html#anchor_1*

**Prométhée et Héraclès** : *https://www.mythologie.fr/Promethee_Heracles.htm*

*https://www.youtube.com/watch?v=Om6rQOZFAL0*

**Hésiode**: *duscol.education.fr/odysseum/hesiode-un-des-premiers-poetes-grecs#:*

**Enfants de Zeus** : *(https://genealogiedesdieuxgrecs.com/Genealogie_des_Dieux_grecs/2015/12/zeus-et-sa-descendance-avec-les-mortelles/ )*

**Chronologie des héros grecs (** *https://cof.ens.fr/sftheque/listescycles/mythesgrecs.html )*

**(https://eduscol.education.fr/odysseum/petite-chronologie-de-lhistoire-grecque-i )**

**Jason et les argonautes** : *( http://www.alex-bernardini.fr/mythologie/jason-et-les-argonautes.php)*

**Persée et Hespérides** : *( http://jeanclaudepothier.e-monsite.com/pages/histoire-de-nos-anciens/persee-et-l-atlantide.html )*

**Héraclès** *https://eduscol.education.fr/odysseum/les-jeux-olympiques-de-lantiquite.*

*https://genealogiedesdieuxgrecs.com/Genealogie_des_Dieux_grecs/2015/12/zeus-et-sa-descendance-avec-les-mortelles/*

**Les nymphes** : *https://mr-expert.com/comment-reconnaitre-nymphe/*

**Tartare, abime, et enfer** : **https://www.youtube.com/watch?v=YVhMfak1qno**

# La bible élucide la Mythologie grecque

*Quatre espèces d'arbres de la prophétie d'Ezéchiel 31 : chênes, cèdres, cyprès et platanes, vont nous introduire à travers des paraboles, dans l'histoire des quatre types de dieux de la mythologie grecque, qui s'est déroulée aux âges pré adamiques, lorsque les dieux vécurent sur la terre. Ces dieux, qui ne furent autres que les anges de la bible, furent envoyés sur la terre, et devinrent les titans, les cyclopes, les hécatonchires et les géants. Et parmi les plus illustres d'entre ces dieux grecs, quatre vont se révéler être un seul et même ange, c'est Lucifer, incarnant durant son passage sur la terre : Prométhée, Poséidon, Hermès et un certain Zeus. Celui-ci va donc connaitre quatre phases majeures dans son histoire pré adamique.*

*Découvrons quelle fut le parcourt de ces anges-dieux envoyés des cieux sur la terre, mais qui finirent par se diviser en deux camps, et se livrer des guerres ; Et voyons comment l'extraordinaire Zeus, se révèle dans la personne du Jésus Christ de la bible, en prenant toutefois soin de le dissocier d'un faux Zeus, Lucifer, démasqué dans sa volonté de tourner toute l'histoire des dieux à son compte et s'attribuer toute la gloire.*

*Ce décryptage inédit du récit de la mythologie grecque nous entraine dans le langage des énigmes, parfaitement conciliable avec la bible, après deux ouvrages qui nous ont révélé qu'un récit la légende de l'Atlantide existe dans la bible.*

# I want morebooks!

Buy your books fast and straightforward online - at one of world's fastest growing online book stores! Environmentally sound due to Print-on-Demand technologies.

Buy your books online at
**www.morebooks.shop**

---

Achetez vos livres en ligne, vite et bien, sur l'une des librairies en ligne les plus performantes au monde!
En protégeant nos ressources et notre environnement grâce à l'impression à la demande.

La librairie en ligne pour acheter plus vite
**www.morebooks.shop**

Printed by Books on Demand GmbH, Norderstedt / Germany